普通高等教育“十三五”规划教材
普通高等教育“十一五”国家级规划教材配套教辅
“十二五”江苏省高等学校重点教材

数字电子技术基础
学习指导与习题解答

主　编　王振宇　成　立
参　编　陈　勇　刘跃峰　尹　星

机　械　工　业　出　版　社

本书是配合江苏大学成立、王振宇主编的《数字电子技术基础》（第3版）的教学需要而编写的一本辅助学生学习性质的书籍。全书分为两部分：第1部分为教材第1章至第8章的学习指导和章后习题解答，每一章都对教材的主要内容、基本概念和解题方法进行了阐述，列举了典型例题分析解答方法，并对习题1至习题8给出了详尽的解答过程。针对教材第9章数字电路虚拟实验内容所设计的章后习题，利用Multisim10.0、ModelSim软件工具给出了上机设计、仿真和分析的思路与实现方案。第2部分为自测试题集，该试题集含有3套电气信息大类和机电测控类本科生期末考试模拟试题及其解答。

本书既可作为理工科高等院校电气信息大类（包括电气、自动化、电子、通信、计算机、机电及测控等）本科生学习“数字电子技术基础”课程的辅教辅书，又可用作报考硕士研究生人员的复习参考资料。

图书在版编目（CIP）数据

数字电子技术基础学习指导与习题解答/王振宇，成立主编. —北京：机械工业出版社，2016.10（2023.12重印）

普通高等教育“十三五”规划教材 普通高等教育“十一五”国家级规划教材配套教辅

ISBN 978-7-111-54549-1

Ⅰ.①数… Ⅱ.①王… ②成… Ⅲ.①数字电路-电子技术-高等学校-教学参考资料 Ⅳ.①TN79

中国版本图书馆CIP数据核字（2016）第190873号

机械工业出版社（北京市百万庄大街22号 邮政编码100037）
策划编辑：贡克勤 责任编辑：贡克勤 吉 玲
责任校对：陈 越 封面设计：张 静
责任印制：常天培
北京机工印刷厂有限公司印刷
2023年12月第1版第6次印刷
184mm×260mm · 10.5印张 · 256千字
标准书号：ISBN 978-7-111-54549-1
定价：29.80元

电话服务
客服电话：010-88361066
010-88379833
010-68326294

网络服务
机 工 官 网：www.cmpbook.com
机 工 官 博：weibo.com/cmp1952
金 书 网：www.golden-book.com
机工教育服务网：www.cmpedu.com

前　　言

数字电子技术基础是高等理工科院校电子信息、电气工程、自动控制、仪器仪表、生物医学工程、机电一体化、光电信息技术和测控技术与仪器等电气信息大类、机电测控类专业普遍开设的一门技术基础课程。通过该门课程的学习，不仅要求学生掌握数字电子技术的一些基本理论知识和实用技术，而且要为后续课程的开设和未来学习新的专业知识打下必要的基础。同时，该门课程也是某些电气信息大类、机电测控类专业领域硕士研究生入学考试的初试课程之一。

由于数字电子技术基础课程的内容较多，器件型号种类繁杂，再加上课堂学时数十分有限，致使有些学生学起来有一定困难，所以编写此书的目的是帮助学生学好数字电子技术基本内容与器件应用，同时也为研究生入学考试人员复习备考提供一些帮助。基于此，编者力求做到叙述简明扼要，解题清楚明了，便于阅读并把握住解题的要领。

本书第 1 部分针对《数字电子技术基础》第 3 版教材第 1 章至第 8 章的学习指导部分抓住各种结构数字电路与器件的基本概念、原理和特点，做了精要归纳和小结，既讲清原理，又给出方法、技巧，注重理论知识与实际结合，借此指导学生听课、复习及课后解题，以便加深理解和掌握所学知识，同时也帮助学生有效掌握解题的思路和方法，还培养学生所学理论知识生运用分析、解决复杂数字电路综合性工程问题的能力。书中第 1 部分习题解答与教材章节号和每一章末的习题完全对应，力求解答准确、精炼，叙述中注重启发、引导。第 2 部分自测试题集为最近两年来江苏大学电气信息大类专业、机电测控类专业本科生期末考试试卷和部分硕士研究生入学考试试题（编写时部分试题与章后习题重复之处，编者做了增减处理），故这些自测试题具有一定的代表性、指导意义和参考价值。

本书由江苏大学王振宇和成立担任主编，负责提出编写原则、组织编写、定稿和统稿等工作，具体分工为：江苏大学王振宇负责编写第 1 部分第 2、3、4、5 章学习指导、习题解答及前言、第 2 部分自测试题等，陈勇编写 7 ~ 8 章学习指导与习题解答，刘跃峰负责编写第 1、6 章的学习指导与习题解答，尹星负责编写第 9 章的学习指导与习题解答，全书由成立教授进行校对、审稿和定稿。

本书中凡加“ * ”者为提高专业要求的内容，读者可以根据自身情况选读。

由于编者水平有限，书中错误或处理不当之处在所难免，恳请读者提出批评意见。

编者

目　录

第1部分　学习指导与习题解答

第1章　数字电路基础

1.1　学习指导

1. 计数制与编码

（1）基本概念

任何一个数通常都可以用两种不同的方法来表示：一种是按“值”表示法，即选定某种进位的计数体制来表示某个数值，这就是**计数制**，简称**数制**。另一种是按“形”表示法，即用一组二进制数组成代码，以表示某些数值，此即为**编码**。

（2）学习重点

十进制、二进制和十六进制的计数规则及其相互转换规律。

1）计数规则　十进制用0、1、2、3、4、5、6、7、8、9等10个数码或其组合来表示一个数，当任何1位数比9大1时，则向相邻高位进1，而本位复0，此为“逢十进一”；

二进制只有两个数字符号**0**和**1**，其计数规律为“逢二进一”；

十六进制数共有16个数码：0、1、2、3、4、5、6、7、8、9、A（对应于十进制数10）、B（11）、C（12）、D（13）、E（14）、F（15），其计数规律为“逢十六进一”。

2）相互转换规律　任意1个二进制数按位权展开，都可转换为十进制数，这种转换方法称作**多项式替代法**。十进制数也可转换为二进制数，一般采用**基数除/乘法**，即把十进制数的整数部分连续除以二进制的进位基数2取余数，最后得到的余数为转换后的二进制数整数部分的高位；小数部分则连续乘以2取整数，最先得到的整数（包括**0**）为转换后的二进制数小数部分的高位。

十六进制的进位基数为$16=2^4$，因此二进制与十六进制数之间的转换可采用**直接转换法**：把二进制数的整数部分，从低位起每4位分成一组，最高位一组如不足4位时以**0**补足；而小数部分从高位起每4位分成一组，最低位一组如不够4位，也在其后补足**0**，然后依次以1位十六进制数替换所有各组的4位二进制数。同样，也可用**直接转换法**将十六进制数转换成二进制数，即用4位二进制数替换1位十六进制数。

2. 逻辑函数的建立及其表示方法

（1）建立步骤

首先应根据提出的实际逻辑命题，确定哪些是逻辑变量，哪些是逻辑函数，然后研究它们之间的因果关系，列出真值表，最后再根据真值表写出逻辑函数表达式，并画出逻辑电路图。

(2) 表示方法

逻辑函数可用真值表、逻辑函数表达式和逻辑电路图（简称逻辑图）3 种方法来表示，且这些方法彼此之间是等价的，它们之间可以相互转换。此外，逻辑函数还可用卡诺图表示，并可以用卡诺图法进行化简。

3. 逻辑函数的化简

(1) 逻辑函数的最简形式

与或表达式 $F_1 = AB + BC$ 和**或与**表达式 $F_2 = (A + B)(B + C)$ 是最常见的两种逻辑表达式。**与或**式的最简形式是：①式中所含**与**项最少；②各**与**项中含变量数最少。**或与**式的最简形式为：①所含**或**项最少；②各**或**项中所含变量数最少。因为**与或**式不仅易于由真值表直接写出，而且它极易被观察出是否最简，所以化简逻辑函数是指化简成最简**与或**式。

(2) 公式化简法

公式化简法是反复运用逻辑代数的基本公式和常用公式，消去逻辑函数式中多余的乘积项和每个乘积项中多余的变量。逻辑运算的优先次序按**非**、**与**、**或**的顺序进行，对于那些优先运算的部分，可在式中用括号括起来。公式化简法没有固定的步骤，常用的方法有**并项法**、**吸收法**、**消去法与配项法**等。

(3) 卡诺图化简法

用公式法化简逻辑函数，一方面要熟记逻辑代数的基本公式和常用公式，且要有熟练的运算技巧；另一方面，经过化简后的逻辑函数是否最简有时需要判断。而运用卡诺图化简逻辑函数，简捷直观、灵活方便，且易于判断是否为最简。

1) 逻辑函数的最小项及其性质 n 个变量 X_1、X_2、…、X_n 的最小项是 n 个因子的乘积项，该乘积项中每个变量都以它的原变量或者**非**变量出现，且仅出现一次。

n 个变量的逻辑函数共有 2^n 个最小项。最小项具有如下性质：①每一个最小项都分别对应着输入变量唯一的一组取值，使该最小项的值为**1**；②所有最小项的**逻辑或**为**1**；③任意两个最小项的**逻辑与**为**0**。

2) 卡诺图的构成

卡诺图建立方法：首先建立一个两变量卡诺图，有 4 个小方格，分别代表逻辑函数的 4 个最小项 $\overline{A}\,\overline{B}$、$\overline{A}B$、$A\overline{B}$、$AB$。如果要建立多于两变量逻辑函数的卡诺图，则每增加一个逻辑变量，就以原卡诺图的右边线（或底线）为轴向右（或向下）旋转作一对称图形，使卡诺图的方格数增加一倍，图中变量列（或行）的取值不变，变量行（或列）因增加了一个变量，其取值以旋转轴为准来填写，轴的左（或上）面，在原数值前加**0**，对称轴的右（或下）面，在原数值前加**1**。每增加一个变量，卡诺图的方格数将成倍增加。

3) 已知逻辑函数画出卡诺图 在卡诺图中，用行和列两组变量构成的每一个方格，都代表了逻辑函数的一个最小项，所以对于任何一个逻辑函数的最小项表达式，可将其所具有的最小项在卡诺图中相应的小方格中填**1**，没有的最小项填**0**（但**0**可默认），这样就填写了该逻辑函数的卡诺图。

4) 用卡诺图化简逻辑函数 在卡诺图中，凡是紧邻的两个方格或与轴线对称的两个方格都称为相邻，前者称为几何相邻，而后者称为逻辑相邻。因两个相邻方格之间只有一个变量有别，故圈在一起，可以利用对合律 $AB + A\overline{B} = A$ 合并化简。两个相邻小方格可以合并成一个**与**项，且消去一个变量；4（2^2）个相邻的方格可合并成一个**与**项，且消去两个变量；N（2^k，k 为正整数）个相邻方格可合并成一个**与**项，且消去 k 个变量。

5）卡诺图法化简步骤

第 1 步：变换及填图　将逻辑函数 F 变换成**与或**式或者最小项表达式，凡在 F 中含有的最小项，在卡诺图相应的方格中填 **1**，其余的方格填 **0**（或者不填）。亦可直接依据**与或**式填图。

第 2 步：画圈　合并逻辑函数最小项之法：①将相邻的 2^k 个为 **1** 的方格圈在一起，画圈时将尽可能多的方格圈在一起，圈画得越大，消去的变量就越多；②所画圈内至少包含一个未被圈过的最小项，否则所得的**与**项是冗余项；③先画大圈，由大到小，最后圈出孤立的单个方格。

第 3 步：写式　根据已画各圈写出相应的**与**项，再将各**与**项相**或**，便可得到化简了的逻辑函数 F 的**与或**表达式。

4. 具有无关项逻辑函数的化简

工程中常会碰到以下问题：在真值表内对应变量的某些取值下，函数的逻辑值可以是任意的，或者这些变量取值根本不会出现，故将这些变量取值对应的最小项称为**无关项**或**任意项**。将**无关项**在表达式中记为“d”，卡诺图中用“**Φ**”表示，以便简化逻辑函数。

在真值表中无关项对函数的取值可以用“**Φ**”表示。如此的函数称为具有无关项的逻辑函数。用卡诺图化简时，对无关项所占方格填入“**Φ**”，需要时作 **1** 处理，不需时作 **0** 处理。

5. 数字电路中的半导体器件

（1）二极管的基本概念与解题要点

1）基本概念　由于一只实际二极管内部封装了一个 PN 结，所以二极管的特性基本上就是 PN 结的伏安特性。此特性主要是单向导电性和反向击穿特性，前者用于整流，后者则用于制备稳压二极管。

与 PN 结的伏安特性数学表达式相同，二极管的伏安特性可用下式表达：

$$i = I_S(e^{u/U_T} - 1)$$

式中，u 为加于二极管上的电压降；i 为流过二极管的电流；I_S 为反向饱和电流；U_T 为温度电压当量，室温下 $U_T \approx 26\text{mV}$。

对于硅管和锗管两种不同半导体材料的二极管，上述伏安特性表达式都是适用的。

当计算含二极管的电路时，硅二极管导通压降 U_D 取为 0.7V，阈值电压 U_{th} 约为 0.5V，而锗二极管 U_D 取 0.2V，死区电压约 0.1V。

分析计算二极管电路时，为了便于估算，常把二极管看作是理想器件，此时二极管导通压降 $U_D = 0\text{V}$，反向饱和电流 $I_S = 0\mu\text{A}$。

使用二极管时，导通时的平均电流不要超过最大整流电流 I_F，截止时所加的反向电压要小于最高反向工作电压 U_R，以保证其安全工作。

2）解题要点　分析二极管电路时，需先判断二极管是导通还是截止状态。常用的判断方法是：假设将被判断二极管断开，求出两个断点间的开路电压（即二极管断开处的正向电压），若此开路电压大于二极管死区电压，则该管导通，否则截止。导通二极管的电压降看作是常值（硅管 0.7V，锗管 0.2V）。若为理想二极管，则导通压降为 0V；如果二极管截止，则该管所在支路就相当于断路。把电路中所有二极管的状态都判明后，才能计算电路中的其余各电量。

（2）双极型晶体管（BJT）

1）BJT 的电流分配关系　BJT 在模拟电路中主要是处于放大状态。而 BJT 中 3 个极的电流分配关系是 BJT 的主要特性。BJT 有硅管和锗管之别，也有 NPN 型和 PNP 型的区分。它们的 3 个电极的电流分配关系是相同的。列出 BJT 的主要关系式如下：

电流分配关系式：$i_E = i_C + i_B$　式中：i_E、i_C、i_B依次为发射极电流、集电极电流、基极电流；

集电极电流表达式：$i_C = \beta i_B + I_{CEO}$　式中：I_{CEO}是集－射反向穿透电流；

穿透电流 I_{CEO}、I_{CBO} 关系式：$I_{CEO} = (1+\beta) I_{CBO}$。

2）BJT 的放大作用　BJT 的放大作用主要体现在β与α表达式上。

对 NPN 型管来说，i_C和i_B是流进 BJT 的，而i_E是流出的。但对于 PNP 型管，3 个电极电流流向正好与 NPN 型相反。

由于I_{CBO}和I_{CEO}均远小于i_C，所以 BJT 的电流放大系数β与α可以近似表示成：

$$\beta \approx \frac{i_C}{i_B}$$

$$\alpha \approx \frac{i_C}{i_E}$$

于是，β与α的关系满足下式：

$$\beta = \frac{\alpha}{1-\alpha}; \qquad \alpha = \frac{\beta}{1+\beta}$$

3）BJT 的 3 种工作状态　要使 BJT 工作在放大状态，就须满足 BJT“发射结 J_e正偏、集电结 J_c反偏”的外部条件。亦即，BJT 的 3 个电极电压应满足，对于 NPN 型管：$U_C > U_B > U_E$；而对 PNP 型管：$U_C < U_B < U_E$。上述不等式是判断 BJT 能否满足外部条件的依据。

由于硅管和锗管的特性有差异，所以当管子处于放大状态时，两种类型 BJT 的基极与发射极之间的电压降$|U_{BE}|$数值会有所不同，即：硅管$|U_{BE}| \approx 0.7V$，锗管$|U_{BE}| \approx 0.2V$，且基极 U_B介于 U_C与 U_E之间。

除了放大状态之外，BJT 还有饱和与截止工作状态，这两种状态是指用于数字电路中的 BJT 所处的开关状态。具体为：

如 BJT 的发射结 J_e和集电结 J_c均为正偏，则 BJT 工作在饱和状态，其饱和管压降$|U_{CES}| = 0.1 \sim 0.3V$，对应于开关接通；若发射结 J_e和集电结 J_c均反偏，则 BJT 处于截止状态，相当于开关断开。

4）BJT 的 3 种组态（接法）　根据公共接地端的不同，BJT 共有 3 种组态（接法）：共基极、共集电极和共发射极。基于此，模拟放大电路将有 3 种组态的 BJT 放大电路。

5）BJT 的极限参数　BJT 的极限参数是指管子正常工作时，电压和电流不要超过的值。除了有集电极最大允许电流 I_{CM}、集电极最大允许耗散功率 P_{CM}以外，BJT 还有3 个反向击穿电压：$U_{(BR)CBO}$、$U_{(BR)EBO}$和 $U_{(BR)CEO}$，其中 $U_{(BR)CEO}$最小。故从安全的目的出发，管子工作时 U_{CE}不要超过 $U_{(BR)CEO}$。

6）BJT 的静态开关特性　在数字电路中 BJT 可作为无触点开关使用，它不工作在放大状态，而只处于截止或饱和导通状态。

① 截止条件　为使BJT可靠截止，应使发射结J_e反向偏置，因此BJT的可靠的截止条件是：$u_{BE} \leqslant 0$ V。BJT截止时，b、e、c共3个电极视为互为开路，相当于无触点开关断开。

② 饱和导通条件　在共射放大电路中，只要实际流入的基极电流I_B大于临界饱和基极电流I_{BS}，则BJT处于饱和状态。因此BJT饱和导通的条件是：

$$I_B > I_{BS} = V_{CC}/(\beta R_C)$$

式中，β为BJT的共射电流放大系数；V_{CC}、R_C分别为集电极电源电压和集电极电阻。

当BJT工作于饱和状态时，$i_C = i_{CS}$达到最大，此时i_B再增大，i_C基本不变。i_B比i_{BS}大得越多，饱和程度就越深。由于U_{CES}（$\approx 0.1 \sim 0.3$V）和U_{BES}（≈ 0.7V）都很小（与V_{CC}和数字电路的标准高电平相比），可以忽略，所以此时BJT b、e、c共3个电极均视为相互短路，相当于开关接通。

（3）N沟道增强型MOS管

1）工作原理　N沟道增强型MOS管的栅－源电压$u_{GS} > U_{TN}$时，建立了一个垂直于半导体表面的电场，吸引衬底电子形成反型层导电沟道。u_{GS}越大，电场强度越强，反型层越厚，沟道电阻就越小。因而在相同的d－s电压u_{DS}作用下，产生的i_D也就越大，起到了电压控制电流的作用。

增强型N沟道MOS管的输出特性分为可变电阻区、饱和区、截止区和击穿区4个区域。转移特性可近似用下式表示：

$$i_D = I_{D0}\left(\frac{u_{GS}}{U_{TN}} - 1\right)^2 \qquad (u_{GS} > U_{TN})$$

式中，I_{D0}是$u_{GS} = 2U_{TN}$时的i_D值。

2）增强型MOS管的开关特性　当$u_I = u_{GS} < U_{TN}$时，NMOS管工作在截止区，漏极d与源极s之间未形成导电沟道，沟道电阻为$10^{12} \sim 10^{15}\,\Omega$（高阻状态），d－s极之间如同开关断开一样，因而$u_O \approx V_{DD}$。当$u_I = u_{GS} \geqslant U_{TN}$时，NMOS管导通，d－s极之间形成导电沟道，呈低阻状态。如果漏极电阻R_D比此低值沟道电阻大得多，就可将d－s极之间视为接通的开关，所以$u_O \approx 0$V。同理可得增强型PMOS管的开关特性为：当$u_I = u_{GS} \leqslant U_{TP}$时，PMOS管导通，d－s极之间的沟道电阻很小；否则PMOS管截止，d－s极之间呈现很大的沟道电阻。

1.2　习题1解答

1-1　（1）若某正逻辑信号波形如图1-1所示，试写出相应的逻辑值**1**和**0**（与标号1～10对应）；

（2）试就下列逻辑值绘出相应的数字信号波形（采用数字信号波形的简易表示法），设高电平为5V（**逻辑1**），低电平约为0V（**逻辑0**），每一高、低电平的持续时间相等，均为50μs：①**010101010**；②**011101101**。

解：（1）根据图1-1所示的波形图，写出相应的逻辑值为：**0101010101**（与标号1～10对应）；

（2）根据题中所给的两组的逻辑值，分别绘出相应的数字信号波形图，如图1-2所示。

1-2　将下列十进制数29.625、127.0625、378.875分别转换成二进制数。

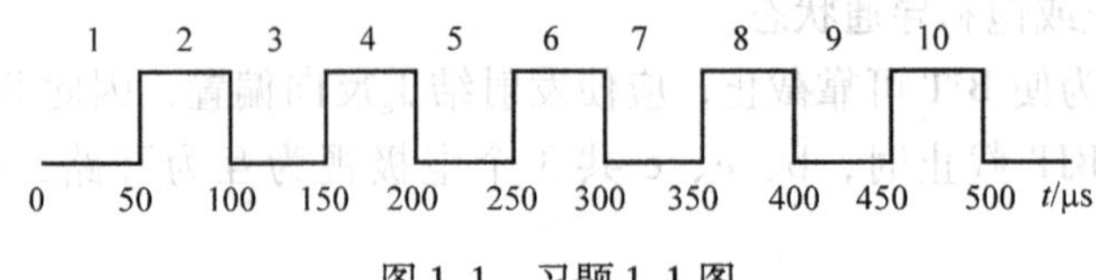

图 1-1　习题 1-1 图

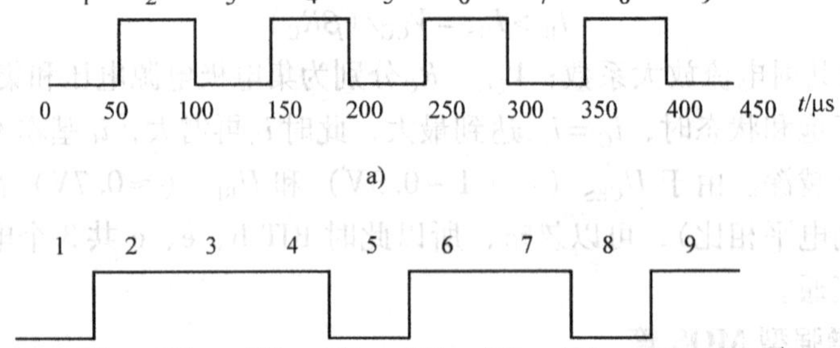

图 1-2　习题 1-1 解的波形图

a）数字信号“**010101010**”的波形图　b）数字信号“**011101101**”的波形图

解：$(29.625)_{10}$ = $(\mathbf{11101.101})_2$；

$(127.0625)_{10}$ = $(\mathbf{1111111.0001})_2$；

$(378.875)_{10}$ = $(\mathbf{101111010.111})_2$。

1-3　将下列二进制数 **101101.11010111**、**101011.101101** 分别转换成十进制数。

解：$(\mathbf{101101.11010111})_2$ = $(45.839844)_{10}$；

$(\mathbf{101011.101101})_2$ = $(43.703125)_{10}$。

1-4　将下列二进制数 **100110.100111**、**101011101.1100111** 分别转换成十六进制数。

解：$(\mathbf{100110.100111})_2$ = $(26.9C)_{16}$；

$(\mathbf{101011101.1100111})_2$ = $(15D.CE)_{10}$。

1-5　将下列十六进制数 3AD.6EB、6C2B.4A7 分别转换成二进制数。

解：$(3AD.6EB)_{16}$ = $(\mathbf{1110101101.011011101011})_2$；

$(6C2B.4A7)_{16}$ = $(\mathbf{110110000101011.010010100111})_2$。

1-6　试用真值表证明下列逻辑等式：

（1）$AB+\overline{A}C+\overline{B}C=AB+C$；

（2）$A\overline{B}+\overline{A}B+BC=A\overline{B}+\overline{A}B+AC$；

（3）$A\overline{B}+B\overline{C}+C\overline{A}=\overline{A}B+\overline{B}C+\overline{C}A$；

（4）$(A\oplus B)\oplus C=A\oplus(B\oplus C)$。

解：（1）列出真值表见表 1-1。由表可见，确有 $AB+\overline{A}C+\overline{B}C=AB+C$。

（2）列出真值表见表 1-2。由表可见，确有 $A\overline{B}+\overline{A}B+BC=A\overline{B}+\overline{A}B+AC$。

（3）列出真值表见表 1-3。由表可见，确有 $A\overline{B}+B\overline{C}+C\overline{A}=\overline{A}B+\overline{B}C+\overline{C}A$。

（4）列出真值表见表 1-4。由表可见，确有 $(A\oplus B)\oplus C=A\oplus(B\oplus C)$。

表 1-1 用于证明 $AB+\bar{A}C+\bar{B}C=AB+C$ 的真值表

A	B	C	$AB+\bar{A}C+\bar{B}C$	$AB+C$
0	0	0	0	0
0	0	1	1	1
0	1	0	0	0
0	1	1	1	1
1	0	0	0	0
1	0	1	1	1
1	1	0	1	1
1	1	1	1	1

表 1-2 用于证明 $A\bar{B}+\bar{A}B+BC=A\bar{B}+\bar{A}B+AC$ 的真值表

A	B	C	$AB+\bar{A}B+BC$	$A\bar{B}+\bar{A}B+AC$
0	0	0	0	0
0	0	1	0	0
0	1	0	1	1
0	1	1	1	1
1	0	0	1	1
1	0	1	1	1
1	1	0	0	0
1	1	1	1	1

表 1-3 用于证明 $A\bar{B}+B\bar{C}+C\bar{A}=\bar{A}B+\bar{B}C+\bar{C}A$ 的真值表

A	B	C	$A\bar{B}+B\bar{C}+C\bar{A}$	$\bar{A}B+\bar{B}C+\bar{C}A$
0	0	0	0	0
0	0	1	1	1
0	1	0	1	1
0	1	1	1	1
1	0	0	1	1
1	0	1	1	1
1	1	0	1	1
1	1	1	0	0

表 1-4 用于证明 $(A\oplus B)\oplus C=A\oplus(B\oplus C)$ 的真值表

A	B	C	$(A\oplus B)\oplus C$	$A\oplus(B\oplus C)$
0	0	0	0	0
0	0	1	1	1
0	1	0	1	1
0	1	1	0	0
1	0	0	1	1
1	0	1	0	0
1	1	0	0	0
1	1	1	1	1

1-7 求下列各逻辑函数 F 的反函数 $\bar{F}$ 和对偶式 F'：

（1）$F_1=\overline{A+ABC+\bar{A}C}$；

（2）$F_2=(A+B)(A+\overline{AB})C+\overline{\bar{A}(B+\bar{C})}+\bar{A}B+ABC$；

（3）$F_3=A+\overline{\bar{B}+\overline{CD}}+\overline{\overline{ADB}}$。

解：（1）反函数：$\overline{F_1}=\bar{A}\ \overline{(\bar{A}+\bar{B}+\bar{C})\ (A+\bar{C})}$；对偶式：$F_1'=\overline{A(A+B+C)(\bar{A}+C)}$

（2）反函数：$\overline{F_2}=(\bar{A}\bar{B}+\bar{A}\,\overline{\bar{A}+\bar{B}}+C)\overline{A+\bar{B}C}(A+\bar{B})(\bar{A}+\bar{B}+\bar{C})$

对偶式：$F_2'=AB+A\,\overline{A+B}+C\,\overline{\bar{A}+B\bar{C}})(\bar{A}+B)(A+B+C)$

（3）反函数：$\overline{F_3}=\bar{A}\,\bar{B}\,\overline{\overline{\bar{C}+\bar{D}}\,\overline{\bar{A}+\bar{D}}+B}$；对偶式：$F_3'=A\,\overline{\bar{B}\,\overline{\bar{C}+\bar{D}}\,\overline{\bar{A}+\bar{D}}+\bar{B}}$

1-8 某逻辑电路有 A、B、C 共 3 个输入端，一个输出端 F，当输入信号中有奇数个 **1** 时，输出 F 为 **1**，否则输出为 **0**。试列出此逻辑函数的真值表，写出逻辑表达式，并画出用两个 CMOS **异或**门实现的逻辑电路图。

解：（1）根据题意列出真值表，见表 1-5。

（2）按照真值表，可以写出逻辑函数表达式如下：

$$F=\bar{A}\,\bar{B}C+\bar{A}B\,\bar{C}+A\,\bar{B}\,\bar{C}+ABC=\bar{A}(B\oplus C)+A(\overline{B\oplus C})=A\oplus(B\oplus C)$$

（3）依据逻辑函数表达式，可用两个**异或**门来实现。画出逻辑电路图，如图 1-3 所示。

表 1-5 习题 1-8 解的真值表

A	B	C	F
0	0	0	0
0	0	1	1
0	1	0	1
0	1	1	0
1	0	0	1
1	0	1	0
1	1	0	0
1	1	1	1

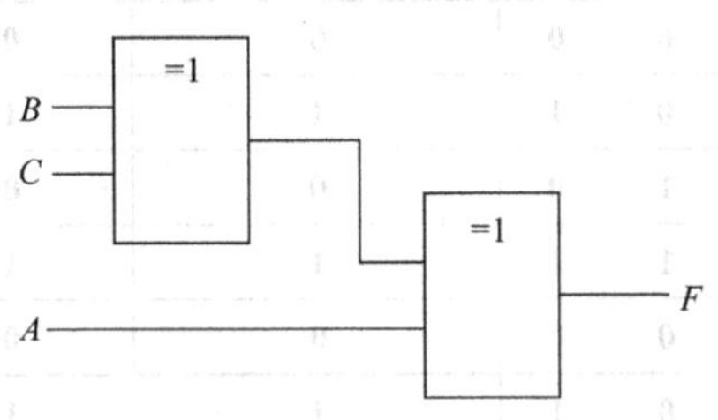

图 1-3 习题 1-8 解的逻辑电路图

1-9 设计一个 3 人表决逻辑电路，当输入 A、B、C 有半数以上同意时，决议才能通过，但 A 有否决权，若 A 不同意，即使 B、C 都同意，决议也不能通过。列出真值表，写出该逻辑函数的表达式。

解：(1) 根据题意列出真值表，见表 1-6。

(2) 由真值表可以写出逻辑函数表达式如下：

$$F = A\overline{B}C + AB\overline{C} + ABC = AB + AC。$$

1-10 证明下列异或运算公式：

(1) $A \oplus A = \mathbf{0}$；

(2) $A \oplus \mathbf{1} = \overline{A}$；

(3) $A \oplus \mathbf{0} = A$；

(4) $A \oplus \overline{A} = \mathbf{1}$；

(5) $AB \oplus A\overline{B} = A$；

(6) $A \oplus \overline{B} = \overline{A \oplus B}$。

解：(1) 用真值表证明，此小题的真值表见表 1-7。由表可见，确实 $A \oplus A = \mathbf{0}$；

(2) 用真值表证明，此小题的真值表见表 1-8。由表可证得：$A \oplus \mathbf{1} = \overline{A}$；

表 1-6 习题 1-9 解的真值表

A	B	C	F
0	0	0	0
0	0	1	0
0	1	0	0
0	1	1	0
1	0	0	0
1	0	1	1
1	1	0	1
1	1	1	1

表 1-7 习题 1-10 第 1 小题的真值表

A	$A \oplus A$
0	0
1	0

表 1-8 习题 1-10 第 2 小题的真值表

A	$A \oplus 1$	$\overline{A}$
0	1	1
1	0	0

(3) 用真值表证明，此小题的真值表见表 1-9。由表可证得：$A \oplus \mathbf{0} = A$；

(4) 用真值表证明，此小题的真值表见表 1-10。由表可证得：$A \oplus \overline{A} = \mathbf{1}$；

表 1-9　习题 1-10 第 3 小题的真值表

A	$A \oplus 0$	A
0	0	0
1	1	1

表 1-10　习题 1-10 第 4 小题的真值表

A	$A \oplus \overline{A}$
0	1
1	1

（5）用真值表证明，此小题的真值表见表 1-11。由表可证得：$AB \oplus A\overline{B} = A$；

（6）用真值表证明，此小题的真值表见表 1-12。由表可证得：$A \oplus \overline{B} = \overline{A \oplus B}$；

表 1-11　习题 1-10 第 5 小题的真值表

A	B	$AB \oplus A\overline{B}$
0	0	0
0	1	0
1	0	1
1	1	1

表 1-12　习题 1-10 第 6 小题的真值表

A	B	$A \oplus \overline{B}$	$\overline{A \oplus B}$
0	0	1	1
0	1	0	0
1	0	0	0
1	1	1	1

实际上，习题 1-10 的各小题都可以利用**异或**逻辑关系式展开来加以证明。请读者自行练习证明此题。

1-11　用公式法化简下列逻辑函数为最简**与或**式：

（1）$F_1 = \overline{AB + A\overline{B} + \overline{A}B}\ (\overline{A}\,\overline{B} + CD)$；

（2）$F_2 = \overline{A\overline{BC} + AC + \overline{A}B\overline{C}} + \overline{AC}$；

（3）$F_3 = (AB + \overline{A}\,\overline{B})(\overline{A} + \overline{B})A\overline{B}$；

（4）$F_4 = (A + \overline{A}B)\overline{(A + BC + \overline{C})}$；

（5）$F_5 = \overline{A}\,\overline{B}\,\overline{C}\,\overline{D} + A + B + C + D$；

（6）$F_6 = (A + B)(A + \overline{A}\,\overline{B})C + \overline{\overline{A}(B + \overline{C})} + \overline{A}B + ABC$。

解：（1）$F_1 = \overline{AB + A\overline{B} + \overline{A}B}(\overline{A}\,\overline{B} + CD) = \overline{A + B}(\overline{A}\,\overline{B} + CD) = \overline{A}\,\overline{B}(\overline{A}\,\overline{B} + CD) = \overline{A}\,\overline{B}$；

（2）$F_2 = \overline{A\overline{BC} + AC + \overline{A}B\overline{C}} + \overline{A}\,\overline{C} = \overline{A(\overline{B} + C) + \overline{A}B\overline{C}} + \overline{A}\,\overline{C} = \overline{A\overline{B} + AC + \overline{A}B\overline{C}} + \overline{A}\,\overline{C}$

$= (\overline{A} + B)(\overline{A} + \overline{C})(A + \overline{B} + C) + \overline{A}\,\overline{C} = \overline{A}B + \overline{A}C + AB\overline{C} + \overline{A}\,\overline{C} = \overline{A} + AB\overline{C} = \overline{A} + B\overline{C}$；

（3）$F_3 = (AB + \overline{A}\,\overline{B})(\overline{A} + \overline{B})A\overline{B} = (AB + \overline{A}\,\overline{B})A\overline{B} = \mathbf{0}$；

（4）$F_4 = (A + \overline{A}B)\overline{(A + BC + \overline{C})} = (A + B)\overline{(A + B + \overline{C})} = (A + B)\overline{A}\,\overline{B}C = \mathbf{0}$；

（5）$F_5 = \overline{A}\,\overline{B}\,\overline{C}\,\overline{D} + A + B + C + D = \mathbf{1}$；

（6）$F_6 = (A + B)(A + \overline{A}\,\overline{B})C + \overline{\overline{A}(B + \overline{C})} + \overline{A}B + ABC = AC + A + \overline{B}C + \overline{A}B + BC = A + B + C$。

1-12　用卡诺图化简下列逻辑函数：

（1）$F_1 = \sum m$（1，2，3，4，5，6，7）；

（2）$F_2 = \sum m$（4，5，6，7，8，9，10，11，12，13）；

（3）$F_3 = \sum m$（2，3，6，7，10，11，12，15）；

（4）$F_4 = \sum m$（1，3，4，5，8，9，13，15）；

（5）$F_5 = \sum m$（1，3，4，6，7，9，11，12，14，15）；

（6）$F_6 = \sum m$（0，2，4，7，8，9，12，13，14，15）。

解：（1）$F_1 = \sum m$（1，2，3，4，5，6，7）；卡诺图如图 1-4 所示。

由卡诺图化简后得：$F_1 = A + B + C$。

（2）$F_2 = \sum m$（4，5，6，7，8，9，10，11，12，13）；卡诺图如图 1-5 所示。

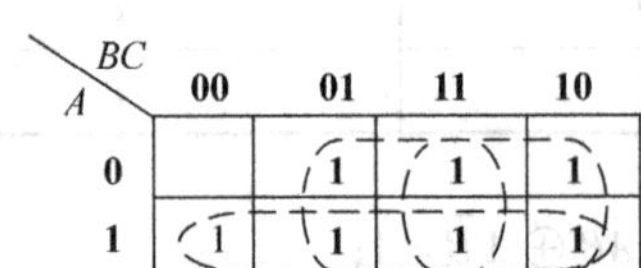

图 1-4　习题 1-12（1）的卡诺图

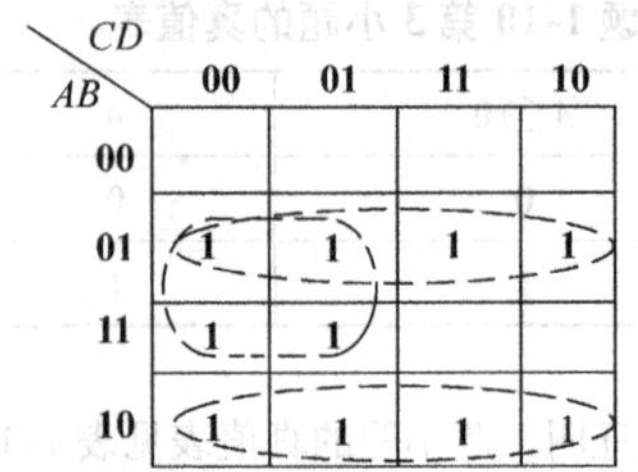

图 1-5　习题 1-12（2）的卡诺图

用卡诺图化简得：$F_2 = \overline{A}B + A\overline{B} + B\overline{C}$。

（3）$F_3 = \sum m$（2，3，6，7，10，11，12，15）；卡诺图如图 1-6 所示。

用卡诺图化简得：$F_3 = CD + \overline{B}C + \overline{A}C + AB\overline{C}\overline{D}$。

（4）$F_4 = \sum m$（1，3，4，5，8，9，13，15）；卡诺图如图 1-7 所示。

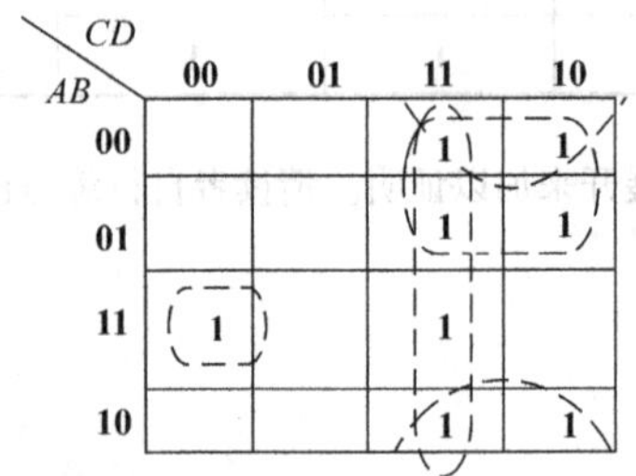

图 1-6　习题 1-12（3）的卡诺图

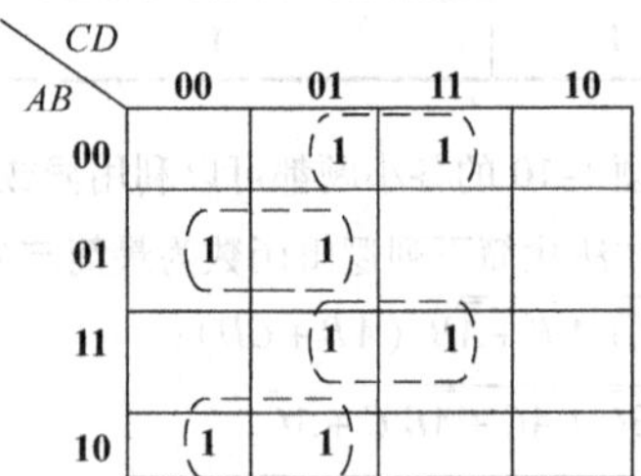

图 1-7　习题 1-12（4）的卡诺图

用卡诺图化简得：$F_4 = \overline{A}\overline{B}D + \overline{A}B\overline{C} + ABD + A\overline{B}\overline{C}$。

（5）$F_5 = \sum m$（1，3，4，6，7，9，11，12，14，15）；卡诺图如图 1-8 所示。

用卡诺图化简得：$F_5 = \overline{B}D + B\overline{D} + CD$。

（6）$F_6 = \sum m$（0，2，4，7，8，9，12，13，14，15）；卡诺图如图 1-9 所示。

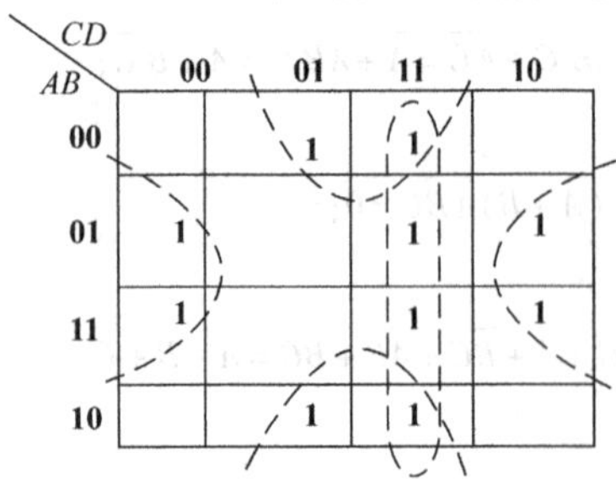

图 1-8　习题 1-12（5）的卡诺图

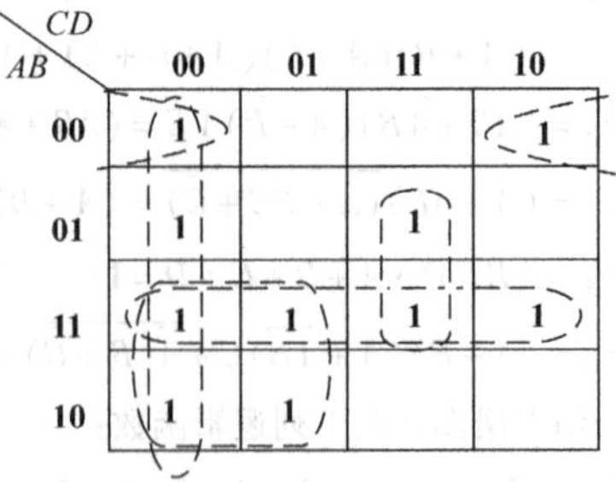

图 1-9　习题 1-12（6）的卡诺图

用卡诺图化简得：$F_6 = \overline{C}\overline{D} + AB + A\overline{C} + BCD + \overline{A}\overline{B}\overline{D}$。

1-13　化简下列具有无关项“d”的逻辑函数：

（1）$F_1 = \sum m$（1，3，5，7，9）$+ \sum d$（4，6，11，12，13，14，15）；

（2）$F_2 = \sum m$（0，1，2，3，7）$+ \sum d$（4，5，6）；

（3）$F_3 = \sum m$（2，3，4，7，12，13，14）$+ \sum d$（5，6，8，9，10，11，15）；

（4）$F_4 = \sum m$（0，2，7，8，13，15）$+ \sum d$（1，5，6，9，10，11，12）；

（5）$F_5 = \sum m$（0，4，5，6，8，13，14）$+ \sum d$（1，2，3，7，9，10，11，12，15）；

（6）$F_6 = \sum m$（0，2，4，6，8，10，14）$+ \sum d$（5，7，12，13，15）。

解：（1）$F_1 = \sum m$（1，3，5，7，9）$+ \sum d$（4，6，11，12，13，14，15）；卡诺图如图 1-10 所示。

经过卡诺图法化简后得：$F_1 = D$。

（2）$F_2 = \sum m$（0，1，2，3，7）$+ \sum d$（4，5，6）；卡诺图如图 1-11 所示。

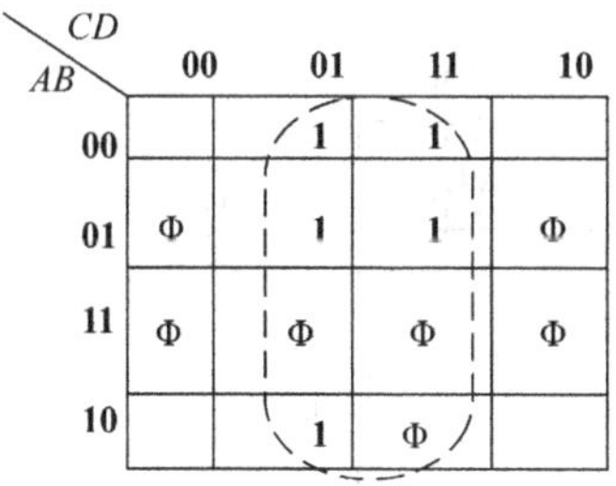

图 1-10　习题 1-13（1）的卡诺图

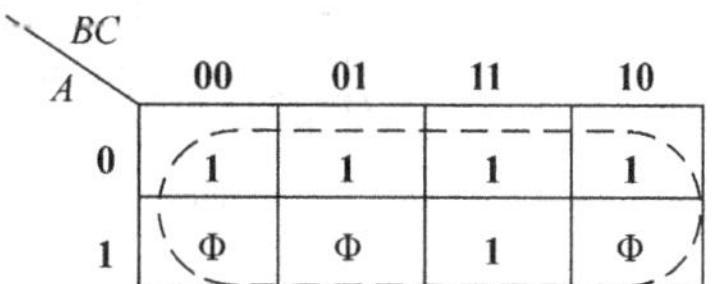

图 1-11　习题 1-13（2）的卡诺图

经过卡诺图法化简得：$F_2 = \mathbf{1}$

（3）$F_3 = \sum m$（2，3，4，7，12，13，14）$+ \sum d$（5，6，8，9，10，11，15）；卡诺图如图 1-12 所示。

经过卡诺图法化简得：$F_3 = B + C$

（4）$F_4 = \sum m$（0，2，7，8，13，15）$+ \sum d$（1，5，6，9，10，11，12）；卡诺图如图 1-13 所示。

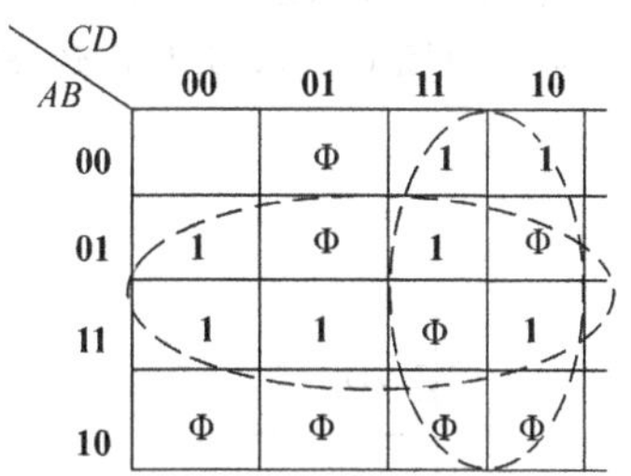

图 1-12　习题 1-13（3）的卡诺图

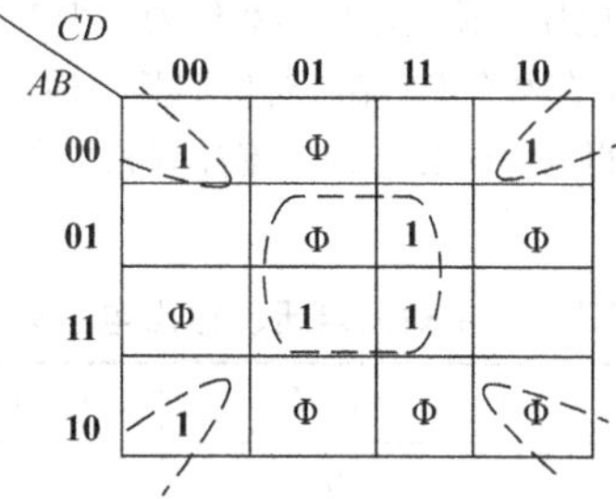

图 1-13　习题 1-13（4）的卡诺图

经过卡诺图法化简后得：$F_4 = BD + \overline{B}\,\overline{D}$

（5）$F_5 = \sum m$（0，4，5，6，8，13，14）$+ \sum d$（1，2，3，7，9，10，11，12，15）；卡诺图如图 1-14所示。

经过卡诺图法化简得：$F_5 = \mathbf{1}$

（6）$F_6 = \sum m$（0，2，4，6，8，10，14）$+ \sum d$（5，7，12，13，15）；卡诺图如图 1-15 所示。

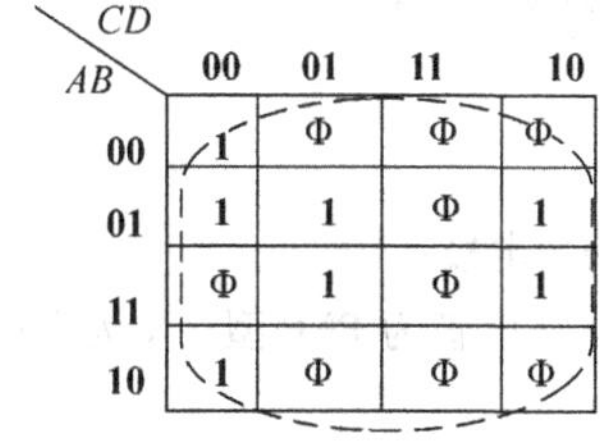

图 1-14　习题 1-13（5）的卡诺图

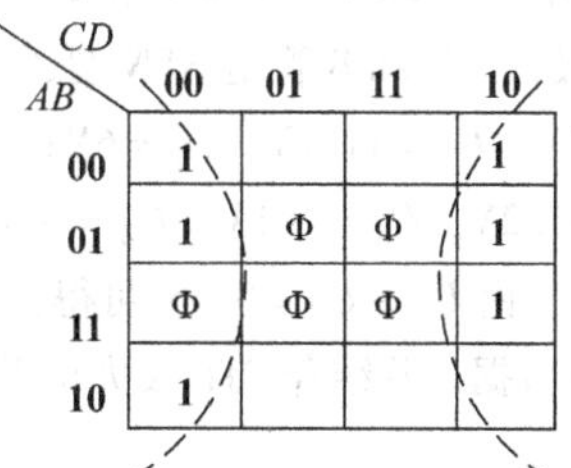

图 1-15　习题 1-13（6）的卡诺图

经过卡诺图法化简得：$F_6 = \overline{D}$

1-14　（1）理想二极管电路如图 1-16a 所示，试判定图中的 VD_1、VD_2 的工作状态，并求出图示 I 及 U 的大小。

（2）理想二极管电路见图 1-16b，当 u_{I1} 和 u_{I2} 为 0V 或 5V 时，求 u_{I1} 和 u_{I2} 的值为不同组合情况时，输出电压 u_O 之值。要求读者分析完毕后，将输入、输出电压数值列表表示。

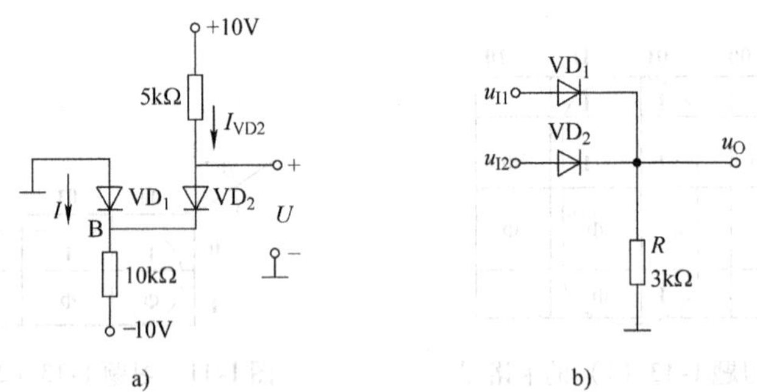

图 1-16　习题 1-14 图

解：（1）因为理想二极管 VD_2 正偏导通，所以图中标注的电压：

$$U = 10V - \frac{5}{10+5} \times 20V = 3.3V$$

故 VD_1 截止，电流 $I = 0$。

（2）输入电压、输出电压的数值列于表 1-13 中。由表可知，该电路实现了或逻辑功能。

1-15　BJT 有两个 PN 结。若仿照其结构，用两个二极管反向串联（见图 1-17），并提供必要的偏置条件，问能否获得与 BJT 相似的电流控制和放大作用？为什么？

表 1-13　习题 1-14 输入电压、输出电压列表

u_{I1}/V	u_{I2}/V	u_O/V
0	0	0
0	5	5
5	0	5
5	5	5

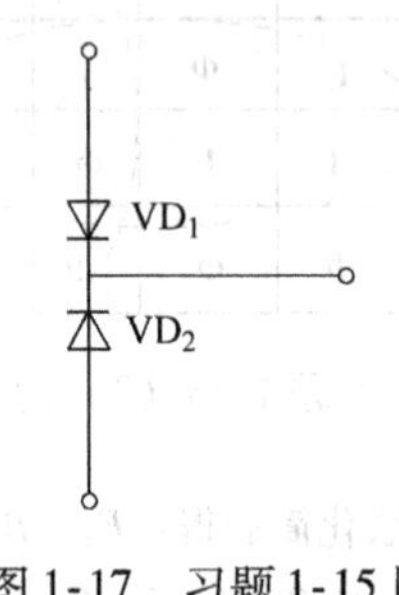

图 1-17　习题 1-15 图

解：如此连接不能获得与 BJT 相类似的电流控制和放大作用。因为虽然有两个 PN 结，但是既不存在类似于 BJT 的基区，也无在同一块半导体上形成的 3 个掺质区，即不具备 BJT 赖以放大的内部条件。

1-16　在放大电路中测得 BJT A 管和 B 管的各电极对电位参考点的直流电压如下，试确定它们的 X、Y、Z 各为哪个电极，A 管和 B 管是 NPN 型还是 PNP 型？它们是硅管还是锗管？

A 管：$U_X = 12V$，$U_Y = 11.7V$，$U_Z = 6V$；

B 管：$U_X = -5.2V$，$U_Y = -1V$，$U_Z = -5.5V$。

解：A 管：（1）由 $U_X - U_Y = 0.3V$ 可得：A 管为 Ge 管，且 Z 为集电极；

（2）根据所给数据，并结合 BJT 放大电路中若 $U_C < U_B < U_E$，则该管为 PNP 型，X 为发射极，Y 为基极；

综上所述：A 管为 PNP 型 Ge 管，X 为发射极，Y 为基极，Z 为集电极。

B 管：（1）由 $U_X - U_Z = 0.3V$ 可得：B 管为 Ge 管，且 Y 为集电极；

（2）根据 $U_C > U_B > U_E$ 可得：B 管为 NPN 型，且 X 为基极，Z 为发射极；

综上可知：B管为NPN型Ge管，X为基极，Y为集电极，Z为发射极。

1-17　图1-18a、b分别是两个MOS管的转移特性曲线，请说明这两个管子各属于哪种沟道。如果是增强型MOS管，说明其开启电压之值。已知图中i_D的假定正方向为流进漏极。

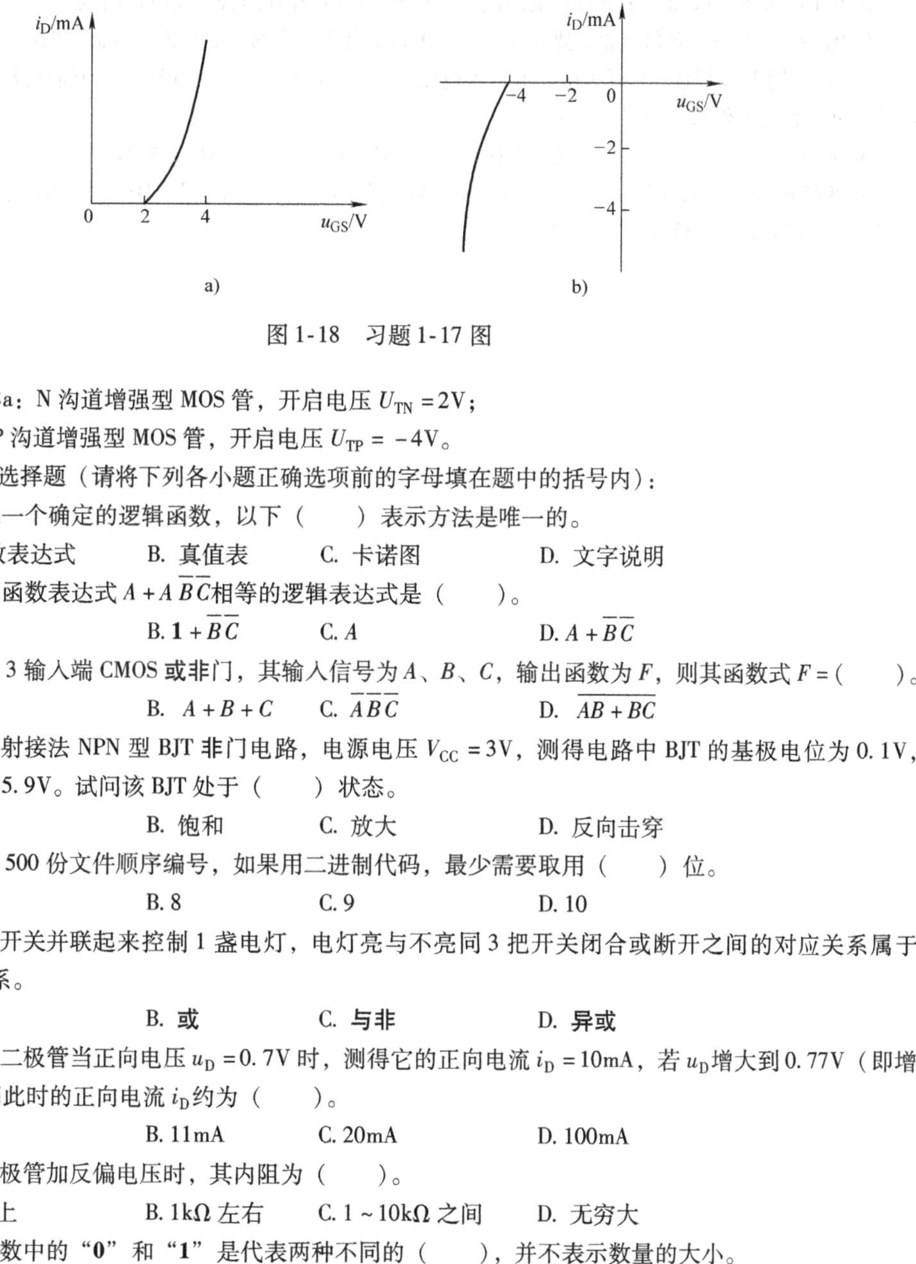

图1-18　习题1-17图

解：图1-18a：N沟道增强型MOS管，开启电压$U_{TN}=2V$；

图1-18b：P沟道增强型MOS管，开启电压$U_{TP}=-4V$。

1-18　单项选择题（请将下列各小题正确选项前的字母填在题中的括号内）：

（1）对于某一个确定的逻辑函数，以下（　　）表示方法是唯一的。

A. 逻辑函数表达式　B. 真值表　C. 卡诺图　D. 文字说明

（2）和逻辑函数表达式$A+A\overline{B}\,\overline{C}$相等的逻辑表达式是（　　）。

A. $A\overline{B}\,\overline{C}$　B. $\mathbf{1}+\overline{B}\,\overline{C}$　C. A　D. $A+\overline{B}\,\overline{C}$

（3）有一个3输入端CMOS**或非**门，其输入信号为A、B、C，输出函数为F，则其函数式$F=$（　　）。

A. ABC　B. $A+B+C$　C. $\overline{A}\,\overline{B}\,\overline{C}$　D. $\overline{AB+BC}$

（4）某一共射接法NPN型BJT**非**门电路，电源电压$V_{CC}=3V$，测得电路中BJT的基极电位为0.1V，集电极电位约为5.9V。试问该BJT处于（　　）状态。

A. 截止　B. 饱和　C. 放大　D. 反向击穿

（5）为了将500份文件顺序编号，如果用二进制代码，最少需要取用（　　）位。

A. 7　B. 8　C. 9　D. 10

（6）用3把开关并联起来控制1盏电灯，电灯亮与不亮同3把开关闭合或断开之间的对应关系属于（　　）逻辑关系。

A. **与**　B. **或**　C. **与非**　D. **异或**

（7）某个硅二极管当正向电压$u_D=0.7V$时，测得它的正向电流$i_D=10mA$，若u_D增大到0.77V（即增加10%）时，问此时的正向电流i_D约为（　　）。

A. 10mA　B. 11mA　C. 20mA　D. 100mA

（8）理想二极管加反偏电压时，其内阻为（　　）。

A. 10kΩ以上　B. 1kΩ左右　C. 1～10kΩ之间　D. 无穷大

（9）逻辑代数中的“**0**”和“**1**”是代表两种不同的（　　），并不表示数量的大小。

A. 逻辑状态　B. 逻辑变量　C. 逻辑常量　D. 逻辑函数

（10）某增强型NMOS管电路的输入电压$u_I=u_{GS}=2.1V$，设此NMOS管的开启电压$U_{TN}=2V$，$V_{DD}=6V$，试问该管的漏极电位约为（　　）。

A. 6V　B. 2.2V　C. 0V　D. 2V

（11）发射结J_e正偏、集电结J_c也正偏是BJT工作在（　　）区的外部条件。

A. 饱和导通　B. 截止　C. 放大　D. 击穿

（12）与 BJT 相比，MOSFET 的温度稳定性（　　）。

A. 差一些　　B. 差得很　　C. 与 BJT 大致相同　　D. 好得多

（13）BJT 工作在开关状态时，影响其开关速度的主要因素是（　　）。

A. BJT 中多子扩散和少子漂移均需时间　　B. 开关由断开到闭合需要响应时间

C. BJT 由截止变为饱和导通需要时间　　D. BJT 内部电荷的建立与消散都需要时间

（14）某增强型 PMOS 管开关电路的输入电压 $u_I = u_{GS} = -2.5V$，设 PMOS 管开启电压 $U_{TP} = -2V$，试问该 PMOS 管的工作状态为（　　）。

A. 截止　　B. 反向击穿　　C. 导通　　D. 不能确定

参考答案：（1）D；（2）C；（3）C；（4）A；（5）C；（6）B；（7）D；（8）D；（9）A；（10）C；（11）A；（12）D；（13）D；（14）C。

第2章　集成逻辑门电路

2.1　学习指导

逻辑门电路是实现基本和常用逻辑运算的电子电路。最基本的逻辑门电路是**与**门、**或**门和**非**门。在此基础上可以构成复合逻辑门电路，如**与非**门、**或非**门、**与或非**门、**同或**门及**异或**门等。第2章要求掌握各类逻辑门电路的工作原理、电路结构和外部特性，能够正确使用各种门电路，包括元器件的选用及接口电路的设计。

逻辑符号表示的电路功能需通过具体器件才能实现。各种类型的门电路就是实现逻辑功能的基本单元。逻辑门电路既有单极型金属氧化物绝缘栅型场效应晶体管（MOSFET）构成的互补型（CMOS）集成门电路逻辑门，又有双极型晶体管（BJT）组成的晶体管—晶体管逻辑（TTL）门电路。第2章通过介绍常用逻辑门的内部电路，主要讲解它的外部特性和逻辑功能，使读者能有效理解和掌握逻辑门电路的基本原理，并学会在工程中使用它们。

1. 半导体器件开关特性

不同于工作在模拟电路中的器件，数字电路中的半导体器件一般都工作在开关状态。掌握和了解这些半导体器件的开关特性，对于掌握和了解门电路的工作原理和逻辑功能，正确选择和使用门电路都是很重要的。

（1）二极管的开关特性

二极管是一种非线性器件。当静态分析二极管电路时可采用理想化模型、恒压模型或折线模型。而在逻辑器件中，一般用理想化模型来分析二极管电路。

理想二极管的概念如下：当二极管承受正向电压，即二极管阳极电位大于阴极电位时，二极管导通，其管压降近似为0V，相当于开关合上，二极管电流 i_D 由外电路决定；而当二极管承受反向电压，即二极管阳极电位小于阴极电位时，二极管截止，其 i_D 近似为零，相当于开关断开。

由此可知，二极管通（导通）、断（截止）取决于加到二极管上的电压 u_D 的极性。

（2）BJT 的开关特性

数字逻辑电路中，双极型晶体管（BJT）一般工作在饱和导通或截止两种开关工作状态。

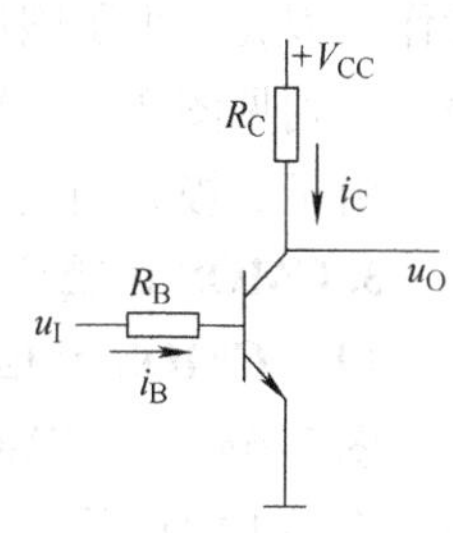

图2-1　BJT作为开关使用

在图2-1的电路中，若基极电流 $i_B \leqslant 0$，则集电极电流 $i_C \leqslant I_{CEO}$（穿透电流），BJT工作在截止状态。若忽略 I_{CEO}，则此时BJT相当于一把断开的开关，$i_C = 0mA$，集电极－发射极之间的电压 $u_{CE} = V_{CC}$。工程中为使BJT可靠截止，必须使其满足截止条件：$i_B \leqslant 0\mu A$。

若 i_B 足够大，则当 i_C 受集电极负载电阻 R_C 影响而达到集电极饱和电流 I_{CS} 时，BJT饱和导通，此时它相当于一把闭合的开关。如果忽略BJT的饱和管压降 U_{CES}，那么 $i_C = I_{CS} = V_{CC}/R_C, I_{BS} = I_{CS}/\beta =$

$V_{CC}/(\beta R_C)$。据此获得 BJT 的饱和导通条件为 $i_B \geqslant I_{BS}$，式中 I_{BS} 被称为临界饱和基极电流。所以，i_B 越大，BJT 的饱和程度越深。

通过以上分析便知，BJT 具有可控的稳态开关特性，它的开或关与控制电压 u_I 有关，u_I 大于某一电压，BJT 作为开关才会合上；而当 u_I 小于某一电压时，BJT 开关断开。BJT 开关与二极管开关相类似，也有相应的动态开关特性。

（3）MOS 管的开关特性

金属氧化物半导体场效应晶体管（MOSFET）有 N 沟道和 P 沟道之别，NMOS 管的电路符号及特性曲线如图 2-2 所示。不同于 BJT，MOS 管有极高的输入电阻，所以栅极不取用电流，它属于一种受电压控制的开关器件。在 NMOS 开关电路中，当输入栅极电压 u_I 小于 NMOS 管开启电压 $U_{GS(th)}$ 时，由 NMOS 管的转移特性可知，管子截止，$I_D=0$，漏极输出电压 $u_O \approx V_{DD}$；而当输入电压 u_I 大于 NMOS 管开启电压 $U_{GS(th)}$ 时，管子导通，它工作在可变电阻区。根据 NMOS 管的输出特性可知，此时 NMOS 管具有沟道电阻（亦称导通电阻）R_{ON}，其上的电压 $U_{ON}=\dfrac{R_{ON}}{R_{ON}+R_D}V_{DD}$。显然，导通电阻 R_{ON} 越小，输出电压越小，而沟道电阻与 u_{GS} 有关，即与输入 u_I 有关，u_I 越大，R_{ON} 就越小。

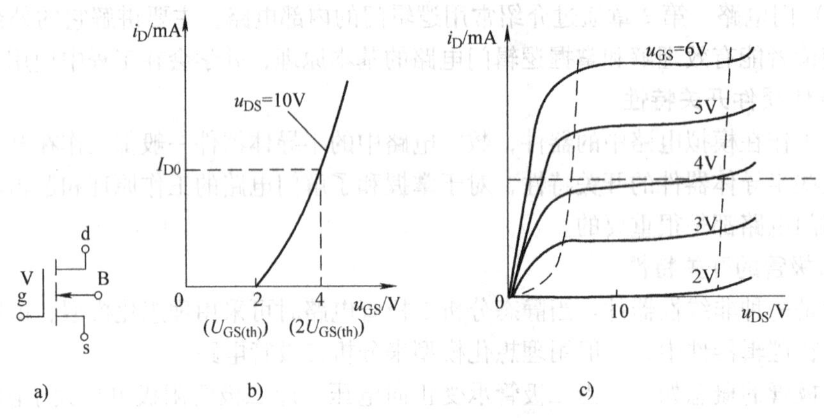

图 2-2 NMOS 管的电路符号及特性曲线

a）符号 b）转移特性曲线 c）输出特性曲线

2. 基本逻辑门电路

由二极管开关特性可知，二极管所加正向电压大于阈值电压 U_{ON} 时导通，正向压降近似看作为 U_{ON}，小于阈值电压 U_{ON} 时截止。以下几种分别是由二极管构成的门电路及其真值表，分别见图 2-3 ~ 图 2-5 以及表 2-1 ~ 表 2-3。

由于二极管门电路的输出电阻较大，带负载能力较差，所以工程技术中已无应用。

3. CMOS 逻辑门电路

（1）CMOS 反相器及其电压传输特性

图 2-6a 表示 CMOS 反相器电路，它由两个增强型 MOS 管组成，其中一个为 NMOS 管，另一个是 PMOS 管。当 CMOS 反相器的输入电压 u_I 处于低电平，即 $u_I=U_{IL}=0V$ 时，$U_{NGS}=0V<U_{TN}$，V_N 截止；而 $U_{PGS}=0-V_{DD}=-V_{DD}$，V_P 导通，输出电压 $u_O=U_{OH}\approx +V_{DD}$；而当 u_I 处于高电平，即 $u_I=U_{IH}=+V_{DD}$ 时，$U_{NGS}=+V_{DD}>U_{TN}$，V_N 导通，但 $U_{PGS}=0V$，V_P 截

止，$u_O = U_{OL} \approx 0V$。由于 CMOS 反相器工作时总是一个 MOS 管导通，而另一个 MOS 管截止，属于互补工作方式，所以将此电路称为互补对称 CMOS 电路。

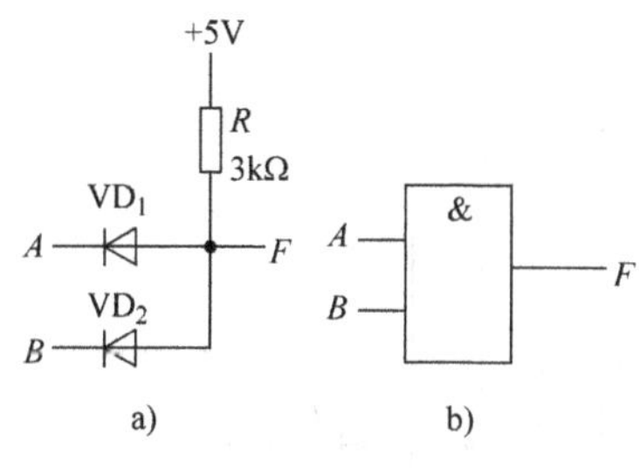

图 2-3　二极管与门电路

a）二极管与门　b）逻辑符号

表 2-1　与门真值表

A	B	F
0	0	0
0	1	0
1	0	0
1	1	1

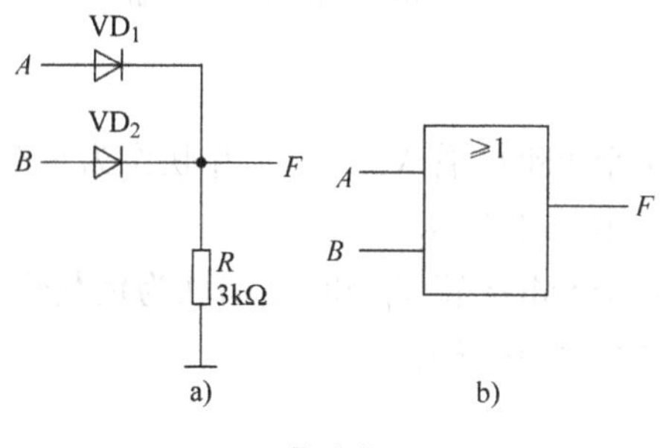

图 2-4　二极管或门电路

a）二极管或门　b）逻辑符号

表 2-2　或门真值表

A	B	F
0	0	0
0	1	1
1	0	1
1	1	1

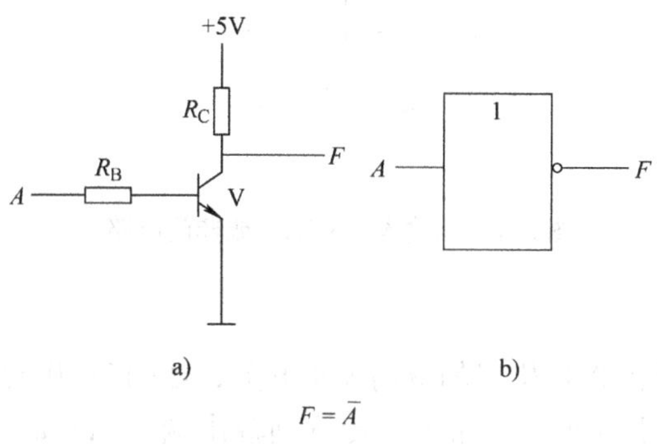

图 2-5　非门电路

a）BJT 反相器（非门）　b）逻辑符号

表 2-3　非门真值表

A	F
0	1
1	0

CMOS 反相器理想电压的传输特性如图 2-7 所示。图中 u_I是反相器输入端电压，u_O为输出电压。由图示曲线可见：①AB 段：当输入低电平 $0V \leqslant u_I \leqslant U_{TN}$时，$u_O = U_{OH} \approx +V_{DD}$；②BC 段：当 $u_I > U_{TN}$时，u_O仍处于高电平，V_N工作在内阻很高的饱和区，V_P仍工作在线性区，此时 u_O下降不多，仍维持较高的输出电平；③CD 段：u_O将陡峭地下降，u_O随着 u_I的变

化急剧变化，进入转折区；④DE 段：u_I继续增加，u_O将进一步下降，直到趋于低电平；⑤EF段：当输入电压增加到$u_I = +V_{DD}$时，$u_O = U_{OL} \approx 0V$。

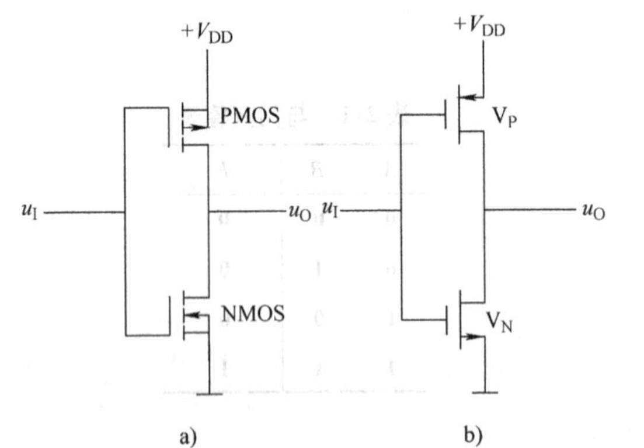

图 2-6　CMOS 反相器电路

a）CMOS 反相器电路　b）采用简化符号的电路

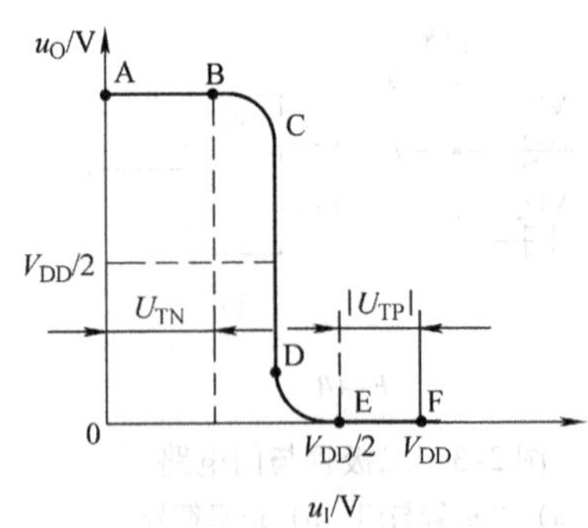

图 2-7　CMOS 反相器理想电压的传输特性

（2）CMOS 与非门和或非门电路

将两个 NMOS 管 V_{N1}和 V_{N2}串联用作工作管，两个 PMOS 管 V_{P1}和 V_{P2}并联作为负载管，便组成了两输入端 CMOS 与非门电路，即 $F=\overline{AB}$，如图 2-8 所示。

将两个 NMOS 管 V_{N1}和 V_{N2}并联用作工作管，两个 PMOS 管 V_{P1}和 V_{P2}串联为负载管，便组成了两输入端 CMOS **或非**门电路，即 $F=\overline{A+B}$，如图 2-9 所示。

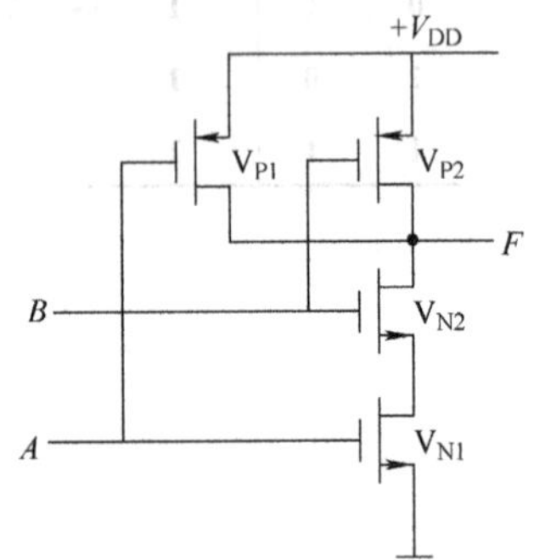

图 2-8　两输入端 CMOS **与非**门电路

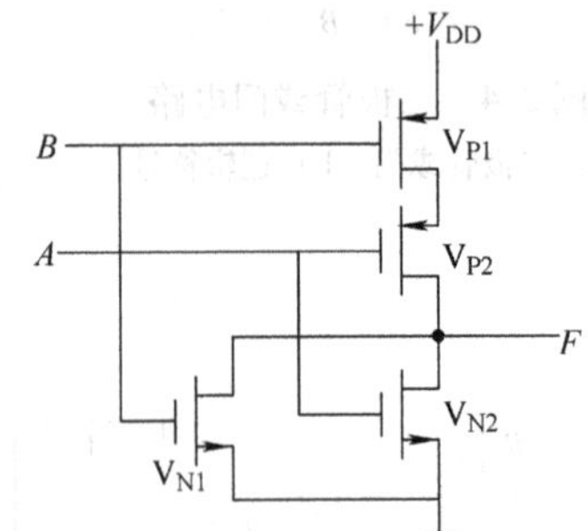

图 2-9　两输入端 CMOS **或非**门电路

（3）几种特殊的 CMOS 门

用一个 CMOS 传输门 TG 和一个 CMOS 反相器 G 构成的双向模拟开关，如图 2-10 所示。当控制端 C 加高电平时，开关导通，输入信号 u_I便可由输入端传输到输出端，$u_O \approx u_I$；当控制端 C 加低电平时，开关断开，输入信号与输出信号被阻断，输出端呈现高阻状态。

为了实现两个门输出逻辑**与**的关系或者为增大驱动负载的能力，将 CMOS **与非**门的输出级做成漏极开路（OD）的方式，此时可将多个 OD 门的输出端并联，使其具有**线与**逻辑功能，如图 2-11 所示。

在数字系统中，为了使各个逻辑部件在数据总线上分时传输信号，就必须用三态门。图 2-12 是低电平有效的 CMOS 三态门的逻辑符号。其输出端在$\overline{EN}=\mathbf{1}$ 时，呈现出高阻状态。

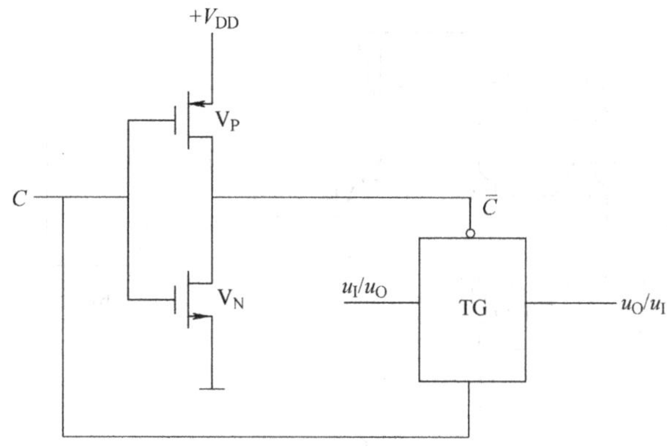

图 2-10　CMOS 双向模拟开关电路

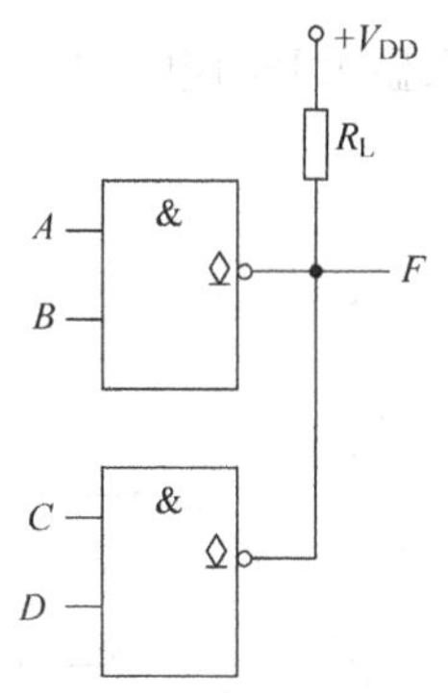

图 2-11　两个 OD 与非门输出端直接相连

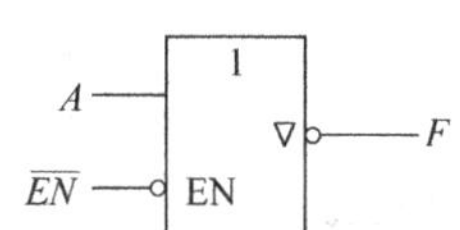

图 2-12　低电平有效的 CMOS 三态门的逻辑符号

4. TTL 逻辑门电路

(1) TTL 与非门

图 2-13a 是 CT74 通用系列两输入端与非门的典型电路。图中 V_1 和 R_1 组成输入级，实现逻辑与功能，$F=\overline{AB}$。

TTL 与非门无论输出是低电平还是高电平，推拉式输出级 BJT V_3 和 V_4 总是一个导通、另一个截止，静态功耗约为零，且 V_4 导通时构成射极输出器，它的输出电阻以及 V_3 饱和导通时的输出电阻均很低，因此 TTL 与非门具有较佳的带负载能力。

(2) TTL 与非门主要技术参数

图 2-14 中，TTL 与非门的输入 A（或 B）接高电压 3.6V，则得到输出电压 $u_O=u_F$ 随输入信号 B（或 A）所加电压 u_I 之变而变的电压传输特性。现说明如下：

①AB 段：当 $u_I<0.6\text{V}$ 时，$u_O=u_F\approx+V_{CC}-U_{BE4}-U_{D3}=3.6\text{V}$，故称 AB 段为电压传输特性的截止区；②BC 段：当 $0.6\text{V}<u_I<1.3\text{V}$ 时，$0.7\text{V}<u_{C1}<1.4\text{V}$，$u_O$ 随 u_I 的增高而线性下降，故称此区域为线性区；③CD 段：当 $1.3\text{V}<u_I<1.4\text{V}$ 时，输出急剧降为低电平，$u_O=u_F\approx0.45\text{V}$，其中 D 点对应的输入电压阈值 $U_{TH}\approx1.4\text{V}$，此为转折区；④DE 段：当 u_I 大于 1.4V 以后，u_{B1} 被钳位在 2.1V，V_2 和 V_3 均已饱和导通，$u_O=u_F=U_{CES3}=0.3\text{V}$，故称 DE 段为饱和区。

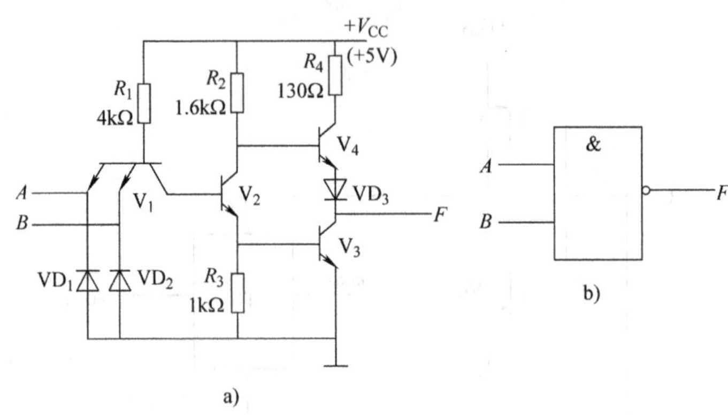

图 2-13　CT74 通用系列两输入端与非门的典型电路

a）电路图　b）逻辑符号

如图 2-15 所示，对于 CT74 系列 TTL **与非**门，实测结果显示开门电阻 $R_{ON}\approx 2.0\text{k}\Omega$，关门电阻 $R_{OFF}\approx 0.91\text{k}\Omega$。

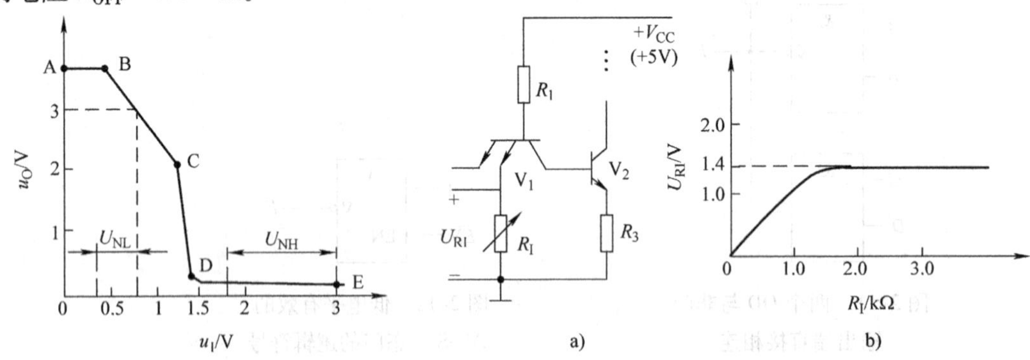

图 2-14　TTL 与非门的电压传输特性

图 2-15　CT74 系列与非门输入负载特性

a）测试电路　b）输入负载特性曲线

例 2-1　为什么说 TTL **与非**门输入端在以下三种接法时，在逻辑上都属于输入为 **1**：

（1）输入端悬空；

（2）输入端接高于 2V 的电源；

（3）输入端通过 10kΩ 电阻接地。

解：解答上述问题有 3 条途径。现解答如下：

（1）输入端悬空：输入端悬空可以看作是输入端所接电阻 R_I 无穷大，由输入负载特性得输入端电压 1.4V，此时 $U_{B1}=2.1\text{V}$，V_2、V_3 饱和导通，由**与非**门的逻辑功能知只有输入全部为高电平时，V_2、V_3 才饱和导通，所以输入为 **1**。

（2）由 TTL **与非**门的电压传输特性可见：当输入端接高于 2V 的电源或者接同类**与非**门的输出高电压 3.6V 时，输出低电平（即逻辑 **0**），此时输入电平确系逻辑 **1**。

（3）以图 2-13 所示的**与非**门电路为例，输入端通过 10kΩ 电阻接地时，$U_{RI}\approx 3.1\text{V}$。由 TTL **与非**门的主要技术参数可知：$U_{IH(\min)}=2\text{V}$，可见 $U_{RI}>U_{IH(\min)}$，所以输入为高电平，即逻辑 **1**。

(3) TTL 集电极开路门和三态门

为了使 TTL 门输出端能直接并联应用，可将 TTL **与非**门的有源负载去掉，并把驱动管

V_3改为集电极开路，称 OC 门，如图 2-16 所示。**注意**：应用 OC 门时，各个 OC 门的输出端应外接统一的上拉电阻 R_L。

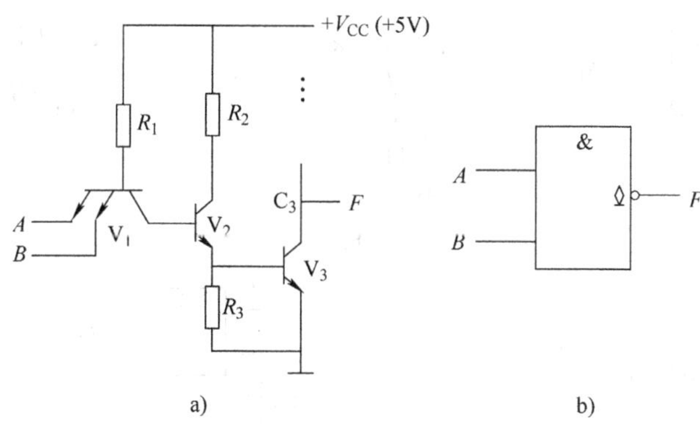

图 2-16　OC 门结构及其逻辑符号

a）OC 门内部电路　b）逻辑符号

高电平有效的 TTL 三态门电路图如图 2-17a 所示，图 2-17b 是它的逻辑符号，图中 EN 是使能控制端，高电平有效。当 $EN=\mathbf{1}$ 时，二极管 VD 截止，$F=\overline{AB}$；当 $EN=\mathbf{0}$ 时，输出端呈高阻状态，在数字系统中此时相当于将该器件从系统中隔除。

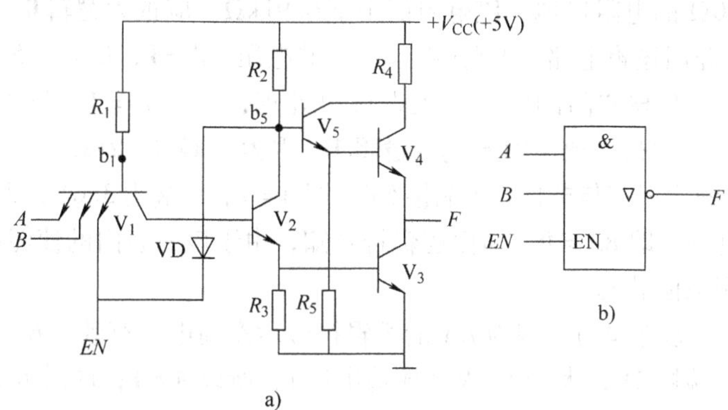

图 2-17　TTL 三态门（高电平有效）

a）电路图　b）逻辑符号

5. 实际门电路多余输入端的处理

各类常用门电路的多余输入端处理方法见表 2-4。

表 2-4　多余输入端处理方法

门电路类型		多余输入端处理方法
TTL 门	**与门、与非门、与或非门**	①将多余输入端经过 1 ~ 3kΩ 的电阻接至电源正端；②接高电平 $U_{IH}=3.6V$；③将多余输入端与其他输入端并接使用。
	或门、或非门	应接低电平或接地
CMOS 门	**或门、或非门**	
	与门、与非门、与或非门	接：$+V_{DD}$

例 2-2　如图 2-18 所示，各集成逻辑门电路均为 CT74LS 系列的 TTL 电路。试指出各门电路的输出端处于何种状态。

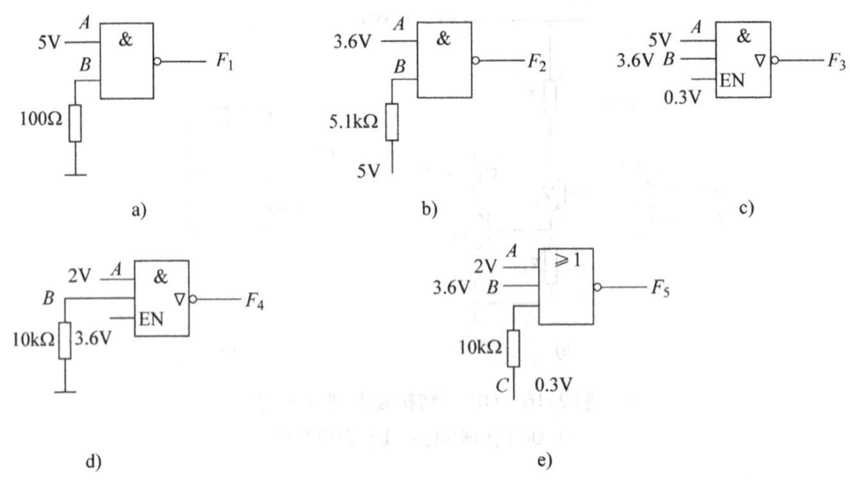

图 2-18　例 2-2 的电路图

解：图 2-18a 为**与非**门逻辑电路，A 端接 5V，此 5V 的电平大于输入高电平，因而视为逻辑 **1**；B 端经 100Ω 的电阻接地，该电阻值小于 0.91kΩ，应视为逻辑 **0**，故 $F_1 = \mathbf{1}$。

图 2-18b 为**与非**门逻辑电路，A 端接有 3.6V 的电压，$A = \mathbf{1}$；B 端经 5.1kΩ 电阻接到 5V 电压上，相当于对 TTL **与非**门的多余输入端做出处理，所以 $B = \mathbf{1}$，故 $F_2 = \mathbf{0}$（若 B 端经 5.1kΩ 后不是接 5V，而是接地，则 B 仍为逻辑 **1**，因为 5.1kΩ >2kΩ）。

图 2-18c 所示的为三态**与非**门，A 端接 5V，即 $A = \mathbf{1}$，B 端为 3.6V，即 $B = \mathbf{1}$，但使能端 EN 接有 0.3V 的电平，即 $EN = \mathbf{0}$。而由逻辑符号知，由于该三态门的使能信号 EN 为高电平有效，所以 F_3呈现高阻状态。

图 2-18d 仍为三态**与非**门，因为 EN 的逻辑符号示意高电平有效（$EN = \mathbf{1}$），此处 EN 端为 3.6V。**注意**：A 端接 2V，大于 1.4V（阈值电压），所以 $A = \mathbf{1}$；同时 B 端接有 10kΩ 的电阻（ >2kΩ），$B = \mathbf{1}$，所以 $F_4 = \mathbf{0}$。

图 2-18e 所示为**或非**门，A 端、B 端分别接有 2V、3.6V 的电压，$A = \mathbf{1}$，$B = \mathbf{1}$；而 C 端经 10kΩ 电阻接到 0.3V 的电压上，因为 10kΩ 下方不接地而是接 0.3V 的电压，亦即 C 端电位经过 10kΩ 的电阻抬高至高电平，所以 $C = \mathbf{1}$，$F_5 = \mathbf{0}$。

例 2-3　逻辑门电路如图 2-19 所示，其中 TTL 门电路的电源电压 $V_{CC} = 5V$，CMOS 门电路的电源电压 $V_{DD} = 9V$。试分别根据 $C = \mathbf{0}$ 和 $C = \mathbf{1}$ 的不同取值，求出各电压表的读数。

解：图 2-19a 是 TTL 电路，$C = \mathbf{0}$，G_1输出为高阻态，G_2输出高电平，G_3输出端的 BJT 饱和导通，故电压表 $V_1 = 0.3V$；当 $C = \mathbf{1}$ 时，G_1、G_2均输出低电平，G_3输出端的 BJT 截止，故 $V_1 = 5V$；

图 2-19b 是 CMOS 电路，当 $C = \mathbf{0}$ 时，G_4输出高电平，同时 TG 开通，$V_2 = 9V$；当 $C = \mathbf{1}$ 时，G_4输出低电平，但 TG 关闭，故 $V_2 = 0V$。

例 2-4　门电路如图 2-20 所示。试找出电路中的错误，并说明为什么？

解：图 2-20a：电路中多余输入端接“**1**”是错误的，因为**或非**门有 1 个为 **1**，该输出

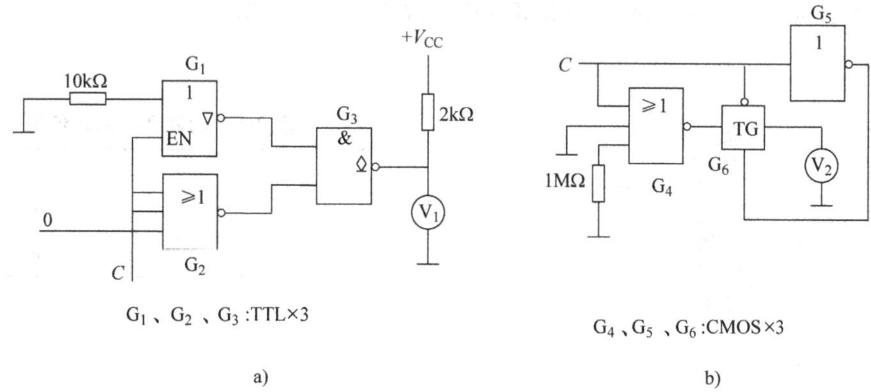

图 2-19　例 2-3 用图

a）例 2-3 的 TTL 电路　b）例 2-3 的 CMOS 电路

F_1恒为**0**，失去了**或非**门的作用，即**或非**门被锁定住。

图 2-20b：电路中多余输入端接"**0**"是错误的，因为**与非**门有 1 个为**0**，该输出 F_2恒为**1**，失去了**与非**门的作用，即**与非**门被锁定了。

图 2-20c：电路中两个**与非**门输出端并接是错误的，会烧坏器件。因为各个**与非**门的输出是由各自的输入信号决定的，当两个**与非**门的输出电平不相等时，两个门的输出级形成了低阻通道，使得电流过大，从而烧坏器件。

图 2-20d：电路的接法是错误的。电路中两个 OC 门输出端虽能并接，但它们没有外接上拉电阻至电源，电路不会有任何的输出电压，所以电路的接法是错误的。

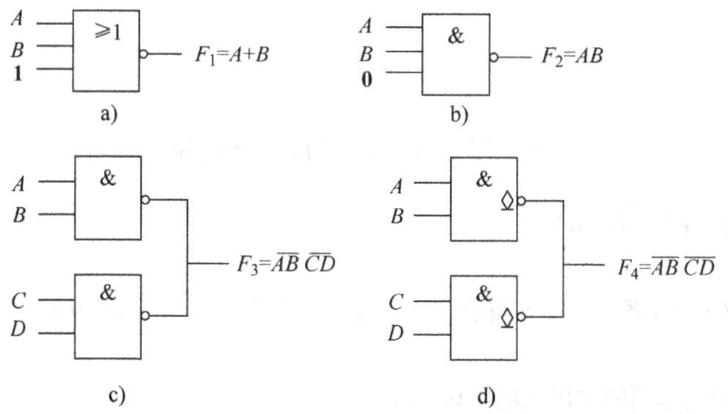

图 2-20　例 2-4 的门电路

2.2　习题 2 解答

2-1　BJT 开关电路如图 2-21 所示，试解答：

（1）图中电阻 R_2和负电源（$-V_{BB}$）在电路中起什么作用？

（2）试列出真值表，说明输出 F 与输入 A 之间是什么逻辑关系？

解：(1) 保证 BJT 在输入信号为低电平时可靠截止；

(2) 分析题目中所给电路，可列出真值表，见表 2-5。由表可知，$F=\overline{A}$。

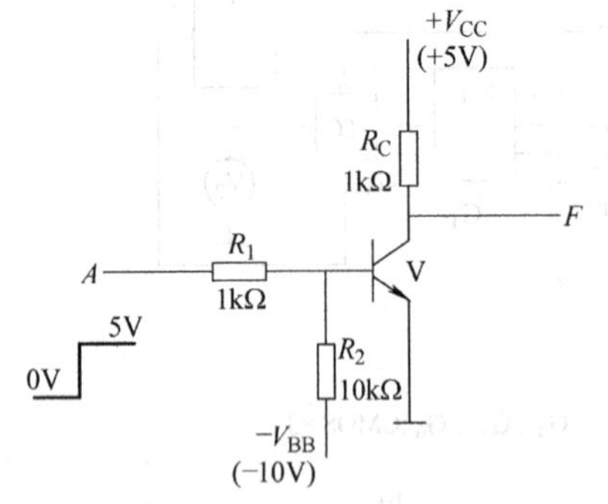

图 2-21　习题 2-1 的开关电路

表 2-5　习题 2-1 的真值表

A	F
0	1
1	0

2-2　全用 NMOS 器件制成的数字集成电路称为 NMOS 电路。试通过列真值表的方法，分别写出如图 2-22a、b 所示 NMOS 电路输出 F_1 和 F_2 的逻辑表达式。

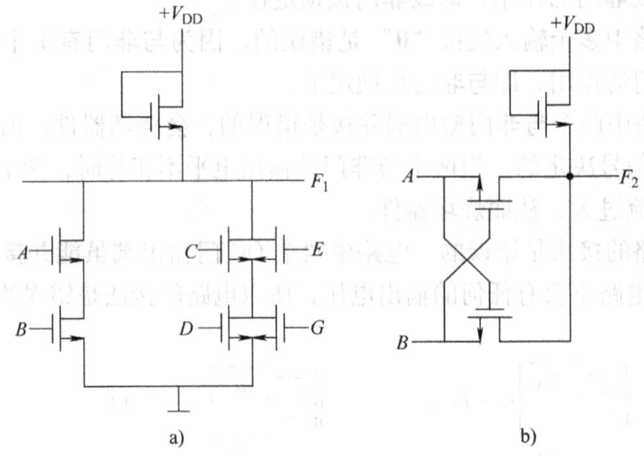

图 2-22　习题 2-2 的 NMOS 电路

解：　$F_1=\overline{AB+(C+E)(D+G)}$

$F_2=A\odot B$。

2-3　为什么说 CC74HC 系列 CMOS **与非**门当电源电压为 5V 时，输入端在以下 3 种接法下都属于逻辑 **0**：(1) 输入端接地；

(2) 输入端接同类**与非**门的输出低电压 0.1V；

(3) 输入端接 10kΩ 的电阻到地。

解：查阅主教材[⊖]附录 D：TTL 和 CMOS 逻辑门电路的主要技术参数知，对于 CC74HC 系列 CMOS 门电路来说，输入和输出低电平的标准电压值为：$U_{IL}=1.0V$，$U_{OL}=0.1V$。因而有：

(1) $u_I=0V<U_{IL}=1.0V$，属于逻辑 **0**；

(2) $u_I=0.1V<U_{IL}=1.0V$，属于逻辑 **0**；

(3) 由于 CMOS 管的栅极电流非常小，通常小于 1μA，所以在 10kΩ 电阻上产生的电压降小于 10mV，即 $u_I<0.01V<U_{IL}=1.0V$，故亦属于逻辑 **0**。

⊖ 主教材指由成立、王振宇主编，机械工业出版社出版的《数字电子技术基础》第 3 版。下同。

2-4　试分析图2-23所示电路，写出其逻辑表达式，说明它是什么逻辑电路？

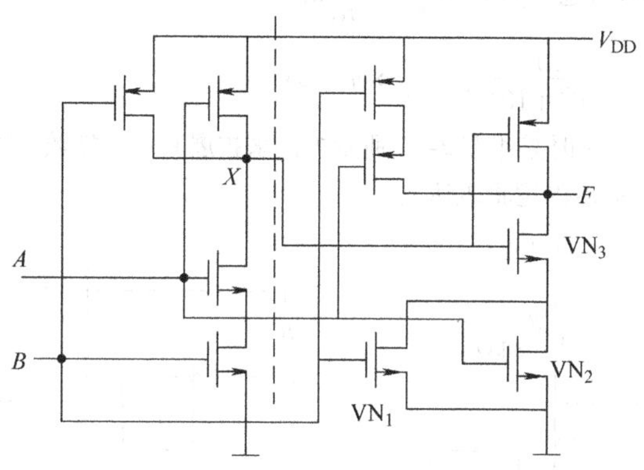

图2-23　习题2-4的电路

解：该电路由两个部分组成，如图2-23所示，虚线左边是第一级CMOS**与非**门，虚线右边组成第二级CMOS**与或非**门，其中V_{N1}、V_{N2}并联实现**或**功能，二者再和V_{N3}串联实现**与**功能。第一级**与非**门的输出$X=\overline{AB}$。而第二级**与或非**门的输出$F=\overline{(A+B)\ X}$，F式中代入$X=\overline{AB}$得：$F=AB+\overline{A}\,\overline{B}=A\odot B$。因而该电路实现了**同或**功能。

2-5　（1）求图2-24所示电路的输出逻辑表达式；

（2）试用3个开漏**与非**门CC74HC03和一个TTL**与非**门CT74LS00实现图2-24所示的电路，已知MOS管截止时的漏电流$I_{OZ}=5\mu A$，试计算$R_{L(min)}$、$R_{L(max)}$，并选取公用上拉电阻R_L之值。

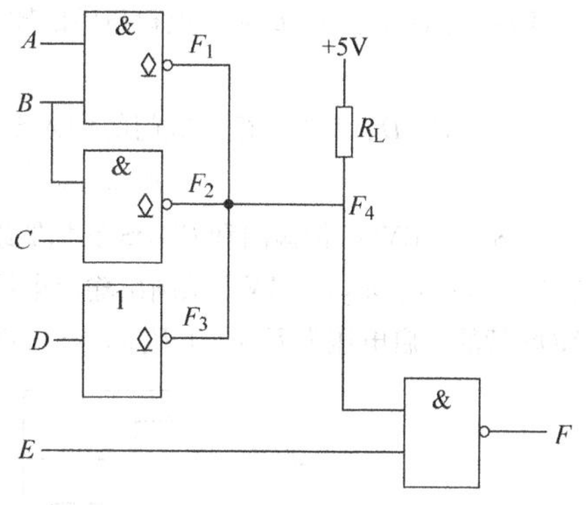

图2-24　习题2-5的电路

解：（1）在图2-24所示的电路中，$F_1=\overline{AB}$，$F_2=\overline{BC}$，$F_3=\overline{D}$，F_4实现**线与**功能，即$F_4=F_1\cdot F_2\cdot F_3$，而$F=\overline{F_4E}$，所以此电路输出逻辑表达式为：$F=\overline{\overline{AB}\ \overline{D}\ \overline{BC}E}$；

（2）第一级的两个**与非**门和一个**非**门用开漏门CC74HC03组成，第二级用TTL**与非**门CT74LS00实现。从主教材附录D查得CC74HC系列的技术参数为：$U_{OL(max)}=0.1V$，$I_{OL(max)}=4mA$，$U_{OH(min)}=4.9V$；CT74LS系列的技术参数为：$I_{IL(max)}=0.4mA$，$I_{IH(max)}=0.02mA$。

因为3个OD门的公共上拉电阻R_L的下端接CT74LS00的一个输入端，所以在灌电流的情况下，求出公共上拉电阻R_L的最小值，即

$$R_{L(min)}=\frac{V_{DD}-U_{OL(max)}}{I_{OL(max)}-I_{IL(total)}}=\frac{(5-0.1)V}{(4-0.4)mA}\approx 1.36k\Omega$$

在拉电流的情况下，求出R_L的最大值，即

$$R_{L(max)}=\frac{V_{DD}-U_{OH(min)}}{I_{OZ(total)}+I_{IH(total)}}=\frac{(5-4.9)V}{(0.005\times 3+0.02)mA}\approx 2.86k\Omega$$

根据以上所求，选取$R_L=2k\Omega$（标称电阻值）。

2-6　在CMOS传输门TG的输出端接电阻$R_L=1k\Omega$，如图2-25所示，设TG的导通电阻为R_{TG}，截止电阻大于$10^9\Omega$，试求：

（1）当$C=\mathbf{1}$时，u_O与u_I的关系式；

（2）$C=\mathbf{0}$时，输出电压u_O的状态如何？

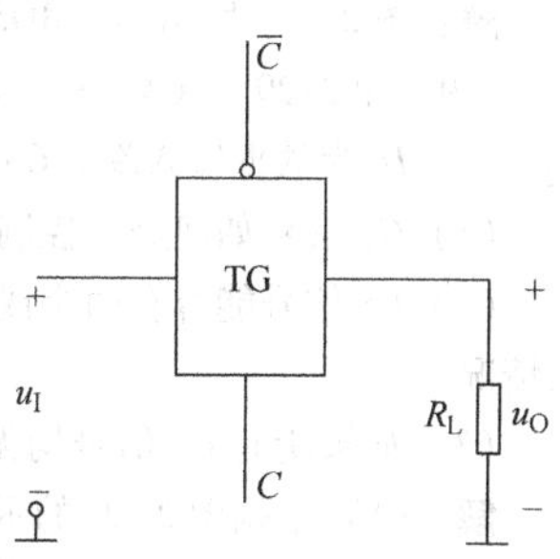

图2-25　习题2-6的电路

解：（1）当 $C=\mathbf{1}$ 时，TG 导通，则 $u_O=\dfrac{R_L}{R_{TG}+R_L}u_I$；

（2）当 $C=\mathbf{0}$ 时，$u_o=\dfrac{10^3}{10^9+10^3}u_I\approx\dfrac{1}{10^6}\times u_I\approx 0V$。

2-7　在 CMOS 门电路中，有时采用图 2-26 所示方法来扩展其输入端数。试分析图 2-26a、b 两个电路的逻辑功能，写出其输出 F_1 和 F_2 的逻辑表达式。

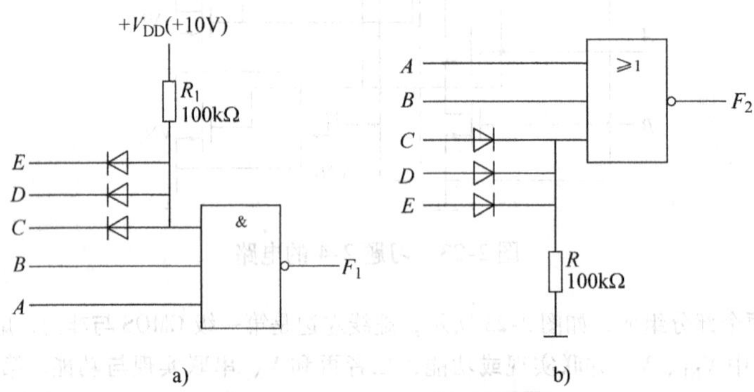

图 2-26　习题 2-7 的门电路

解：图 a：C、D、E 为二极管**与**门的输入端，因此输出 F_1 的逻辑表达式为：

$$F_1=\overline{AB(CDE)}\text{；}$$

图 b：C、D、E 为二极管**或**门的输入端，因而输出 F_2 的逻辑表达式为：

$$F_2=\overline{A+B+(C+D+E)}=\overline{A+B+C+D+E}\text{。}$$

2-8　由 CMOS 传输门和 CMOS 反相器组成的电路如图 2-27a 所示，图 2-27b 是控制信号 C 端的波形，已知 $u_{I1}=10V$，$u_{I2}=0.1V$。试画出输出电压 u_O 的波形图（设 CMOS 反相器电源电压 $V_{DD}=10V$，NMOS 和 PMOS 管的开启电压为 $U_{TN}=|U_{TP}|=3.5V$）。

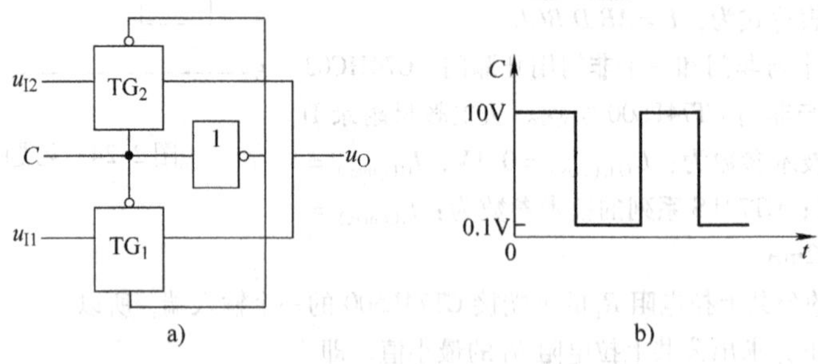

图 2-27　习题 2-8 的电路

解：图 2-27a 所示的 CMOS 门电路的输出电压 u_O 的波形图如图 2-28 所示。

2-9　图 2-29 为 CMOS 三态门作总线传输的示意图，图中 n 个三态门的输出接到数据传输总线，D_1、D_2、…、D_n 为数据输入端，CS_1、CS_2、…、CS_n 为片选信号输入端。试问：

（1）CS 信号如何进行控制，以便数据 D_1、D_2、…、D_n 通过该总线正常传输；

（2）CS 信号能否有两个或者两个以上同时有效？如果 CS 有两个或者两个以上同时有效，可能发生什么情况？

（3）如果所有 CS 信号均无效，总线处于什么状态？

解：（1）根据图 2-29 的示意图可知，片选信号 CS_1、CS_2、…、CS_n 为高电平有效。因此当 $CS_i=\mathbf{1}$ 时，第 i 个三态门被选中，其输入数据被送到数据传输总线上。根据数据传输的速度，分时地给 CS_1、CS_2、…、

CS_n端以正脉冲信号，使其相应的三态门的输出数据能分时地送到总线；

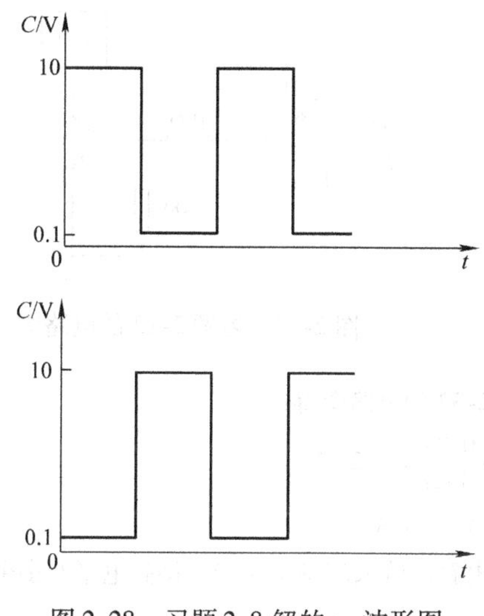

图2-28　习题2-8解的u_O波形图

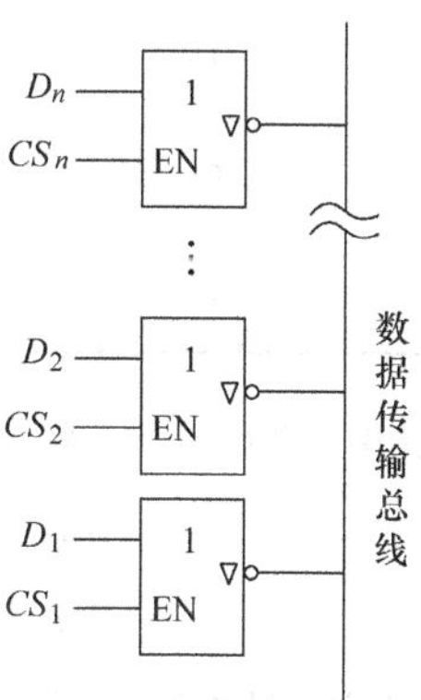

图2-29　CMOS三态门作总线传输的示意图

（2）CS信号不能有两个或者两个以上的同时有效，否则两个不同的信号将在总线上发生冲突，即总线不能同时既为**0**又为**1**；

（3）如果所有的CS信号均无效，则总线处于高阻状态。

2-10　试画出实现逻辑函数$F=\overline{A+B}$的CMOS电路图，要求采用MOS管简化符号。

解：画出实现逻辑函数$F=\overline{A+B}$的CMOS电路图如图2-30所示。

2-11　在工程实际中，对主教材图2-23a所示的CT74系列TTL门电路结构稍作改动后，便可得到其他逻辑功能的门电路。试分析图2-31所示的TTL逻辑门电路，列出真值表，写出其逻辑表达式，并指出它所实现的逻辑功能。

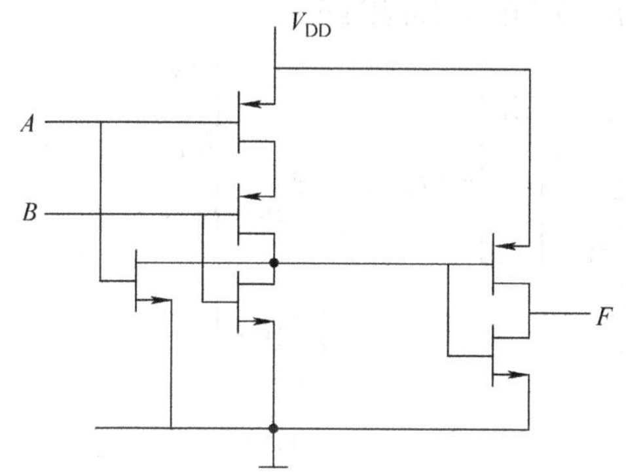

图2-30　习题2-10解的CMOS电路图

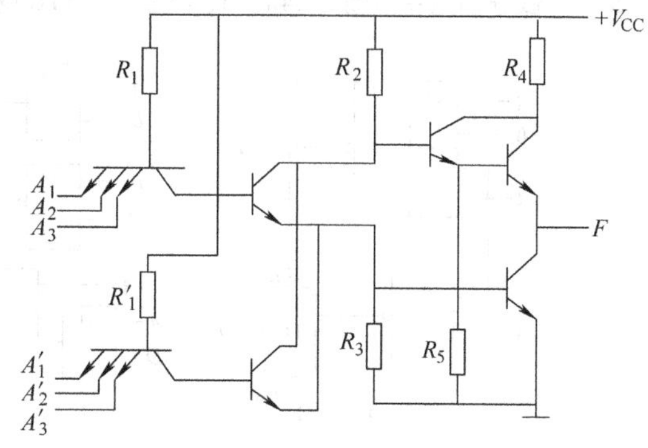

图2-31　习题2-11的TTL逻辑门电路

解：列出图2-31门电路的简化真值表，见表2-6。

所以
$$F=\overline{\overline{A_1A_2A_3}\ \overline{A'_1A'_2A'_3}}=\overline{A_1A_2A_3+A'_1A'_2A'_3}$$

2-12　为提高TTL**与非**门的带负载能力，在其输出端接一个NPN型的大功率BJT，组成图2-32所示的开关电路。求当**与非**门输出高电平$U_{OH}=3.6\text{V}$时，BJT能为负载提供的最大电流是多少？设BJT的$\beta=30$，$U_{BE}=0.7\text{V}$。

表 2-6　题 2-11 门电路的真值表

$A_1A_2A_3$	$A_1'A_2'A_3'$	F
0	0	1
0	1	0
1	0	0
1	1	0

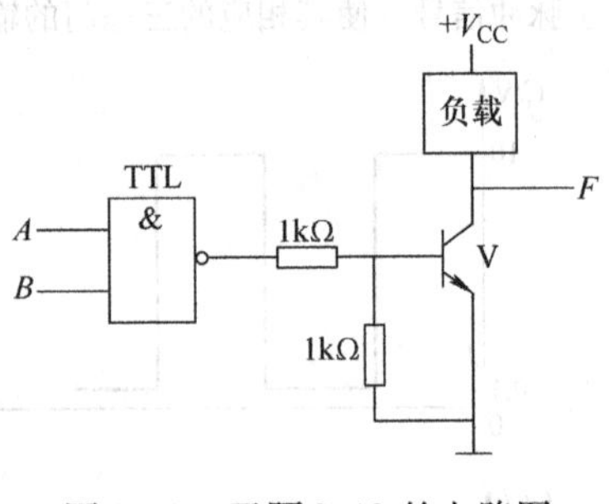

图 2-32　习题 2-12 的电路图

解：设 NPN 型 BJT 的 $U_{BE}=0.7V$，$\beta=30$，则由图 2-32 的电路图得：

$$I_B=\frac{(3.6-0.7)V}{1k\Omega}-\frac{0.7V}{1k\Omega}=2.2mA$$

$$I_C=\beta I_B=30\times2.2mA=66mA$$

2-13　为什么说主教材图 2-23a 所示的 TTL 与非门电路的输入端悬空相当于接高电平？多余的输入端应如何处理？

解：TTL 与非门输入端全悬空，则电路中电源电压（$+V_{CC}$）向 V_1、V_2、V_3 管供电，V_1 管的基极电位 $U_B=2.1V$，V_2、V_3 管饱和导通，输出电压 $U_F=U_{CES3}=0.3V$，故输入端悬空相当于接高电平。为防止悬空的输入端引入负向干扰电压，应将多余的悬空端接电源电压（$+V_{CC}$）或与使用端并接。

2-14　用 TTL 与非门驱动发光二极管 LED 的电路如图 2-33 所示，设 LED 的导通压降为 2V，试求当与非门输出低电平 $U_{OL}=0.3V$ 时，图示流过 LED 的电流 $I\approx$？

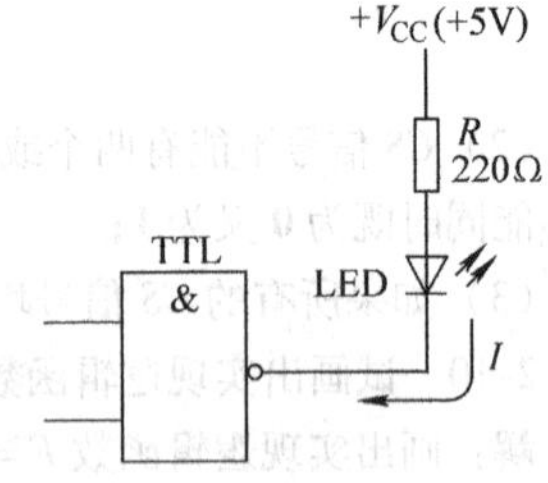

图 2-33　习题 2-14 的电路图

解：流过 LED 的电流 $I=\dfrac{(5-2-0.3)V}{220\Omega}\approx12.3mA$。

2-15　试分别列写出图 2-34a、b、c 共 3 个 TTL 逻辑门电路的输出逻辑表达式。

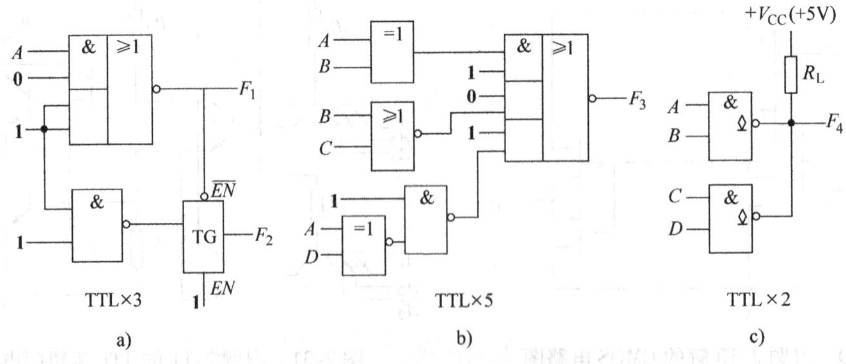

图 2-34　习题 2-15 的电路图

解：图 2-34a：$F_1=\mathbf{0}$，$F_2=\mathbf{0}$；

图 2-34b：$F_3=\overline{(A\oplus D)+(A\oplus B)}=(A\odot D)(A\odot B)$；

图 2-34c：$F_4=\overline{AB}\,\overline{CD}=\overline{AB+CD}$。

2-16　如图 2-35 所示的逻辑门电路，图中 G_1 是 TTL 三态输出与非门，G_2 是 CT74 系列 TTL 与非门，电压表的量程为 5 V，内阻为 100kΩ。试问，在下列 4 种情况下电压表的读数以及 G_2 的输出电压 u_O 各为多少？

（1）$u_A=0.3V$，开关S打开；

（2）$u_A=0.3V$，开关S闭合；

（3）$u_A=3.6V$，开关S打开；

（4）$u_A=3.6V$，开关S闭合。

解：（1）$u_A=0.3V$，开关S打开：$u_{O1}=0.3V$，$u_{O2}=0.3V$；

（2）$u_A=0.3V$，开关S闭合：$u_{O1}=0.3V$，$u_{O2}=3.6V$；

（3）$u_A=3.6V$，开关S打开：$u_{O1}=0V$，$u_{O2}=0.3V$；

（4）$u_A=3.6V$，开关S闭合：$u_{O1}=1.4\ V$，$u_{O2}=0.3V$。

2-17 由TTL三态门（内部电路见教材图2-39a）和TTL OC门（内部电路见教材图2-34a，图中$R_1=2.8k\Omega$）组成的逻辑电路如图2-36所示，如用内阻为20kΩ/V的万用表测量图中A、B、C 3点电压，求万用表读数各是多少？

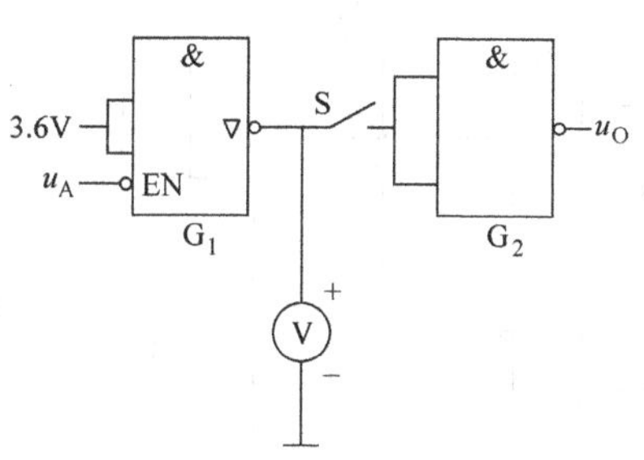

图2-35 习题2-16的逻辑门电路

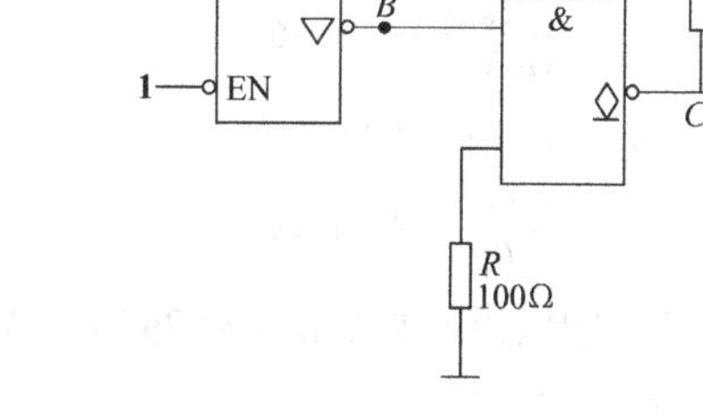

图2-36 习题2-17的电路图

解：由于A端悬空，所以电压表测得A点电压为0.3V；又由于三态门$\overline{EN}=\mathbf{1}$，此时三态门呈高阻态，所以B点的电压约为0.15V（按照TTL OC门内部电阻$R_1=2.8k\Omega$计算），故OC门输出电压为：+5V。

2-18 由TTL**与非**门、**或非**门和三态门组成的电路如图2-37a所示，图2-37b是各输入端的输入波形，试画出其输出F_1和F_2的波形图（提示：区别$\overline{EN}$的信号情况分析，将输入、输出波形图上下对应绘制）。

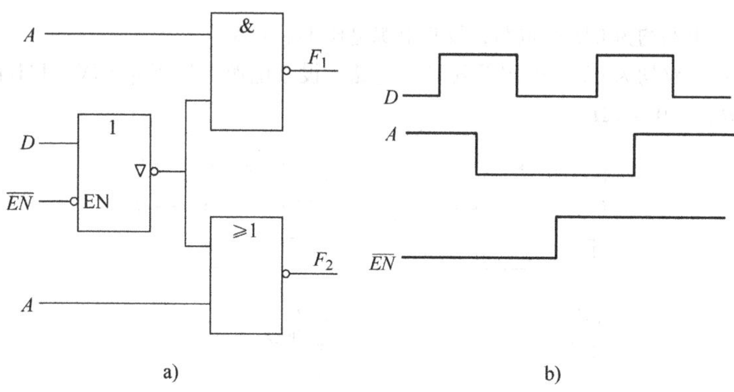

图2-37 习题2-18的电路图

解：F_1和F_2的波形图如图2-38所示。

*2-19 在图2-39的逻辑电路中，G_1、G_2、G_3是OC门，负载电阻$R_L=2k\Omega$。负载门是CT7410 TTL **与非**门，其多发射极BJT的基极电阻$R_1=2.8k\Omega$，输入高电平漏电流$I_{IH}=40\mu A$，OC门输出高电平的漏电流$I_{OH}=2\mu A$，最大输出低电平$U_{OLmax}=0.4V$，低电平电流$I_{OL}=16mA$。试求此**线与**输出端能带两输入端TTL **与非**门的个数（即求OC门的扇出数N_O）。

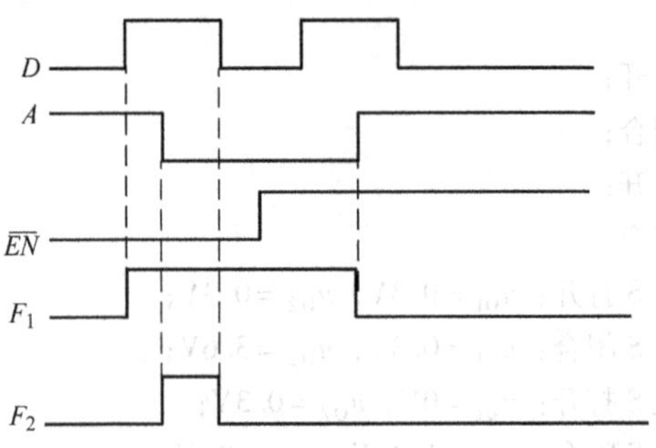

图 2-38　习题 2-18 解的 F_1、F_2 的波形图

解：(1) $U_O = U_{OL}$时，$I_{IL} = \dfrac{(5-0.4-0.7)\text{V}}{2.8\text{k}\Omega} \approx 1.39\text{mA}$

$$I_{OL} = 16\text{mA} = I_{RC} + nI_{IL}$$

故驱动门数 $n = \dfrac{16\text{mA} - \dfrac{5\text{V}-0.4\text{V}}{2\text{k}\Omega}}{1.39\text{mA}} = 9.86$；

(2) $U_O = U_{OH}$时，设 $U_{OHmin} = 3\text{V}$

则　$I_{RL} = \dfrac{V_{CC} - U_{OHmin}}{R_L} = 1\text{mA}$

共有 3 个 OC 门，其输出高电平漏电流 $I'_{OH} = 3 \times 2\mu\text{A} = 6\mu\text{A}$

$I_{RL} - I'_{OH} = n'(2 \times 0.04)\mu\text{A}$

$1\text{mA} - 0.006\text{mA} = n' \times 0.08\text{mA}$

驱动门数 $n' = 0.994\text{mA}/0.08\text{mA} \approx 12.4$

故取扇出数 $N_O = \min\{n, n'\} = 9$。

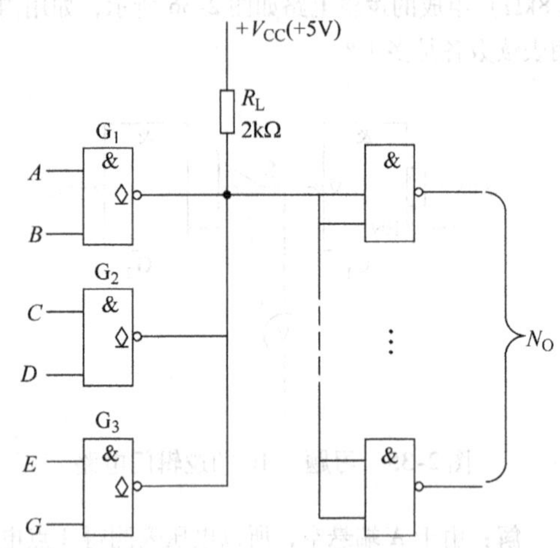

图 2-39　习题 2-19 的逻辑电路

2-20　图 2-40a、b 给出了两个逻辑门电路，针对下列两种情况，分别讨论图 2-40a、b 的输出电压各是多少伏？

(1) 两个逻辑门电路均为 CMOS 电路，设其电源电压 $V_{DD} = 6\text{V}$；

(2) 两个逻辑门电路均为 CT74 通用系列 TTL 电路，设其电源电压 $V_{CC} = 5\text{V}$，TTL 门开门电阻 $R_{ON} = 2.0\text{k}\Omega$，关门电阻 $R_{OFF} = 0.91\text{k}\Omega$。

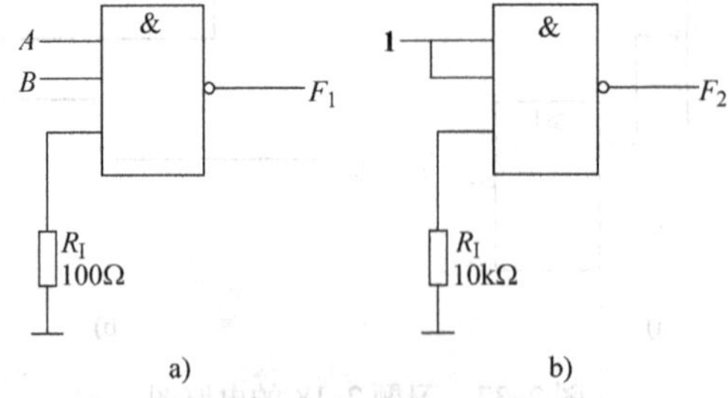

图 2-40　习题 2-20 的两个逻辑门电路

解：无论是 TTL 还是 CMOS 逻辑门电路，当有输入端通过电阻接地时，必须要通过门电路器件的内部结构及输入负载特性，具体判断出该端口的输入信号究竟是高电平还是低电平。

(1) 对于 CMOS 电路，由于栅极绝缘，无栅流。若在输入端（即栅极）接一个电阻（不论其阻值大小）到地，相当于栅极电位为地电位，该端口为低电平输入方式，因此对于图 2-40a、b 所示的 CMOS 与非门，由于各有一个输入端恒为低电平，故它们的输出端均为高电平，即 $U_{F1}=6V$，$U_{F2}=6V$；

（2）对于TTL门电路，若有输入端通过电阻接地，根据门电路的输入负载特性可知，当 $R<R_{OFF}$ 时，构成低电平输入方式；当 $R>R_{ON}$ 时，$U_R>U_{ON}$，构成高电平输入方式。因此：

对于图2-40a电路，由于 $R=100\Omega<R_{OFF}$，则该门有一输入端为低电平，故 $U_{F1}=3.6V$；

而对于图2-40b电路，由于 $R=10k\Omega>R_{ON}$，则该门有一输入端为高电平，故 $U_{F2}=0.3V$。

2-21 图2-41表示一种两输入端的BiCMOS逻辑门电路。试用列真值表的方法，分析该电路实现的是什么逻辑功能？

解：现列出习题2-21的真值表，见表2-7。

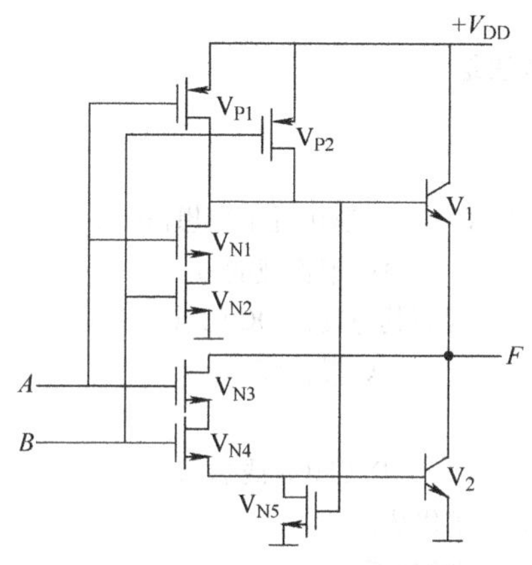

图2-41 一种两输入端的BiCMOS逻辑门电路

表2-7 题2-21的真值表

A	*B*	*F*
0	0	1
0	1	1
1	0	1
1	1	0

因此，该电路实现的是**与非**逻辑功能，即 $F=\overline{AB}$。

2-22 当用CC74HC CMOS门电路去驱动CT74通用系列TTL**与非**门时，试简述其设计思路，指出是否需要加接口电路？并计算这种情况时的扇出数 $N_O=?$ 提示：查阅主教材附录D，从驱动门和负载门之间的高、低电平的配合去考虑。

解：（1）从主教材附录D查得：CT74通用系列TTL**与非**门的 $U_{IH(min)}=2V$，而CT74HC CMOS的 $U_{OH(min)}=4.9V$，故不需另加接口电路。

（2）求 N_O：查阅主教材附录D知，CT74通用系列TTL**与非**门的 $I_{OL(max)}=16mA$，$I_{IL(max)}=1.6mA$，$I_{OH(max)}=0.4mA$，$I_{IH(max)}=\mathbf{0.04}mA$。根据以上参数，得：

灌电流负载时扇出数 $N_{OL}=I_{OL(max)}/I_{IL(max)}=16mA/1.6mA=10$；

拉电流负载时扇出数 $N_{OH}=I_{OH(max)}/I_{IH(max)}=\mathbf{0.4}mA/0.04mA=10$。

故这种情况下的扇出数 $N_O=10$。

2-23 单项选择题（请将下列各小题正确选项前的字母填在题中的括号内）：

（1）某同学实验时为了增加逻辑门电路的驱动能力，将两个普通的TTL**与非**门的输出端直接并联在一起使用，你认为会（　　）。

A. 出现逻辑错误，甚至烧坏输出“**1**”的门　　B. 提高**与非**门的带负载能力

C. 实现“**线或**”逻辑功能　　D. 实现“**线与**”逻辑功能

（2）CC74HC03是4两输入端漏极开路（OD）**与非**门，该逻辑器件每个OD门的输出均由一个开漏的NMOS管构成。如果将它连接成“**线与**”输出，应外接合适的（　　）。

A. **与**门电路　　B. 下拉器件　　C. 稳压管和限流电阻　　D. 上拉电阻 R_L

（3）下列哪一种逻辑门电路（　　）的每门功耗最低？低到（　　）数量级？

A. TTL/mW　　B. ECL/mW　　C. CMOS/μW　　D. BiCMOS/μW

（4）CMOS反相器电路是由（　　）各一个器件组成的。

A. 增强型 PMOS 工作管和耗尽型 NMOS 负载管　B. 增强型 NMOS 管和耗尽型 PMOS 管
C. 增强型 NMOS 工作管和增强型 PMOS 负载管　D. 耗尽型 PMOS 管和增强型 NMOS 管

（5）CMOS 或非门电路与 TTL 或非门的逻辑功能（　　）。
A. 完全相同　B. 几乎相同　C. 不尽相同　D. 无法断定

（6）两输入端与非门器件 CT74LS00 与 CT7400 的逻辑功能（　　）。
A. 完全相同　B. 几乎相同　C. 不尽相同　D. 无法判断

（7）CMOS 三态逻辑门输出为高阻状态时，（　　）是正确的说法。
A. 测量电阻指针不动　B. 输出约为高电平 V_{DD}
C. 用电压表测量指针不动　D. 电压不高不低

（8）对于 CMOS 与非门电路，其多余输入端的正确处理方法是（　　）。
A. 通过电阻接地（$>3k\Omega$）　B. 通过电阻接 V_{DD}
C. 通过电阻接地（$<1k\Omega$）　D. 悬空

（9）一个逻辑门电路的延时 - 功耗积 *DP* 值越小，表明它的（　　）越接近于理想情况。
A. 综合性能　B. 平均传延时间　C. 功耗　D. 带负载能力

（10）TTL 三态门的输出级具有推拉式结构，输出阻抗较低，因而其速度比 OC 门（　　）。
A. 慢一些　B. 快一些　C. 快得多　D. 慢得多

（11）能实现分时传送数据逻辑功能的是（　　）。
A. OD 门　B. CMOS 三态门　C. TTL 与非门　D. CMOS 或非门

（12）BiCMOS 逻辑门电路的特点在于：利用了（　　）的技术优势。
A. BJT 驱动力强　B. BJT 速度快和 MOS 管功耗低
C. MOS 管功耗低　D. MOS 管集成度高

参考答案：（1）A；（2）D；（3）C；（4）C；（5）A；（6）A；（7）C；（8）B；（9）A；（10）B；（11）B；（12）B。

第3章　组合逻辑电路

3.1　学习指导

数字电路按照结构和工作特性可分为组合逻辑电路和时序逻辑电路两大类。第3章应重点学习：如何分析和设计组合逻辑电路，掌握常用的中规模集成（MSI）组合逻辑电路及其应用，比如全加器、数据选择器、编码器、译码器和数值比较器等芯片构成的组合逻辑电路，学会对它们的分析和设计方法。

组合逻辑电路的特点是其输出状态在任何时刻只取决于同一时刻的输入状态，而与电路原来所处的状态无关。简单地说，组合逻辑电路在结构上无反馈，因而在功能上没有记忆。

图3-1是组合逻辑电路的一般框图，图中 X_1、X_2、…、X_n 是输入变量，Z_1、Z_2、…、Z_m 是输出函数，可以表达成向量的形式：$Z=F(X)$。

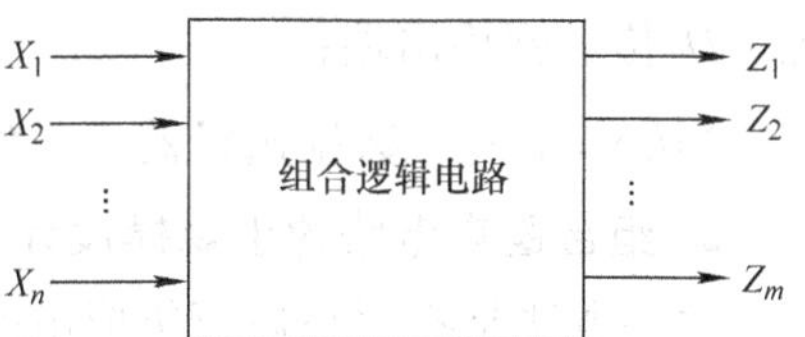

图3-1　组合逻辑电路的一般框图

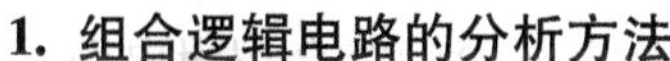

1. 组合逻辑电路的分析方法

（1）分析组合逻辑电路的大致步骤

分析组合逻辑电路的目的是确定其逻辑功能。步骤如下：

- 对电路中各个逻辑门的输入和输出均标注相应的变量符号；
- 逐级列写各级的逻辑函数表达式；
- 输出逻辑函数表达式化简或变换，并列出真值表；
- 分析、说明其逻辑功能。

需要指出的是：设计逻辑电路通常遵循“最简”原则，即所用逻辑门的个数最少，每个门输入端的个数也最少。为了实际需要，设计过程中还应尽量减少门的种类。所以在组合电路设计中，常常会限定用某种特定门电路来实现。例如要求必须用**与非**门实现，那就只有先将输出表达式转换为相应的**与非－与非**式后，才能得到逻辑电路图。

（2）4选1数据选择器的分析

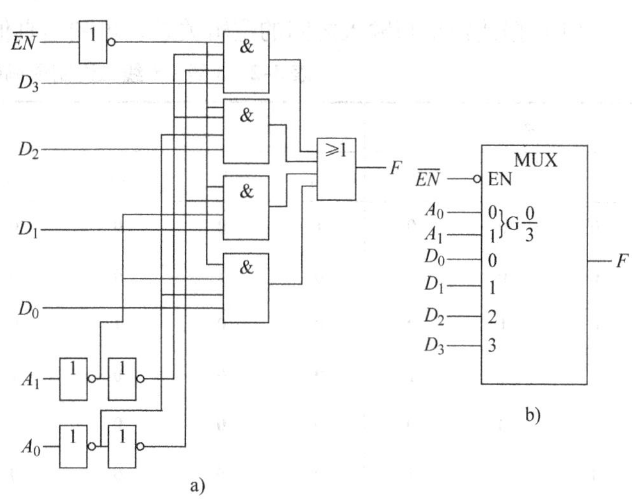

图3-2　4选1数据选择器
a）逻辑电路　b）逻辑符号

图3-2a是4选1数据选择器的逻辑电路，它的功能是在数据选择端的作用下，从4个输入数据中择一

传送到输出端。根据该电路可以写出输出逻辑表达式：

$$F = EN(\overline{A_1}\,\overline{A_0}D_0 + \overline{A_1}A_0D_1 + A_1\overline{A_0}D_2 + A_1A_0D_3)$$

列出其真值表，见表3-1。

表3-1　4选1数据选择器的真值表

$\overline{EN}$	A_1	A_0	D_3	D_2	D_1	D_0	F
1	Φ	Φ	Φ	Φ	Φ	Φ	0
0	0	0	Φ	Φ	Φ	D_0	D_0
0	0	1	Φ	Φ	D_1	Φ	D_1
0	1	0	Φ	D_2	Φ	Φ	D_2
0	1	1	D_3	Φ	Φ	Φ	D_3

经过分析，得出该电路具有如下的功能：

当使能端$\overline{EN}=0$时，在数据选择端A_1、A_0不同取值的作用下，该电路分别选择数据$D_0 \sim D_3$传送到输出端；

当$\overline{EN}=1$时，数据选择器不工作，此时无论A_1、A_0取何值，输出F均为**0**。

2. 组合逻辑电路的小规模设计方法

这一方法是指用小规模集成电路（SSI逻辑门）作为结构单元设计组合逻辑电路。大致步骤是：

- 确定哪些是逻辑变量、逻辑函数，列出真值表；
- 写出输出逻辑表达式$F=f(A, B, C, \cdots)$；
- 化简或变换F，画出逻辑电路图。

例3-1　设计要求：设计一个二进制译码器，将3位二进制代码**000～111**翻译成相对应的8个十进制数0～7。设A、B、C为输入信号，$Y_0 \sim Y_7$为输出信号，它们均为低电平有效。

（1）据此输出与输入之间的逻辑关系，可列出真值表，见表3-2。

表3-2　3线–8线二进制译码器的真值表

输　入			输　出							
A	B	C	Y_0	Y_1	Y_2	Y_3	Y_4	Y_5	Y_6	Y_7
0	0	0	1	0	0	0	0	0	0	0
0	0	1	0	1	0	0	0	0	0	0
0	1	0	0	0	1	0	0	0	0	0
0	1	1	0	0	0	1	0	0	0	0
1	0	0	0	0	0	0	1	0	0	0
1	0	1	0	0	0	0	0	1	0	0
1	1	0	0	0	0	0	0	0	1	0
1	1	1	0	0	0	0	0	0	0	1

（2）由真值表写出输出逻辑表达式：

$$Y_0=\overline{A}\,\overline{B}\,\overline{C}\quad Y_1=\overline{A}\,\overline{B}C\quad Y_2=\overline{A}B\,\overline{C}\quad Y_3=\overline{A}BC$$

$$Y_4=A\,\overline{B}\,\overline{C}\quad Y_5=A\,\overline{B}C\quad Y_6=AB\,\overline{C}\quad Y_7=ABC$$

（3）全部选用**与非**门来实现，可画出用**与非**门组成的逻辑电路，如图 3-3a 所示。

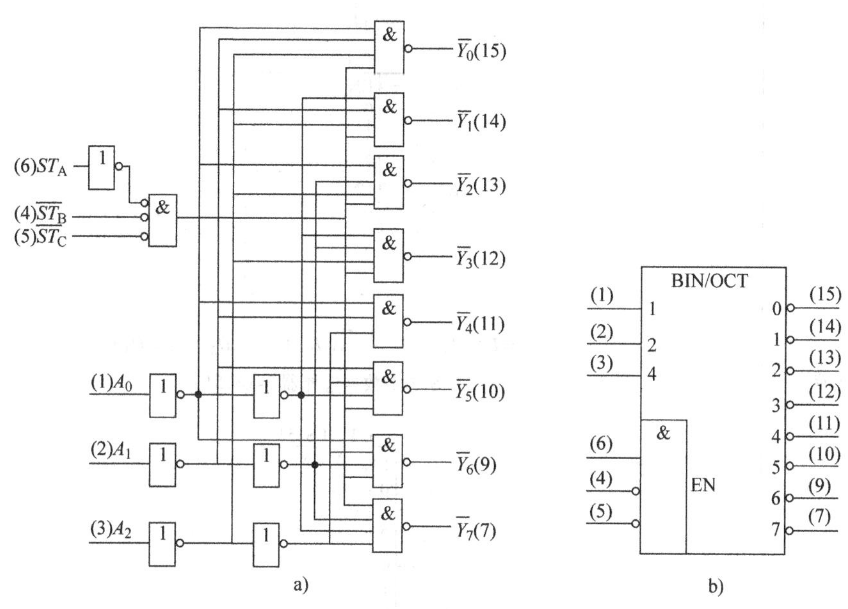

图 3-3　3 线 –8 线译码器 CT74LS138

a）逻辑电路　b）逻辑符号

实际芯片中增加了使能端 ST_A、$\overline{ST_B}$、$\overline{ST_C}$，当 $ST_A=1$、$\overline{ST_B}=\overline{ST_C}=\mathbf{0}$ 时，译码器工作。

3. 常用中规模（MSI）组合逻辑电路

为了便于应用，现将常用的 MSI 组合逻辑电路芯片归纳在表 3-3 之中。

表 3-3　常用 MSI 组合逻辑电路芯片

器件名称	典型芯片
全加器	4 位二进制全加器 74HC283 S_0 S_1 S_2 S_3　CO　Σ　74HC283　A　B　CI A_0 A_1 A_2 A_3　B_0 B_1 B_2 B_3 A、B 为二进制加数和被加数，S 为本位和，CI 为低位传来的进位信号，CO 为向高位发出的进位信号

（续）

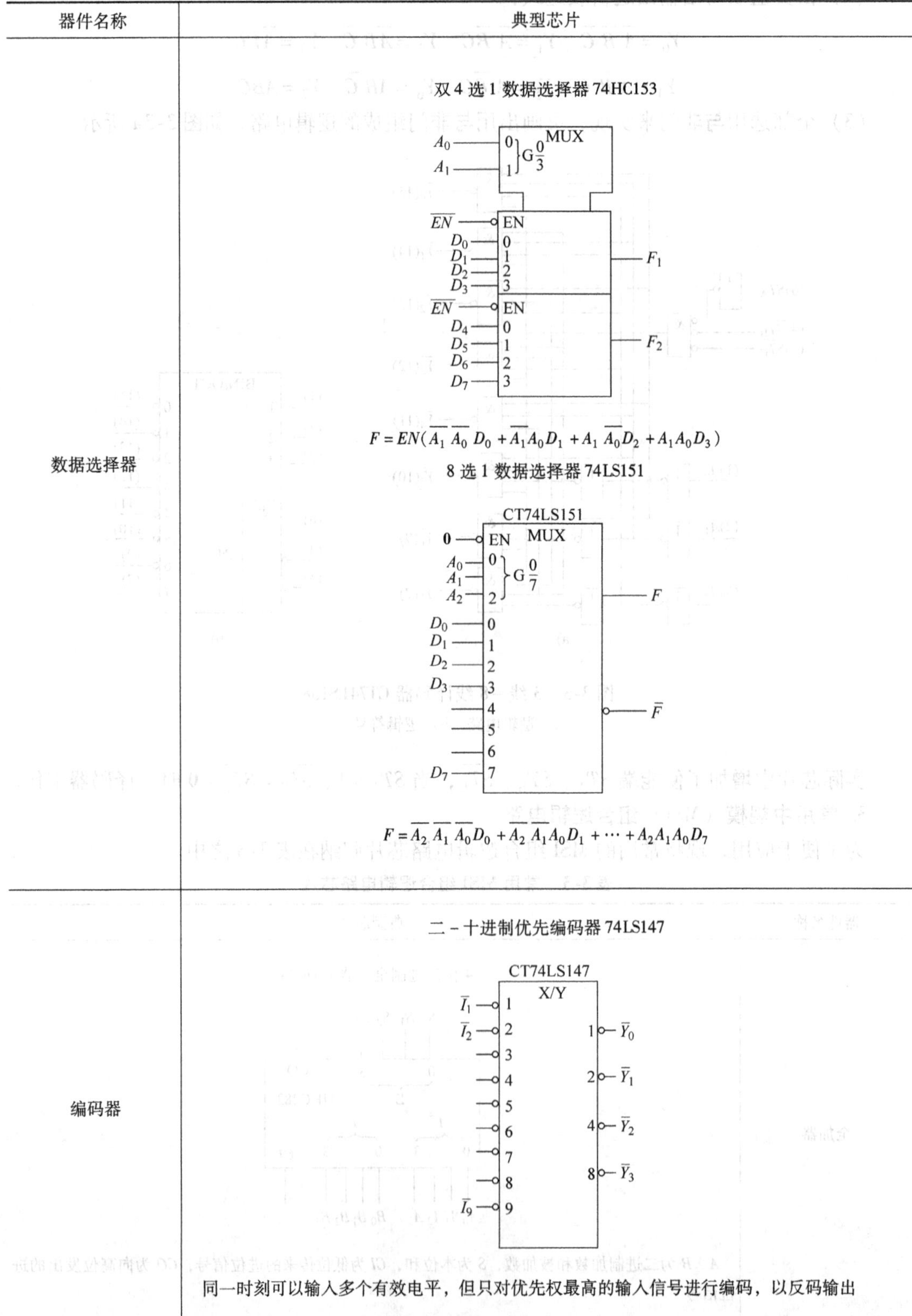

器件名称	典型芯片
数据选择器	双 4 选 1 数据选择器 74HC153 $F=\overline{EN}(\overline{A_1}\,\overline{A_0}D_0+\overline{A_1}A_0D_1+A_1\overline{A_0}D_2+A_1A_0D_3)$ 8 选 1 数据选择器 74LS151 $F=\overline{A_2}\,\overline{A_1}\,\overline{A_0}D_0+\overline{A_2}\,\overline{A_1}A_0D_1+\cdots+A_2A_1A_0D_7$
编码器	二－十进制优先编码器 74LS147 同一时刻可以输入多个有效电平，但只对优先权最高的输入信号进行编码，以反码输出

（续）

器件名称	典型芯片
译码器	3 线 − 8 线译码器 74HC138 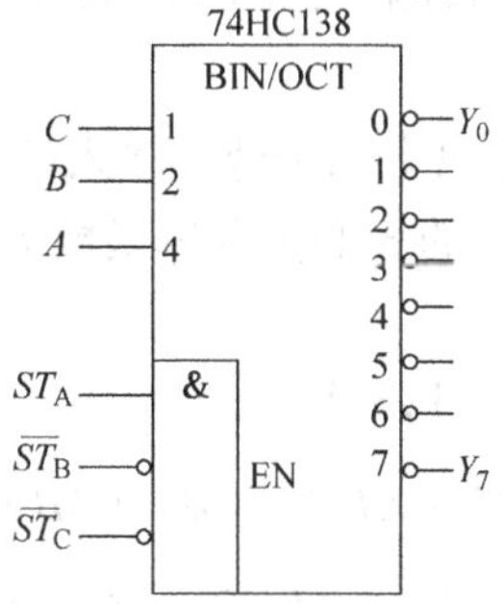 74HC138 BIN/OCT $\overline{Y}_0=\overline{A}\,\overline{B}\,\overline{C}$，…，$\overline{Y}_7=ABC$
数值比较器	4 位数值比较器 CC74HC85 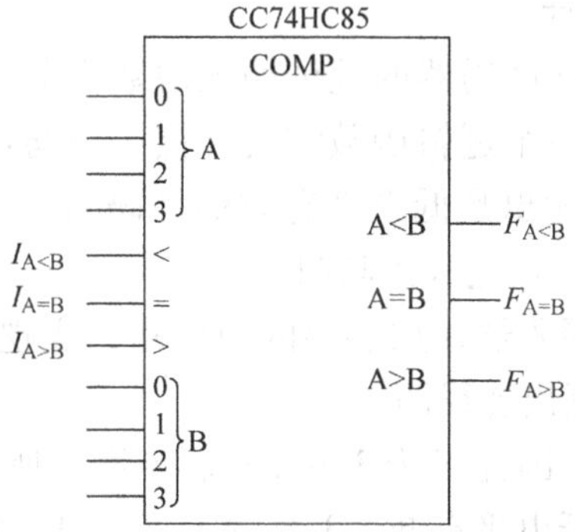 CC74HC85 COMP 比较两个 4 位二进制数 $A=A_3A_2A_1A_0$ 和 $B=B_3B_2B_1B_0$ 的大小，芯片左侧中部 $I_{A>B}$、$I_{A=B}$、$I_{A<B}$ 为级连输入端

4. 组合逻辑电路的中规模设计方法

中规模设计是指用 MSI 芯片设计其他的数字逻辑电路，例如用数据选择器、译码器或全加器等实现一般的逻辑函数。这种设计方法可以缩小电路体积、减少连线、降低成本、提高电路可靠性。

常用的中规模组合逻辑器件主要是译码器和数据选择器。译码器适合实现少输入、多输出的逻辑函数（输入变量数不超过译码器的输入个数）；数据选择器适合实现多输入、单输出的逻辑函数（对输入变量没有要求）。

由于中规模逻辑器件有其自身固有的功能，设计一般都采用表达式对比法或真值表对比法，方法是将所求函数的表达式或真值表与所用器件的表达式或真值表相比较，令两者相同，从而实现指定的逻辑功能。对中规模逻辑器件的学习需要熟练掌握器件的固有功能，熟悉典型器件的各个引脚的定义以及各种 MSI 逻辑器件的真值表。

（1）用数据选择器设计

设计要点：①逻辑函数的变量数与数据选择器的地址选择端数相等，则将该函数所有最小项与数据输入端一一对应即可；②当1片MSI数据选择器芯片的数选功能不完全符合使用要求时，可将多片输入端互相连接；③当不需要使能控制时，使能端也可以用作输入变量；④如变量数大于地址输入端数，就要将多余变量分离出来。

例3-2　已知3变量逻辑函数：$F(A, B, C) = \sum m(1, 3, 5, 6)$，试用双4选1数据选择器CT74LS153实现之。

解：4选1数据选择器只有两个地址输入端和4个数据输入端，无法直接用它实现题中的3变量逻辑函数F，因此，需将F的一个变量C分离出，即

$$F_2(A,B,C) = \sum m(1,3,5,6)$$
$$= \overline{A}\,\overline{B}C + \overline{A}BC + A\,\overline{B}C + AB\,\overline{C}$$
$$= \overline{A}\,\overline{B}(C) + \overline{A}B(C) + A\,\overline{B}(C) + AB(\overline{C})$$

将A、B接入地址选择端，数据端$D_0 = D_1 = D_2 = C$、$D_3 = \overline{C}$，就可用CT74LS153的一半实现逻辑函数F，如图3-4所示。

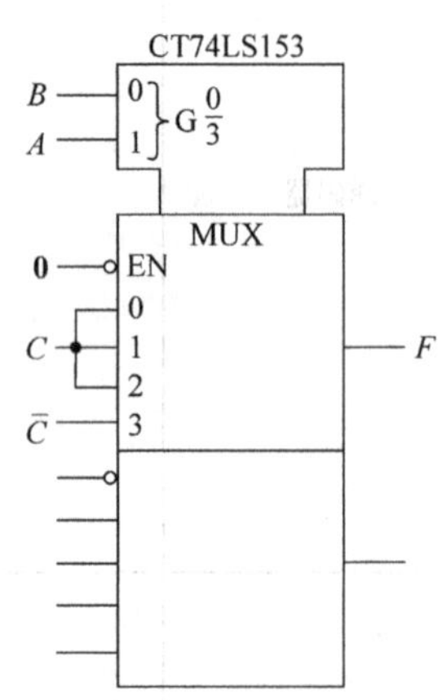

图3-4　用双4选1数据选择器实现3变量逻辑函数

(2) 用译码器设计

设计要点：①所选译码器的地址输入端数需与逻辑函数的变量数相等；②实现一个逻辑函数需要外接一个**与**门或者**与非**门逻辑门电路，对于输出是低电平有效的译码器，所用最小项数较少时选用**与非**门，反之采用**与**门。

例3-3　用集成译码器外加必要的门电路，实现3变量逻辑函数：$F(A, B, C) = \sum m(0, 2, 3, 4, 7)$，画出连线图。

解：连线方案1　因为F为3变量逻辑函数，所以选用CMOS 3线-8线二进制译码器74HC138，其输出为低电平有效。3个输入变量A、B、C分别加到译码器的3位地址输入端，译码器的5个输出端0、2、3、4、7接到一个5输入端的CMOS**与非**门的各个输入端，则从该**与非**门输出端就可获得逻辑函数F，如图3-5a所示。

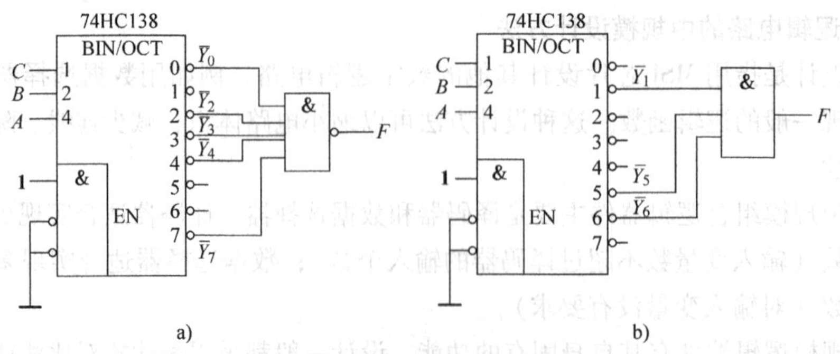

图3-5　例3-3用图

a) 用译码器和与非门实现F　b) 用译码器和与门实现F

连线方案2　将逻辑函数所具有的最小项m_1、m_5、m_6，即74HC138的输出端1、5、6（分别对应于$\overline{Y_1}$、$\overline{Y_5}$、$\overline{Y_6}$）连接到一个3输入端CMOS**与**门的输入端，从CMOS**与**门输出端就可得到逻辑函数F，如图3-5b所示。

比较以上两种方案可知，在实现最小项数较少时采用**与**门较为简洁。

例 3-4　试用译码器 74LS138 和适当的逻辑门设计一个 3 位数的奇校验器。

解：设用 A、B、C 表示 3 位二进制数输入，L 表示输出，$L=\mathbf{1}$ 表示输入有奇数个 **1**。列写真值表 3-4，由真值表求出逻辑表达式，最好画出连线图，如图 3-6 所示。

表 3-4　真值表

A	B	C	L
0	0	0	0
0	0	1	1
0	1	0	1
0	1	1	0
1	0	0	1
1	0	1	0
1	1	0	0
1	1	1	1

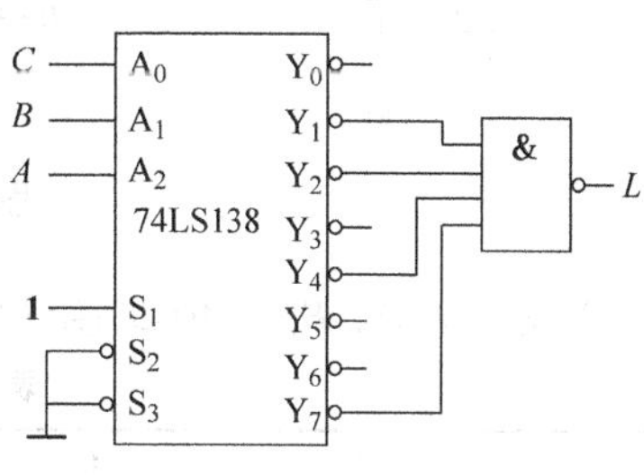

图 3-6　例 3-4 的连线图

$$L=\bar{A}\bar{B}C+\bar{A}B\bar{C}+A\bar{B}\bar{C}+ABC=m_1+m_2+m_4+m_7=\overline{\bar{m}_1\,\bar{m}_2\,\bar{m}_4\,\bar{m}_7}=\overline{\overline{Y_1}\,\overline{Y_2}\,\overline{Y_4}\,\overline{Y_7}}$$

例 3-5　试用译码器 74LS138 和适当的逻辑门设计一个组合电路。该电路输入 $X=X_2X_1X_0$ 与输出 $L=L_2L_1L_0$ 均为 3 位二进制数，两者之间的关系如下：当 $2\leqslant X\leqslant 5$ 时，$L=X+2$；当 $X<2$ 时，$L=\mathbf{1}$；当 $X>5$ 时，$L=\mathbf{0}$。

解：按照题意列写真值表，见表 3-5。求出输出逻辑表达式，并画出逻辑电路图 3-7。

表 3-5　真值表

X_2	X_1	X_0	L_2	L_1	L_0
0	0	0	0	0	1
0	0	1	0	0	1
0	1	0	1	0	0
0	1	1	1	0	1
1	0	0	1	1	0
1	0	1	1	1	1
1	1	0	0	0	0
1	1	1	0	0	0

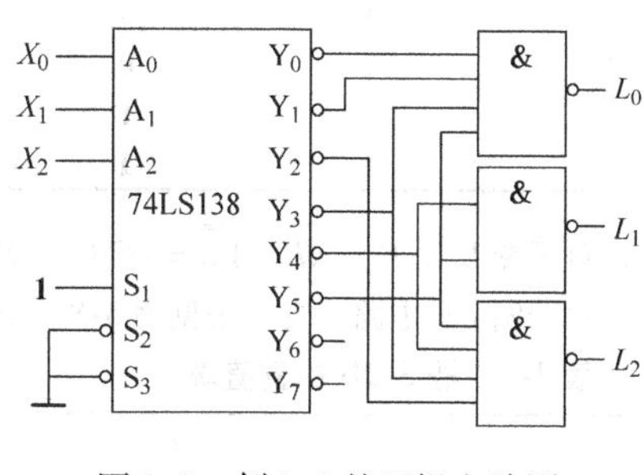

图 3-7　例 3-5 的逻辑电路图

$$L_2=m_2+m_3+m_4+m_5=\overline{\overline{Y_2}\,\overline{Y_3}\,\overline{Y_4}\,\overline{Y_5}}$$

$$L_1=m_4+m_5=\overline{\overline{Y_4}\,\overline{Y_5}}$$

$$L_0=m_0+m_1+m_3+m_5=\overline{\overline{Y_0}\,\overline{Y_1}\,\overline{Y_3}\,\overline{Y_5}}。$$

3.2　习题 3 解答

3-1　组合逻辑电路在逻辑功能和电路结构两个方面各有什么特点？

解：在逻辑功能上，组合逻辑电路的特点是：任一时刻电路的稳定输出状态仅取决于此刻电路的输入信号，而与输入信号作用前电路原先的状态无关。

在电路组成上，组合逻辑电路的特点是：①输出、输入之间无反馈延迟通路；②电路中不含记忆单元。

3-2　分别列写图 3-8 所示的各电路输出逻辑函数表达式，列出真值表，指出各自的逻辑功能。

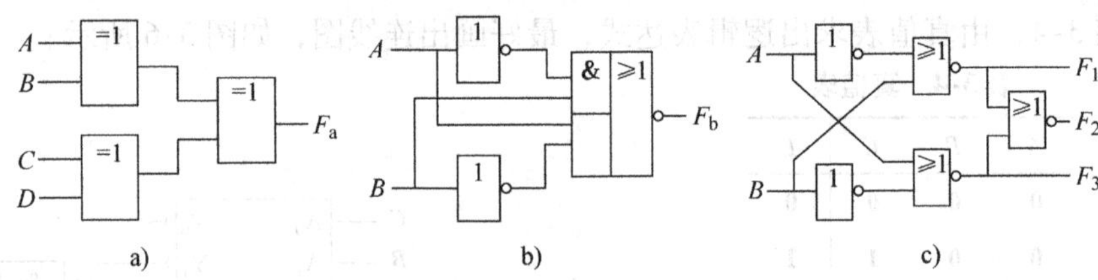

图 3-8　题 3-2 的各电路

解：1）对于图 a)，$F_a=(A\oplus B)\oplus(C\oplus D)$。列出真值表 3-6。由表可知，此电路为奇校验器。

表 3-6　题 3-2a 的真值表

A	B	C	D	$A\oplus B$	$C\oplus D$	F_a
0	0	0	0	0	0	0
0	0	0	1	0	1	1
0	0	1	0	0	1	1
0	0	1	1	0	0	0
0	1	0	0	1	0	1
0	1	0	1	1	1	0
0	1	1	0	1	1	0
0	1	1	1	1	0	1
1	0	0	0	1	0	1
1	0	0	1	1	1	0
1	0	1	0	1	1	0
1	0	1	1	1	0	1
1	1	0	0	0	0	0
1	1	0	1	0	1	1
1	1	1	0	0	1	1
1	1	1	1	0	0	0

2）对于图 b)，$F_b=\overline{\overline{A}B+A\overline{B}}=A\odot B$，所以 b 图电路为同或逻辑电路，表 3-7 是它的真值表。

3）对于图 c）电路，真值表见表 3-8。由表可见，图 c 电路是 1 位数值比较器。

表 3-7　题 3-2b 的真值表

A	B	F_b
0	0	1
0	1	0
1	0	0
1	1	1

表 3-8　题 3-2c 的真值表

A	B	$F_1=\overline{\overline{A}+B}=A\overline{B}$	F_2	$F_3=\overline{A+\overline{B}}=\overline{A}B$
0	0	0	1	0
1	1	0	0	1
1	0	1	0	0
1	1	0	1	0

3-3　图 3-9 所示的多输出组合逻辑电路是一种 4 位二进制数 $A_3A_2A_1A_0$ 的原码－反码转换电路，图中 C 为控制信号。试说明其转换工作原理。

解：因为异或逻辑表达式为：

$$A\overline{C}+\overline{A}C=\begin{cases}\overline{A} & C=1\\ A & C=0\end{cases}$$

所以图 3-3 的电路当 $C=\mathbf{1}$ 时，$F_3F_2F_1F_0=\overline{A_3}\,\overline{A_2}\,\overline{A_1}\,\overline{A_0}$，电路将原码转化为反码；而当 $C=\mathbf{0}$ 时，$F_3F_2F_1F_0=A_3A_2A_1A_0$，输出数据保持原码不变。

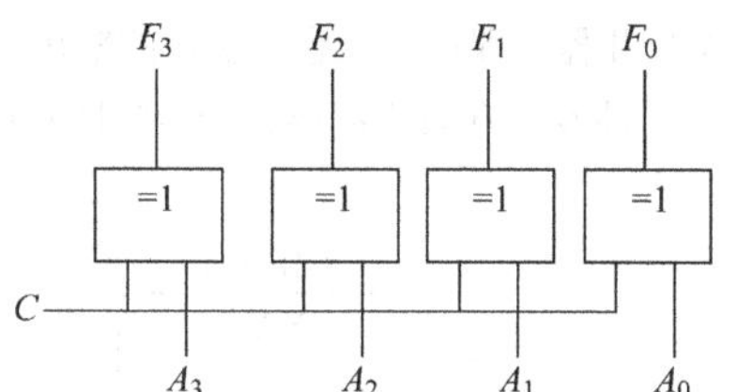

图 3-9　一种 4 位二进制数 $A_3A_2A_1A_0$ 的原码－反码转换电路

3-4　分析图 3-10 所示的组合逻辑电路，设输入信号 $ABCD$ 为 1 位十进制数的 8421BCD 码，试列出真值表，说明该电路的功能。

解：按照组合逻辑电路分析的一般步骤，分析过程如下：

（1）写出逻辑表达式并化简，得：

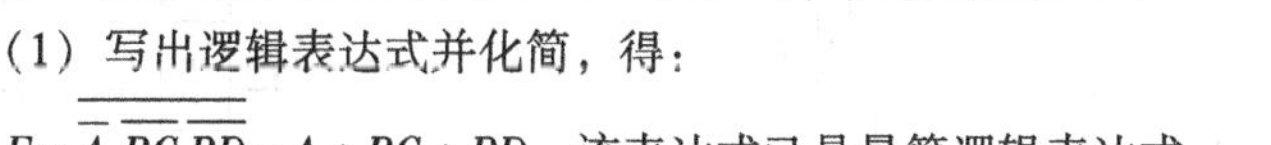

$F=\overline{\overline{A}\,\overline{BC}\,\overline{BD}}=A+BC+BD$，该表达式已是最简逻辑表达式。

（2）列出真值表

因为 8421 码只有 **0000**～**1001** 共 10 种取值，所以只需取用对应于 0～9 共 10 个字符。据此可列出真值表，见表 3-9。

表 3-9　题 3-4 的真值表

A	B	C	D	E
0	**0**	**0**	**0**	**0**
0	**0**	**0**	**1**	**0**
0	**0**	**1**	**0**	**0**
0	**0**	**1**	**1**	**0**
0	**1**	**0**	**0**	**0**
0	**1**	**0**	**1**	**1**
0	**1**	**1**	**0**	**1**
0	**1**	**1**	**1**	**1**
1	**0**	**0**	**0**	**1**
1	**0**	**0**	**1**	**1**

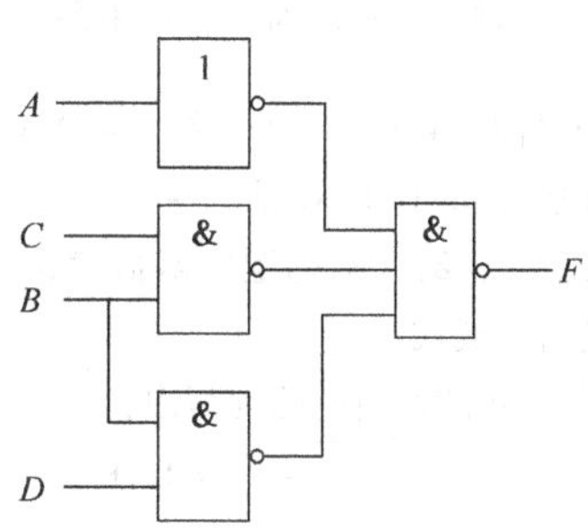

图 3-10　题 3-4 的组合逻辑电路

（3）功能描述：由真值表可知，仅当 $ABCD$ 表示的十进制数大于或等于 5 时，输出为 **1**，故该电路是 8421 码的“四舍五入”电路。

3-5　数据选择器如图 3-11 所示。当 $D_3=\mathbf{0}$，$D_2=D_1=D_0=\mathbf{1}$ 时，有 $F=\overline{A_1}+\overline{A_0}$的逻辑表达式。试证明该逻辑表达式的正确性。

证明：由图 3-5 的逻辑电路，可得如下的逻辑表达式：

$$F=D_0\overline{A_1}\,\overline{A_0}+D_1\overline{A_1}A_0+D_2A_1\overline{A_0}+D_3A_1A_0$$

当 $D_3=\mathbf{0}$，$D_2=D_1=D_0=\mathbf{1}$ 时，上式成为：

$$F=\overline{A_1}\,\overline{A_0}+\overline{A_1}A_0+A_1\overline{A_0}=\overline{A_1}+A_1\overline{A_0}=\overline{A_1}+\overline{A_0}$$

证毕。

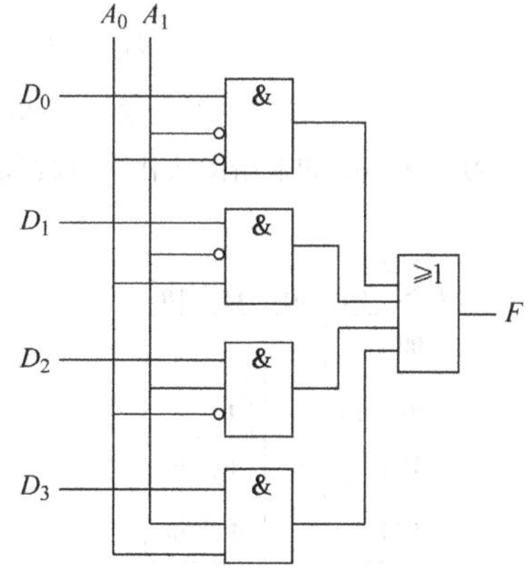

图 3-11　一种 4 选 1 数据选择器

3-6　74HC147 是 CMOS 10 线－4 线优先编码器（8421BCD 反码输出），其逻辑符号如图 3-12（即主教材第 3.4.3 节中图3-14b）所示，真值表见主教材第 3.4.3 节中表 3-9。分析真值表 3-9，试用 74HC147 和适当的门电路构成输出为 8421 原码，并有编码输出标志 GS 的编码器（要求 $GS=\mathbf{0}$ 时不编码；$GS=\mathbf{1}$ 时编码），画出连线图，在图 3-12 上连线。

解：由主教材表 3-9 可知，输出$\overline{Y_3}\,\overline{Y_2}\,\overline{Y_1}\,\overline{Y_0}$ 是 8421 码的反码，因此只要在 CT74HC147 的输出端增加

4 个反相器，即可获得题中要求的输出码。因为在输入端均为高电平时 GS 为 **0**，而有低电平信号输入时 GS 为 **1**（即 $GS=\mathbf{0}$ 时不编码；$GS=\mathbf{1}$ 时编码），所以可添加一个**与非**门实现 GS 功能，连线图如图 3-13 所示。

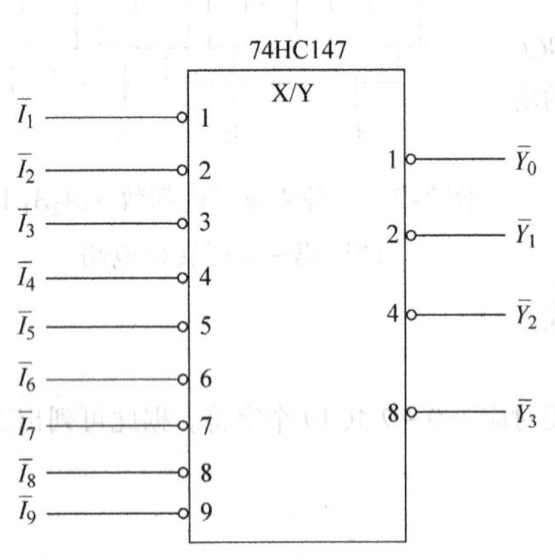

图 3-12　一种优先编码器的应用电路

图 3-13　题 3-6 解的连线图

3-7　对于图 3-14 由二 - 十进制译码器 CT74LS42 组成的逻辑电路（图中 BCD/DEC 是二 - 十进制译码器的总限定符），试写出 Z_1、Z_2、Z_3 的逻辑函数表达式，并用卡诺图法化简成最简**与或**式。

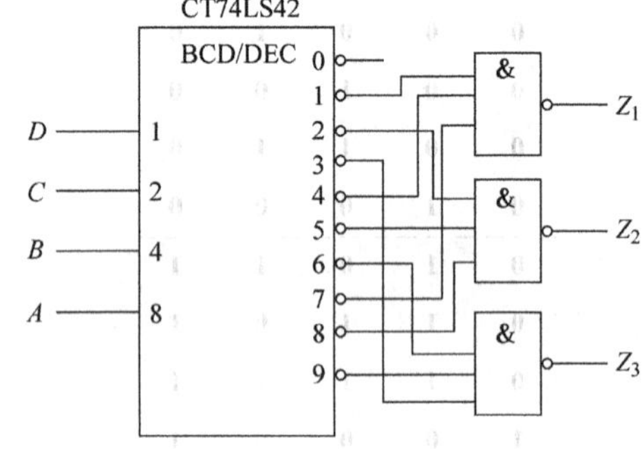

图 3-14　一种 CT74LS42 组成的逻辑电路

解：由图 3-14 的逻辑电路列写出：

$$Z_1=\overline{\overline{Y}_1\,\overline{Y}_4\,\overline{Y}_7}=Y_1+Y_4+Y_7$$

$$Z_2=\overline{\overline{Y}_2\,\overline{Y}_5\,\overline{Y}_8}=Y_2+Y_5+Y_8$$

$$Z_3=\overline{\overline{Y}_3\,\overline{Y}_6\,\overline{Y}_9}=Y_3+Y_6+Y_9$$

进而 Z_1、Z_2、Z_3 用卡诺图化简得：

$$Z_1=\overline{A}\,\overline{B}\,\overline{C}D+\overline{A}B\overline{C}\,\overline{D}+\overline{A}BCD=\overline{A}\,\overline{B}\,\overline{C}D+B\overline{C}\,\overline{D}+BCD$$

$$Z_2=\overline{A}\,\overline{B}C\overline{D}+\overline{A}B\overline{C}D+A\overline{B}\,\overline{C}\,\overline{D}=A\overline{D}+B\overline{C}D+\overline{B}C\overline{D}$$

$$Z_3=\overline{A}\,\overline{B}CD+\overline{A}BC\overline{D}+A\overline{B}\,\overline{C}D=AD+\overline{B}CD+BC\overline{D}$$

习题 3-7 解的卡诺图法化简过程如图 3-15 所示。

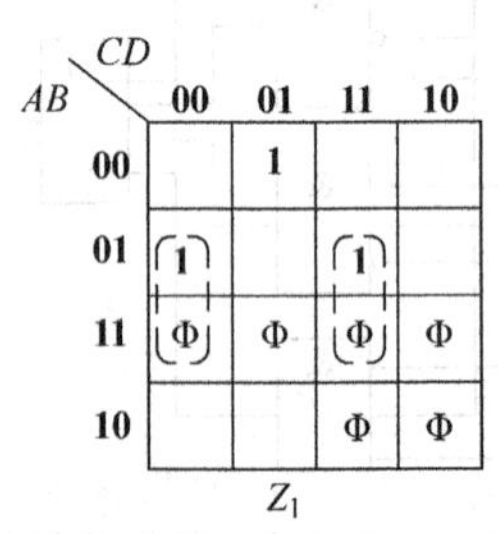

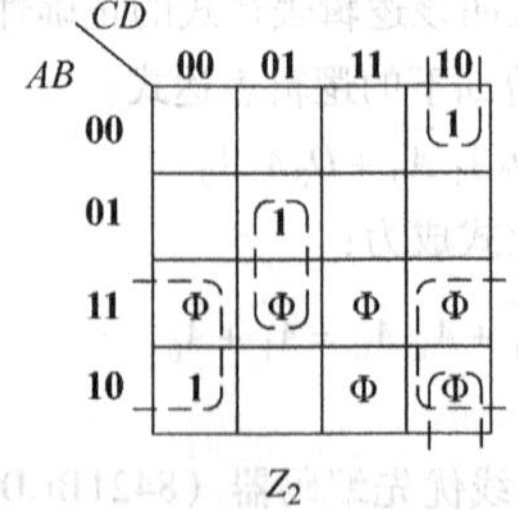

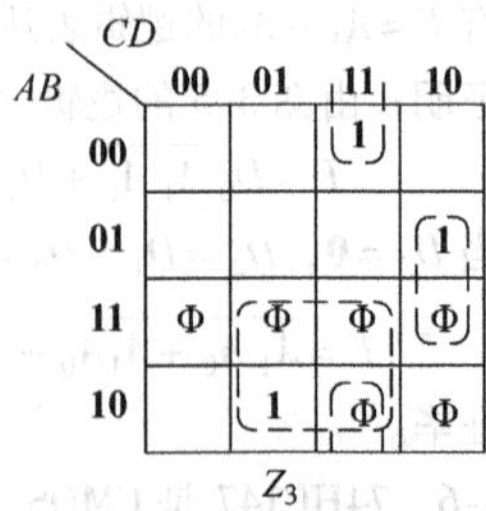

图 3-15　习题 3-7 解的卡诺图法化简过程

3-8　某图书馆上午 8 时至 12 时、下午 2 时至 6 时开馆，在开馆时间内图书馆门前的指示灯亮。试设计一个时钟控制指示灯开关的逻辑电路，画出全用 CMOS **与非**门实现的最简逻辑电路图，允许输入端有反变量出现（提示：设输入信号 $ABCD$ 为钟点变量，并设 T 为区分午前、午后的标志变量，$T=\mathbf{0}$ 表示 1 ~ 12

点，$T=1$ 表示 13～24 点，输出逻辑函数为 F)。

解：(1) 根据题意，可列出真值表，见表 3-10。

(2) 用卡诺图法化简，如图 3-16 所示。

表 3-10　题 3-8 的真值表

T	A	B	C	D	F
0	**1**	**0**	**0**	**0**	**1**
0	**1**	**0**	**0**	**1**	**1**
0	**1**	**0**	**1**	**0**	**1**
0	**1**	**0**	**1**	**1**	**1**
1	**0**	**0**	**1**	**0**	**1**
1	**0**	**0**	**1**	**1**	**1**
1	**0**	**1**	**0**	**0**	**1**
1	**0**	**1**	**0**	**1**	**1**
		其余			**0**

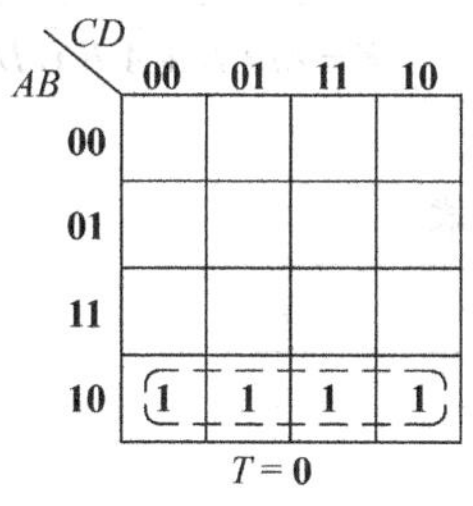

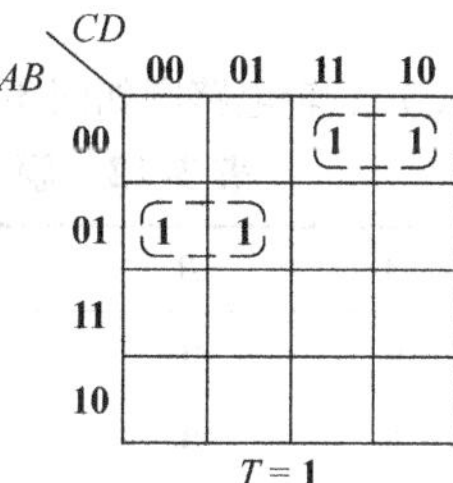

图 3-16　习题 3-8 解的卡诺图

(3) 由卡诺图写出逻辑表达式如下：

$$F=\bar{T}A\bar{B}+T(\bar{A}B\bar{C}+\bar{A}\bar{B}C)=\overline{\overline{\bar{T}A\bar{B}}\;\overline{T\bar{A}B\bar{C}}\;\overline{T\bar{A}\bar{B}C}}$$

3-9　设计一个供 A、B、C 3 人使用的简单表决电路，如多数人同意，则提案通过，以指示灯亮表示；否则提案不通过，指示灯熄灭。如果约定 A、B、C 同意为 **1**，反对为 **0**，提案通过输出 F 为 **1**（指示灯亮)，否则 F 为 **0**（指示灯灭)。要求全用 3 输入端的 CMOS **与非**门实现，画出逻辑电路图。

解：(1) 根据题意列出真值表，见表 3-11。

(2) 根据真值表，写出其逻辑表达式为：

$$F=\bar{A}BC+A\bar{B}C+AB\bar{C}+ABC$$

(3) 用卡诺图对逻辑函数进行化简，如图 3-9a 所示。现全用**与非**门来实现，应将化简后的逻辑表达式 $F=AB+AC+BC$ 变换为**与非 - 与非**式，即

$$F=AB+AC+BC=\overline{\overline{AB}\;\overline{AC}\;\overline{BC}}$$

(4) 根据化简和变换后的**与非 - 与非**表达式，画出逻辑电路图，如图 3-17b 所示。注意，图中**与非**门不用的输入端与使用端进行了并联处理。

表 3-11　题 3-9 的真值表

A	B	C	F
0	**0**	**0**	**0**
0	**0**	**1**	**0**
0	**1**	**0**	**0**
0	**1**	**1**	**1**
1	**0**	**0**	**0**
1	**0**	**1**	**1**
1	**1**	**0**	**1**
1	**1**	**1**	**1**

a)　　b)

图 3-17　习题 3-9 用图

该 3 人表决器逻辑电路可用一片内含 4 个 3 输入端**与非**门的 TTL 集成电路组成。

3-10　设计一个组合逻辑电路，当其4个输入信号 A、B、C、D 中的信号不一致时，输出 F 为**1**，否则 F 为**0**。要求列出真值表，写出输出逻辑表达式，画出只用一个CMOS门电路实现的逻辑图，允许输入端出现反变量。

解：(1) 列出真值表，见表3-12。

(2) 逻辑表达式如下：

$$\overline{\overline{F}} = \overline{ABCD + \overline{A}\,\overline{B}\,\overline{C}\,\overline{D}}$$

(3) 逻辑电路图如图3-18所示。

表3-12　题3-10的真值表

A	B	C	D	F
0	**0**	**0**	**0**	**0**
0	**0**	**0**	**1**	**1**
		⋮		
1	**1**	**1**	**0**	**1**
1	**1**	**1**	**1**	**0**

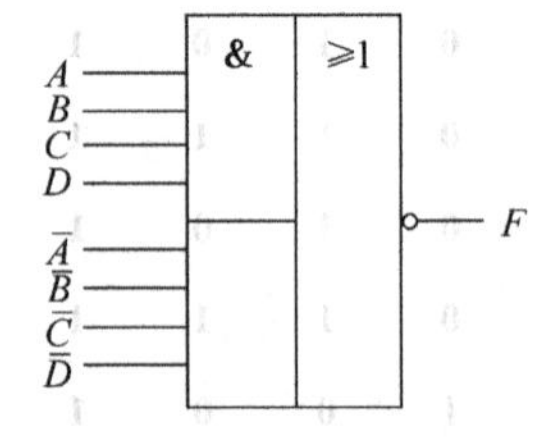

图3-18　习题3-10的逻辑电路

3-11　试用两片3线-8线二进制译码器CT74HC138连接成4线-16线二进制译码器，连线时不附加任何的门电路，画出连线图（**提示**：先设输入4位二进制数码为 A、B、C、D，4线-16线二进制译码器输出信号为 $\overline{Y_0}$、$\overline{Y_1}$、…、$\overline{Y_{15}}$，再列出4线-16线译码器的真值表，最后找出接线规律）。

解：(1) 列出4线-16线译码器的真值表，见表3-13。

(2) 画出接线图如图3-19所示。

表3-13　4线-16线译码器的真值表

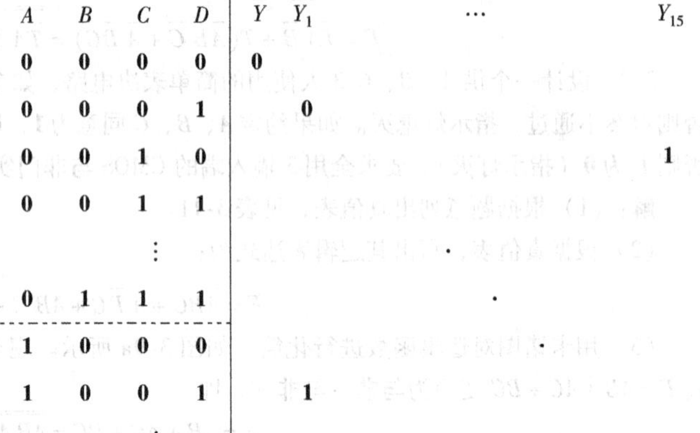

A	B	C	D	$\overline{Y}$	$\overline{Y_1}$	…	$\overline{Y}_{15}$
0	**0**	**0**	**0**	**0**			
0	**0**	**0**	**1**		**0**		
0	**0**	**1**	**0**				**1**
0	**0**	**1**	**1**				
		⋮				·	
0	**1**	**1**	**1**			·	
1	**0**	**0**	**0**			·	
1	**0**	**0**	**1**		**1**		
		⋮					
1	**1**	**1**	**1**				**0**

3-12　图3-20是国产CMOS 4位数值比较器74HC85的逻辑符号。试用3片74HC85芯片组成12位级连方式的数值比较器，画出连线图。

解：该12位级连方式的数值比较器的连线图如图3-21所示。

*3-13　说出工程中常用的有哪几种消除竞争-冒险的方法。

解：(1) 修改设计法：①代数法。在产生冒险现象的逻辑表达式上，加上冗余项或乘上冗余因子；②卡诺图法。将卡诺图中相切的圈用一个多余的圈连接起来。

(2) 选通法：在电路中加入选通信号，在输出信号稳定后，选通允许输出，从而产生正确输出。

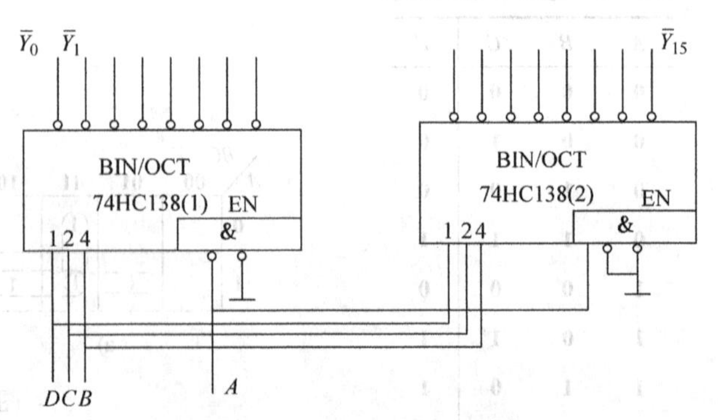

图3-19　习题3-11的逻辑电路

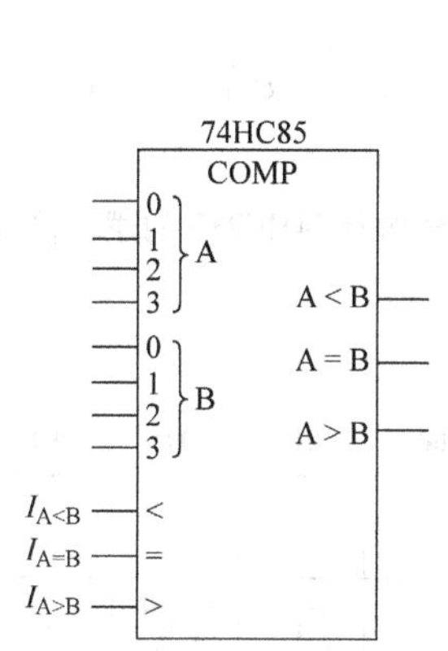

图3-20 CMOS 4位数值比较器74HC85的逻辑符号

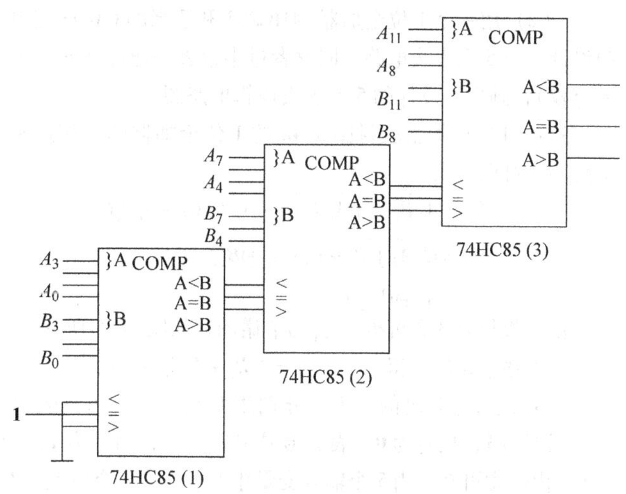

图3-21 12位级连方式的数值比较器的连线图

(3) 滤除法：因冒险脉冲是一个非常窄的脉冲，故可在输出端接一个几百微法的电容将其滤除掉。

(4) 工程中常用的消除方法：①接入滤波电容；②引入选通脉冲；③修改逻辑设计；④利用可靠性编码；⑤引入封锁脉冲。

*3-14 组合逻辑电路如图3-22a所示。设图中各个门电路的平均传输时间t_{PD}均相等。试解答：

(1) 当$A=B=D=\mathbf{0}$，C由$\mathbf{0}$跳变到$\mathbf{1}$及$\mathbf{1}$跳变到$\mathbf{0}$（C的波形如题3-22b所示）时，试画出Y_1、Y_2及Y端相应的波形图。

(2) 分析该逻辑电路在什么情况下可能会产生竞争-冒险？产生的是负跳变脉冲还是正跳变脉冲？

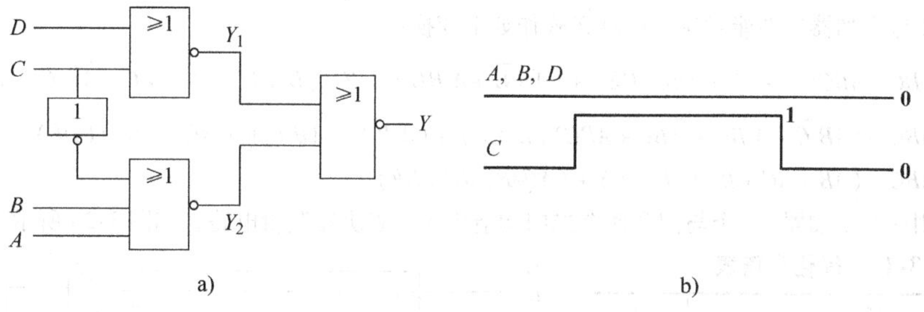

图3-22 习题3-14的图

a) 组合逻辑电路图 b) A、B、D、C的波形图

解：(1) 画出Y_1、Y_2及Y端的波形图，如图3-23所示。

(2) 当$A=B=D=\mathbf{0}$时，且C从$\mathbf{0}$跳变为$\mathbf{1}$时，存在冒险现象，Y端产生正跳变脉冲。

3-15 1位全加器的逻辑符号及其另一形式的输出逻辑表达式如图3-24所示。要求：

(1) 证明1位全加器输出逻辑表达式亦可写成：$S_i=A_i\oplus B_i\oplus C_i$，$C_{i+1}=A_iB_i+B_iC_i+A_iC_i$，如图3-24所标注。

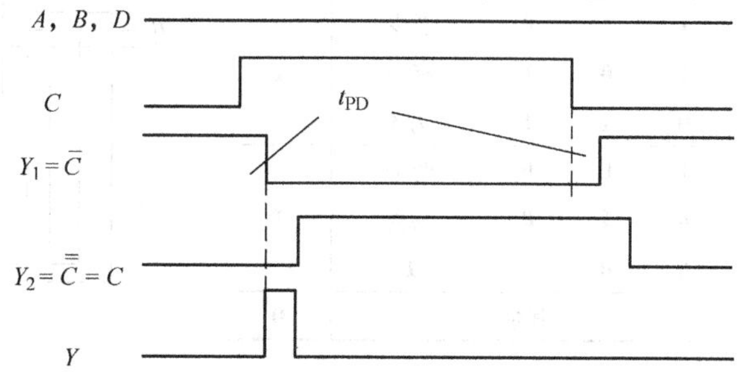

图3-23 习题3-14解的Y_1、Y_2及Y端的波形图

*（2）用一个1位全加器74HC283和适当的CMOS逻辑门设计一个5人表决电路，同意者过半数表决通过（假定无人弃权），画出所设计的5人表决逻辑电路图。

解：（1）根据主教材图3-4a的1位全加器的内部逻辑电路图，可以写出：

$$\begin{aligned} S_i &= \overline{A_i}\,\overline{B_i}C_i + \overline{A_i}B_i\overline{C_i} + A_i\overline{B_i}\,\overline{C_i} + A_iB_iC_i \\ &= C_i\overline{A_i \oplus B_i} + \overline{C_i}(A_i \oplus B_i) \\ &= A_i \oplus B_i \oplus C_i \end{aligned}$$

图3-24　1位全加器74HC283的逻辑符号

由主教材表3-3可得 C_{i+1} 的卡诺图，如图3-25所示。

据上述卡诺图可得：　$C_{i+1} = A_iB_i + A_iC_i + B_iC_i$

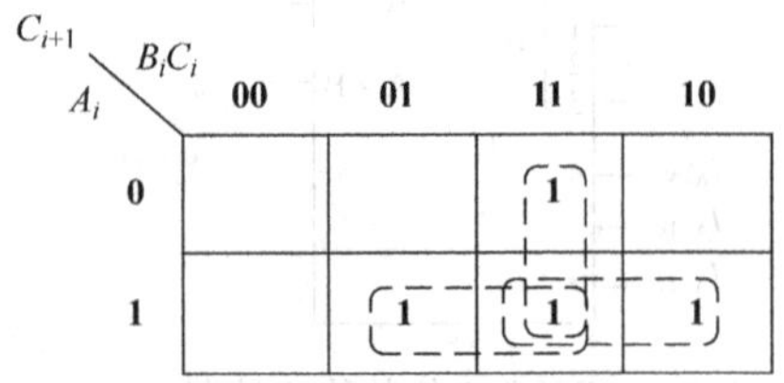

图3-25　题3-15的卡诺图

（2）设参加表决的5人，分别用变量 A、B、C、D、E 表示，同意为**1**，反对为**0**；表决结果用 F 表示，通过为**1**，否决为**0**。由题意可知，当5个输入变量中有3个或3个以上为**1**时 F 为**1**，否则 F 为**0**。

因为全加器是一个5输入2输出逻辑器件，所以对输入变量取值进行判别时，可将5个变量分成 A、B、C 和 D、E 两组，具体设计思路为：

若 A、B、C 均为**1**，则不管 D、E 取何值，F 均为**1**；

若 A、B、C 中有两个为**1**，则只要 D、E 不同时为**0** 即 D、E 至少有一个为**1**时，便有 $F=1$；

若 A、B、C 中有一为**1**，则仅当 D、E 全为**1**时，才有 $F=1$；

若 A、B、C 均为**0**，则不管 D、E 取何值，$F=0$。

据此可列出简化真值表，见表3-14。

由表3-14可写出 F 的表达式如下：

$$F = ABC + (AB\overline{C} + A\overline{B}C + \overline{A}BC)(D+E) + (A\overline{B}\,\overline{C} + \overline{A}B\overline{C} + \overline{A}\,\overline{B}C)(DE)$$

为了与1位全加器的功能对应，可对 F 式作如下变换：

$$\begin{aligned} F &= ABC + ABC(D+E) + ABC(DE) + (AB\overline{C} + A\overline{B}C + \overline{A}BC)(D+E) + (A\overline{B}\,\overline{C} + \overline{A}B\overline{C} + \overline{A}\,\overline{B}C)(DE) \\ &= ABC + (AB\overline{C} + A\overline{B}C + \overline{A}BC + ABC)(D+E) + (A\overline{B}\,\overline{C} + \overline{A}B\overline{C} + \overline{A}\,\overline{B}C + ABC)(DE) \\ &= ABC + (AB + AC + BC)(D+E) + (A \oplus B \oplus C)(DE) \end{aligned}$$

因此可用一个全加器、3个**与**门和两个**或**门构造出5人表决器逻辑电路，如图3-26所示。

表3-14　简化真值表

输入					输出
A	B	C	D	E	F
1	1	1	Φ	Φ	1
1	1	0	至少		
1	0	1	有一		1
0	1	1	为1		
1	0	0	两个		
0	1	0	均为		1
0	0	1	1		
其余					0

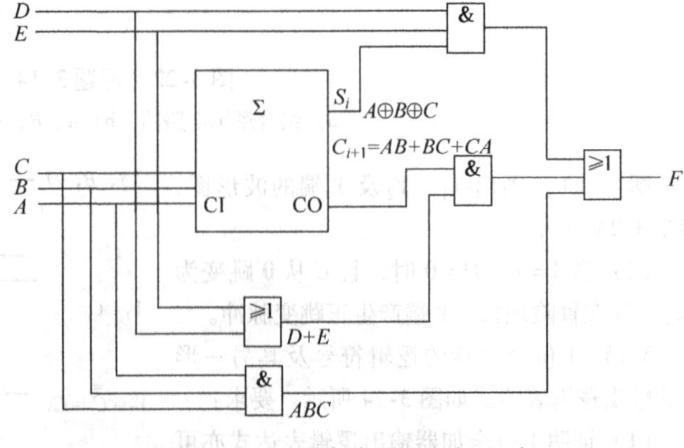

图3-26　5人表决器的逻辑电路

3-16　设计一个步进电动机故障报警的逻辑电路，正常工作时电动机由3个输入信号 A、B、C 控制：

$A=1$ 时电动机正转，$B=1$ 时电动机反转，$C=1$ 时电动机停转，其他均为故障状况，要求报警信号 $L=1$。具体设计要求如下：

（1）只用一个 TTL **与或非**门实现，画出逻辑电路图，允许输入端有反变量出现；

（2）用 CMOS 3 线－8 线二进制译码器 74HC138 实现，画出连线图，要求采用两种不同的设计方案，即附加不同的 CMOS 逻辑门电路分别实现之。

（3）试为（1）逻辑电路设计发光二极管（LED）报警电路，画出电路图。设 LED 正向导通电压为 2V，工作电流为 16mA，TTL **与或非**门输出高电压 $U_{OH}=3.6V$，试确定限流电阻 R 之阻值。

解：（1）列出真值表，见表 3-15。

表 3-15　题 3-16 的真值表

A	B	C	L
0	0	0	1
0	0	1	0
0	1	0	0
0	1	1	1
1	0	0	0
1	0	1	1
1	1	0	1
1	1	1	1

（2）写出逻辑表达式如下：

$$\overline{L}=\overline{A}\,\overline{B}C+\overline{A}B\overline{C}+A\overline{B}\,\overline{C}$$

所以

$$L=\overline{\overline{A}\,\overline{B}C+\overline{A}B\overline{C}+A\overline{B}\,\overline{C}}=\overline{\overline{A}\,\overline{B}C}\;\overline{\overline{A}B\overline{C}}\;\overline{A\overline{B}\,\overline{C}}$$

另外，结合 74HC138 的输出逻辑表达式，可得：

$$\begin{aligned}L&=\sum m(0,3,5,6,7)\\&=\overline{\overline{m_0+m_3+m_5+m_6+m_7}}\\&=\overline{\overline{m_0}\;\overline{m_3}\;\overline{m_5}\;\overline{m_6}\;\overline{m_7}}\end{aligned}$$

因此，可画出逻辑电路图、连线图（方案 1）分别见图 3-27a、b。请读者自绘连线图（方案 2）。

（3）设计发光二极管（LED）报警电路中的限流电阻如下：

$$R=\frac{3.6V-2V}{16mA}=100\Omega$$

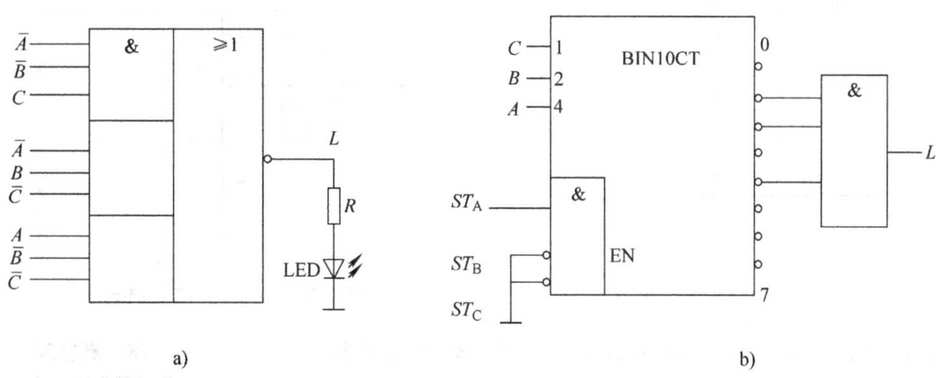

图 3-27　习题 3-16 解的连线图

3-17　设真值表（见表 3-16）给出的逻辑函数为 F，要求：

（1）列写输出逻辑表达式，全用 3 输入端的 CMOS **与非**门实现，画出逻辑图，允许输入端有反变量出现；

（2）改用双 4 选 1 数据选择器 CT74LS153 实现，画出连线图，连线时可附加适当的门电路。

解：根据要求写出逻辑表达式：

$$F=\sum m(2,3,5,6)$$

(1) 全用与非门实现方案

卡诺图如图 3-28 所示。

表 3-16　题 3-17 的真值表

A	B	C	F
0	0	0	0
0	0	1	0
0	1	0	1
0	1	1	1
1	0	0	0
1	0	1	1
1	1	0	1
1	1	1	0

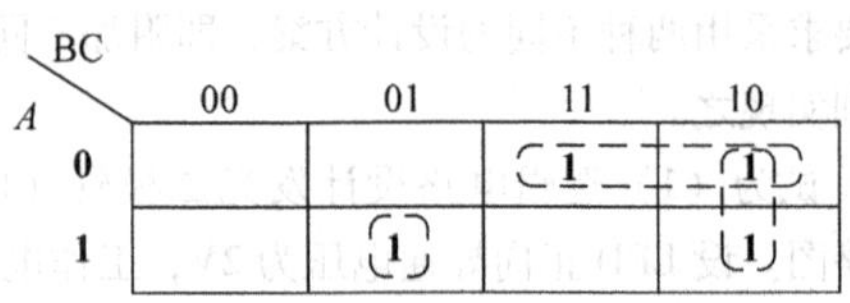

图 3-28　题 3-17 的卡诺图

用卡诺图法化简得：$F=\bar{A}B+B\bar{C}+A\bar{B}C=\overline{\overline{\bar{A}B}\;\overline{B\bar{C}}\;\overline{A\bar{B}C}}$

(2) 将逻辑表达式写成下式，并画出连线图，如图 3-29 所示。

$$F=\bar{A}B\bar{C}+\bar{A}BC+A\bar{B}C+AB\bar{C}=\bar{A}B+A\bar{B}C+AB\bar{C}$$

3-18　设真值表（见表 3-17）所给出的逻辑函数为 F，$F=f$（A，B，C），要求：

(1) 列出输出逻辑表达式，全用 3 输入端的 CMOS 与非门实现，画出逻辑图，允许输入端有反变量出现。

(2) 改用 3 线－8 线二进制译码器 74HC138 实现，画出连线图，连线时只能附加一个 CMOS 与门电路。

表 3-17　真值表

A	B	F
0	0	$\bar{C}$
0	1	1
1	0	C
1	1	1

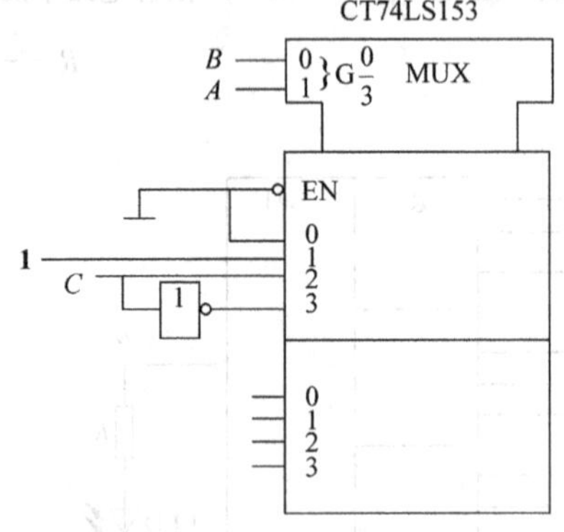

图 3-29　习题 3-17 的连线图

解：先依据表 3-17，重新列出真值表，见表 3-18；然后根据重新列出的真值表，写出逻辑表达式；最后再按照逻辑表达式，画出逻辑图和连线图，分别如图 3-30a、b 所示。

表 3-18　真值表

A	B	C	F
0	0	0	1
0	0	1	0
0	1	0	1
0	1	1	1
1	0	0	0
1	0	1	1
1	1	0	1
1	1	1	1

因为　$$\bar{F}=\bar{A}\,\bar{B}C+A\bar{B}\,\bar{C}$$

所以　$$F=\overline{\bar{A}\,\bar{B}C+A\bar{B}\,\bar{C}}=\overline{\bar{A}\,\bar{B}C}\;\overline{A\bar{B}\,\bar{C}}=\overline{\overline{\overline{\bar{A}\,\bar{B}C}\;\overline{A\bar{B}\,\bar{C}}}}$$

3-19　设计一种用 3 把开关 A、B、C 控制一个灯 L 的逻辑电路，要求任何一把开关只能单独控制灯的开或关。具体设计要求是：

（1）用适当的 CMOS 或非门实现，画出逻辑电路图，允许输入端有反变量出现。

（2）用 CMOS 8 选 1 数据选择器 74HC151 实现，画出连线图。

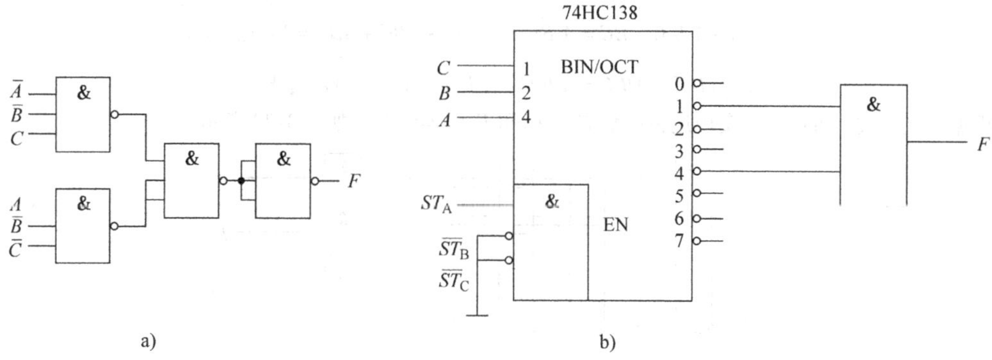

图 3-30　习题 3-18 的连线图

解：根据题意，A、B、C 表示 3 个双位开关，用 **0** 和 **1** 分别表示它的两个工作状态，用 L 表示灯状态，$L=1$ 灯亮；$L=\mathbf{0}$ 灯灭，初始状态：$ABC=\mathbf{000}$ 时，$L=\mathbf{0}$，在此基础上，单独改变任一开关的状态，F 状态都要变化（即改变任一开关状态都可改变灯的状态）。因此可列真值表，见表 3-19。

由真值表写逻辑表达式（L 式）如下。根据 L 式，可画出逻辑电路图、连线图分别如图 3-31、图 3-32 所示。

表 3-19　题 3-19 的真值表

A	B	C	L
0	0	0	0
0	0	1	1
0	1	0	1
0	1	1	0
1	0	0	1
1	0	1	0
1	1	0	0
1	1	1	0

$$
\begin{aligned}
L &= \sum m(1,2,4) = \overline{\overline{\overline{A}\,\overline{B}C + \overline{A}B\overline{C} + A\overline{B}\,\overline{C}}} \\
&= \overline{\overline{\overline{A}\,\overline{B}C}\;\overline{\overline{A}B\overline{C}}\;\overline{A\overline{B}\,\overline{C}}} \\
&= \overline{(A+B+\overline{C})(A+\overline{B}+C)(\overline{A}+B+C)} \\
&= \overline{\overline{\overline{A+B+\overline{C}}+\overline{A+\overline{B}+C}+\overline{\overline{A}+B+C}}}
\end{aligned}
$$

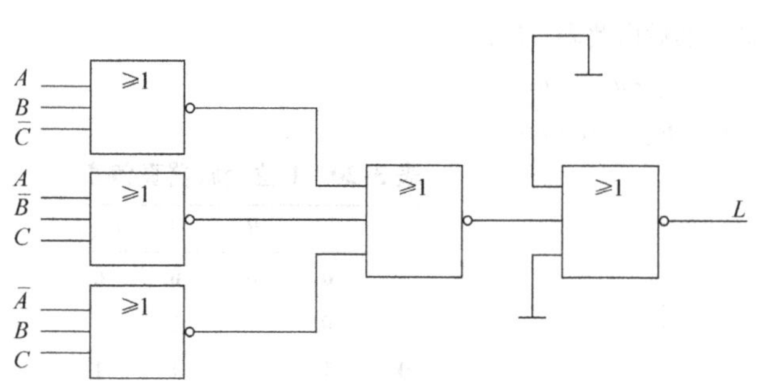

图 3-31　习题 3-19 的逻辑电路图

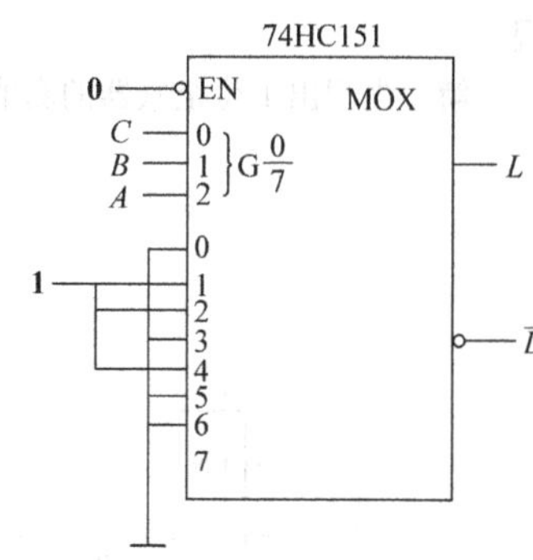

图 3-32　习题 3-19 的连线图

3-20　试用一片 CMOS 3 线 - 8 线二进制译码器 74HC138 和必要的 CMOS 逻辑门电路同时实现以下多输出的逻辑函数 F_1、F_2 和 F_3，画出连线图，连线时可附加适当的门电路。

$$F_1=AC;\quad F_2=\overline{A}\,\overline{B}C+A\overline{B}\,\overline{C}+BC;\quad F_3=\overline{B}\,\overline{C}+AB\overline{C}$$

解：变换逻辑函数 F_1、F_2和 F_3的表达式如下：

$$F_1 = AC = A\overline{B}C + ABC = \overline{\overline{Y}_5\ \overline{Y}_7}$$

$$F_2 = \overline{A}\,\overline{B}C + A\overline{B}\,\overline{C} + BC = \overline{A}\,\overline{B}C + A\overline{B}\,\overline{C} + \overline{A}BC + ABC = \overline{\overline{Y}_1\ \overline{Y}_4\ \overline{Y}_3\ \overline{Y}_7}$$

$$F_3 = \overline{B}\,\overline{C} + AB\overline{C} = A\overline{B}\,\overline{C} + \overline{A}\,\overline{B}\,\overline{C} + AB\overline{C} = \overline{\overline{Y}_0\ \overline{Y}_4\ \overline{Y}_6}\text{。}$$

根据以上 3 式，可以画出实现逻辑函数 F_1、F_2和 F_3的连线图，如图 3-33 所示。

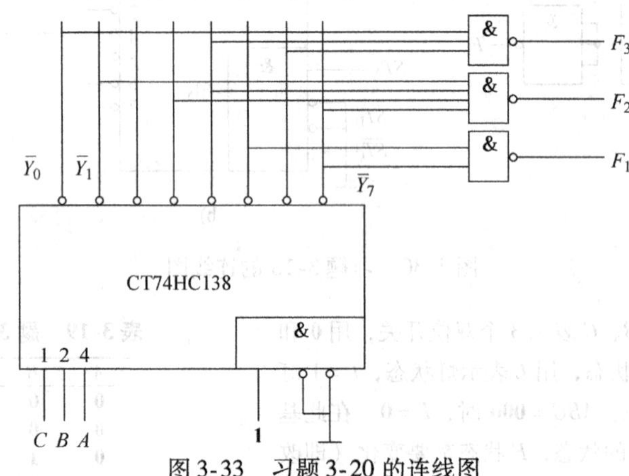

图 3-33　习题 3-20 的连线图

3-21　试用一片 8 选 1 数据选择器 74HC151 实现逻辑函数：$F(A, B, C, D) = \sum m(1, 5, 6, 7, 9, 11, 12, 13, 14)$，画出连线图，连线时可附加适当的门电路。

解：将 F 式写成：

$$\begin{aligned} F &= (\overline{A}\,\overline{B}\,\overline{C} + \overline{A}B\overline{C} + \overline{A}BC + A\overline{B}\,\overline{C} + AB\overline{C})D + (\overline{A}BC + AB\overline{C} + ABC)\overline{D} \\ &= m_0D + m_1 \cdot \mathbf{0} + m_2D + m_3 \cdot \mathbf{1} + m_4D + m_6 \cdot \mathbf{1} + m_7\overline{D} + m_5D \end{aligned}$$

所以
$$D_0 = D_2 = D_4 = D_5 = D, D_1 = \mathbf{0}, D_7 = \overline{D}, D_3 = D_6 = \mathbf{1}$$

根据逻辑函数 F 的表达式和数据端等式，可以画出如图 3-34 所示的连线图。

3-22　用两片 8 选 1 数据选择器 74HC151 设计一个 1 位全减器电路。设被减数为 X_i，减数为 Y_i，低位借位信号为 B_i，向高位借位信号为 B_{i+1}，全减差为 D_i（**提示**：先列出全减器的真值表，再列式设法实现）。

解：先列出 1 位全减器的真值表，见表 3-20，然后由此表写出：

$$D_i = m_1 + m_2 + m_4 + m_7$$

$$B_{i+1} = m_1 + m_2 + m_3 + m_7$$

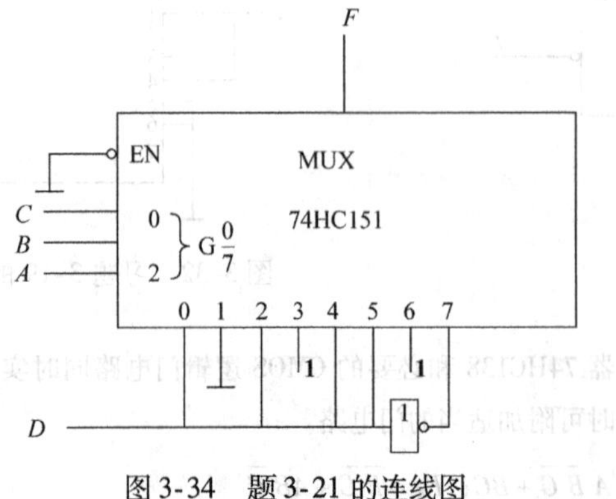

图 3-34　题 3-21 的连线图

表 3-20　1 位全减器真值表

X_i	Y_i	B_i	D_i	B_{i+1}
0	**0**	**0**	**0**	**0**
0	**0**	**1**	**1**	**1**
0	**1**	**0**	**1**	**1**
0	**1**	**1**	**0**	**1**
1	**0**	**0**	**1**	**0**
1	**0**	**1**	**0**	**0**
1	**1**	**0**	**0**	**0**
1	**1**	**1**	**1**	**1**

最后再画出实现1位全减器的连线图，如图3-35所示。

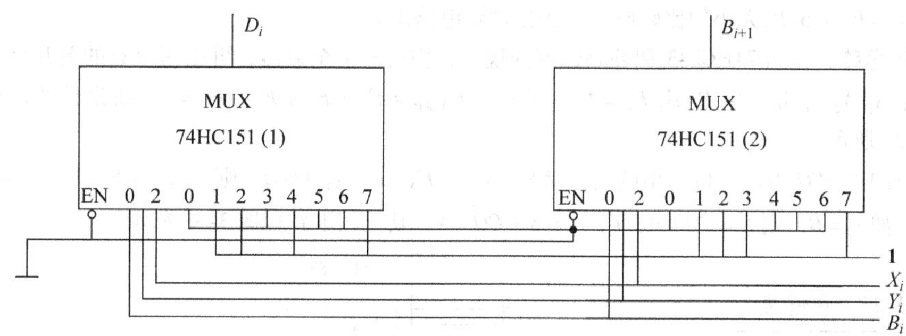

图3-35 习题3-22的连线图

3-23 试将8选1数据选择器74HC151和3线－8线二进制译码器74HC138连接成3位等值数码比较器，并用两个3位二进制数，分别加到74HC151数据输入端和74HC138的地址输入端，说明其等值数码比较功能。

解：用8选1数据选择器74HC151和3线－8线二进制译码器74HC138组成的3位等值数码比较器，如图3-36所示。两个3位二进制数 $A = A_2A_1A_0$ 和 $B = B_2B_1B_0$ 分别加到74HC151的数据选择输入端和74HC138的地址码输入端，当74HC138的使能端 $ST_A = \mathbf{1}$、$\overline{ST_B} = \overline{ST_C} = \mathbf{0}$，74HC151的 $\overline{EN} = \mathbf{0}$ 时，若 $A = B$，则 $\overline{W} = \mathbf{1}$，表示所比较的两个3位二进制数相等；而其余情形 $\overline{W}$ 均为 $\mathbf{0}$，表示所比较的两个3位二进制数不相等。**注意**：①输出 W、$\overline{W}$ 为互补信号，即也可从 W 端输出比较结果，有效电平与上述情况恰好相反；②在进行数据比较时，两个MSI芯片的使能端均置有效电平，否则电路将不工作。

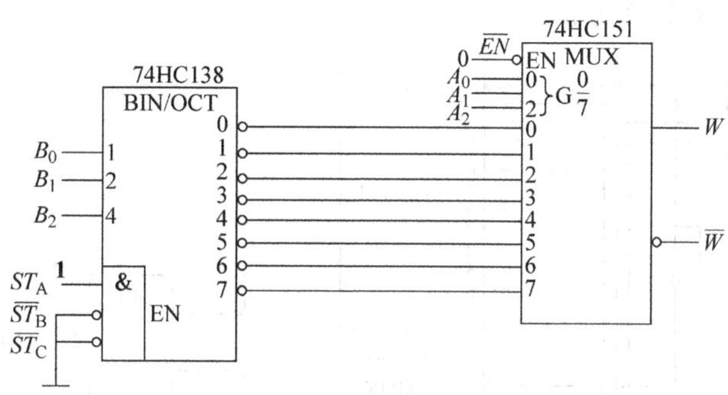

图3-36 一种3位等值数码比较器

3-24 试用一片4位超前进位全加器74HC283设计一个加/减法运算电路，C 为控制信号，当 $C = \mathbf{1}$ 时，做4位二进制数加法运算；当 $C = \mathbf{0}$ 时，做4位二进制数减法运算。画出逻辑电路图，可以附加必要的门电路。

解：设两个4位二进制数分别为 $A_3A_2A_1A_0$ 和 $B_3B_2B_1B_0$。选用74HC283、4个**异或**门、一个**非**门，其运算电路如图3-37所示。

当 $C = \mathbf{1}$ 时，$F_3F_2F_1F_0 = A_3A_2A_1A_0 + B_3B_2B_1B_0$，$CI = \mathbf{0}$，做4位二进制数全加运算；当 $C = \mathbf{0}$ 时，$F_3F_2F_1F_0 = A_3A_2A_1A_0 + \overline{B_3}\,\overline{B_2}\,\overline{B_1}\,\overline{B_0} + \mathbf{1} = A_3A_2A_1A_0 - B_3B_2B_1B_0$，做补码运算（减法运算）。

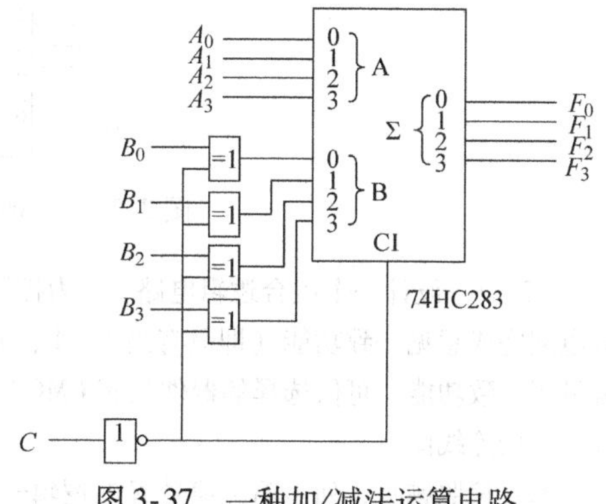

图3-37 一种加/减法运算电路

3-25　请用一片 4 位超前进位全加器 74HC283 和最少的门电路，设计一种比较两个 4 位二进制数 $A = A_3A_2A_1A_0$ 与 $B = B_3B_2B_1B_0$ 大小的比较电路，画出逻辑电路图。

解：设计思路：先用 74HC283 和补码运算的规则，构成一个全减器，再用两个数的差和借位信号判断其大小，即：$A_3\,A_2\,A_1\,A_0 - B_3\,B_2\,B_1\,B_0 = F_3F_2F_1F_0$，$F_{A>B} = F_3 + F_2 + F_1 + F_0 = S$。所设计的比较电路的真值表见表 3-21 所示。

在表 3-21 中，CO 为向高位发出的借位信号，$CO = F_{A<B}$。若 $A>B$，则 $F_{A>B} = S = \mathbf{1}$；若 $A<B$，则 $CO = F_{A<B} = \mathbf{1}$；如 $A = B$，则 $S = CO = \mathbf{0}$，$F_{A=B} = \overline{S + CO} = \mathbf{1}$。其比较电路如图 3-38 所示。

表 3-21　真值表

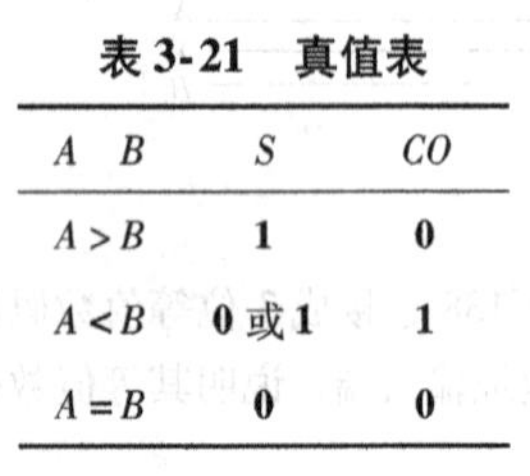

A　B	S	CO
$A>B$	1	0
$A<B$	0 或 1	1
$A=B$	0	0

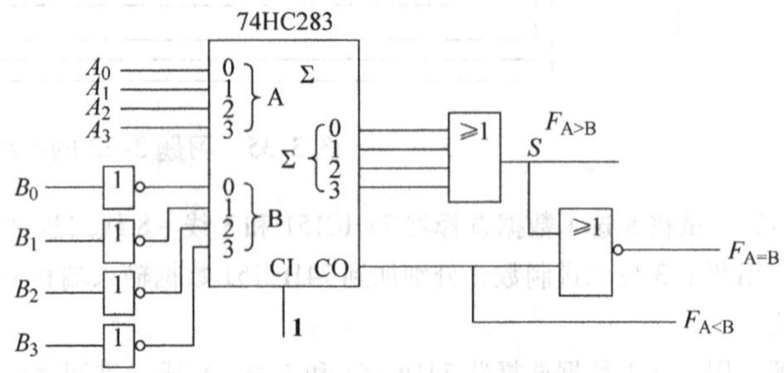

图 3-38　两个 4 位二进制数比较电路

3-26　试用两片 8 选 1 数据选择器 74HC151 连接成 16 选 1 数据选择器，即进行数据选择器的字扩展。要求画出连线图，图中可以附加适当的 CMOS 逻辑门电路。

解：将两片数据选择器 74HC151 的 3 个地址端对应地连接到一起，高位到低位分别接 16 选 1 低 3 位地址的 A_3、A_2、A_1，最高位地址 A_3则利用 74HC151 的使能端，再将两片 74HC151 的输出端通过两输入**或**门的连接，作为输出端，如图 3-39 所示。

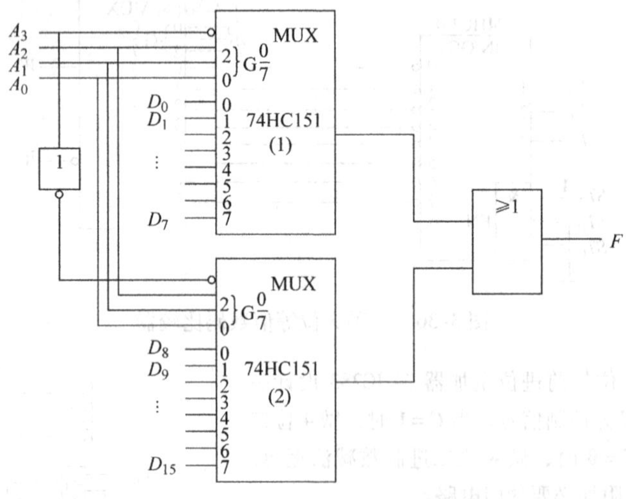

图 3-39　一种 16 选 1 数据选择器的连线图

*3-27　设计一个组合逻辑电路，C 为控制信号，U、V、W 为输入信号，F 为输出信号。当 $C = \mathbf{0}$ 时，该电路完成意见一致功能（即只有当 U、V、W 都相同时，输出 F 才为 **1**，否则 F 为 **0**）；当 $C = \mathbf{1}$ 时，完成意见不一致功能。可供选择的器件只有 CMOS **异或**门和 CMOS 8 选 1 数据选择器 74HC151 各一。画出此设计方案的连线图。

解：按照题意，列出输出信号 F 的逻辑表达式：

$$F = \overline{C}(\overline{U}\,\overline{V}\,\overline{W} + UVW) + C(\overline{\overline{U}\,\overline{V}\,\overline{W} + UVW})$$
$$= C \oplus (\overline{\overline{U}\,\overline{V}\,\overline{W} + UVW})$$

因此，可用8 选1 数据选择器实现逻辑函数 $L = (\overline{U}\,\overline{V}\,\overline{W} + UVW)$，再用一个**异或**门就可构成 F 逻辑函数，其组合逻辑电路如图 3-40 所示。

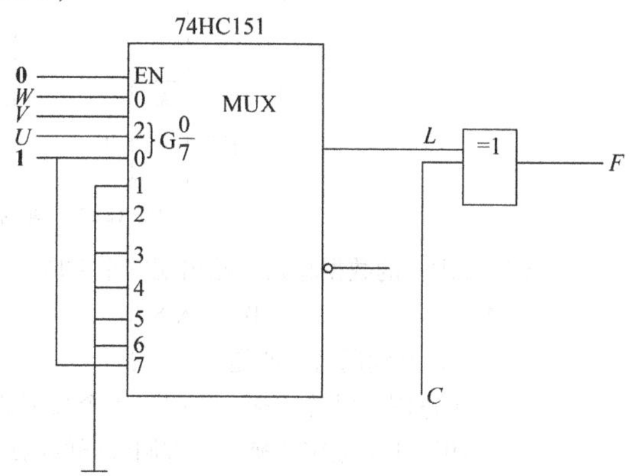

图 3-40　题 3-27 的组合逻辑电路

3-28　试为某一燃油锅炉设计一个报警逻辑电路。要求在燃油喷嘴处于开启状态时，如锅炉水温或烟道温度过高则发出报警信号。具体设计要求如下：

（1）列出真值表，写出报警信号的最简**与或**逻辑表达式，并用最少的 CMOS **与非**门实现，画出逻辑图；

（2）改用 3 线 - 8 线 CMOS 二进制译码器 74HC138 及必要的 CMOS **与**门实现，画出连线图。

解：（1）设锅炉水温、烟道温度和喷嘴状态为输入变量，分别用 A、B、C 表示，设温度正常为 **0**，不正常为 **1**，喷嘴开启为 **1**，关闭为 **0**。用报警信号作为输出变量，用 Y 表示，$Y = 1$ 时报警，则可列真值表，见表 3-22。

根据真值表，先绘出卡诺图 3-41，然后写出简化的逻辑表达式为：$F = AC + BC = \overline{\overline{AC}\,\overline{BC}}$。据此可画出逻辑电路图，如图 3-42 所示。

表 3-22　题 3-28 的真值表

A	B	C	Y
0	**0**	**0**	**0**
0	**0**	**1**	**0**
0	**1**	**0**	**0**
0	**1**	**1**	**1**
1	**0**	**0**	**0**
1	**0**	**1**	**1**
1	**1**	**0**	**0**
1	**1**	**1**	**1**

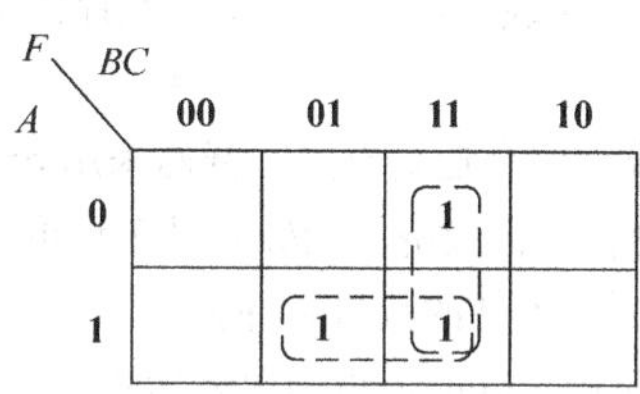

图 3-41　习题 3-28 的卡诺图

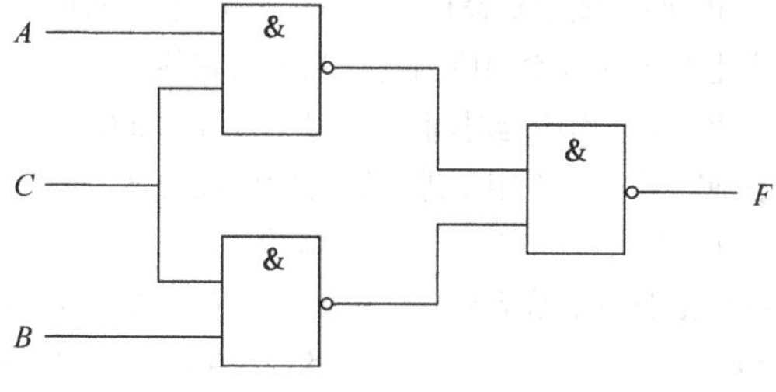

图 3-42　习题 3-28 的逻辑电路

（2）另据真值表可写出：$F = \overline{A}BC + A\overline{B}C + ABC = \overline{\overline{m_3}\,\overline{m_5}\,\overline{m_7}} = \overline{m_0}\,\overline{m_1}\,\overline{m_2}\,\overline{m_4}\,\overline{m_6}$，因此画出连线图，如图 3-43 所示。

3-29　单项选择题（请将下列各小题正确选项前的字母填入题中的括号内）：

（1）16 选 1 数据选择器应有（　　）个数据输入端。

A. 2　　　B. 3　　　C. 4　　　D. 16

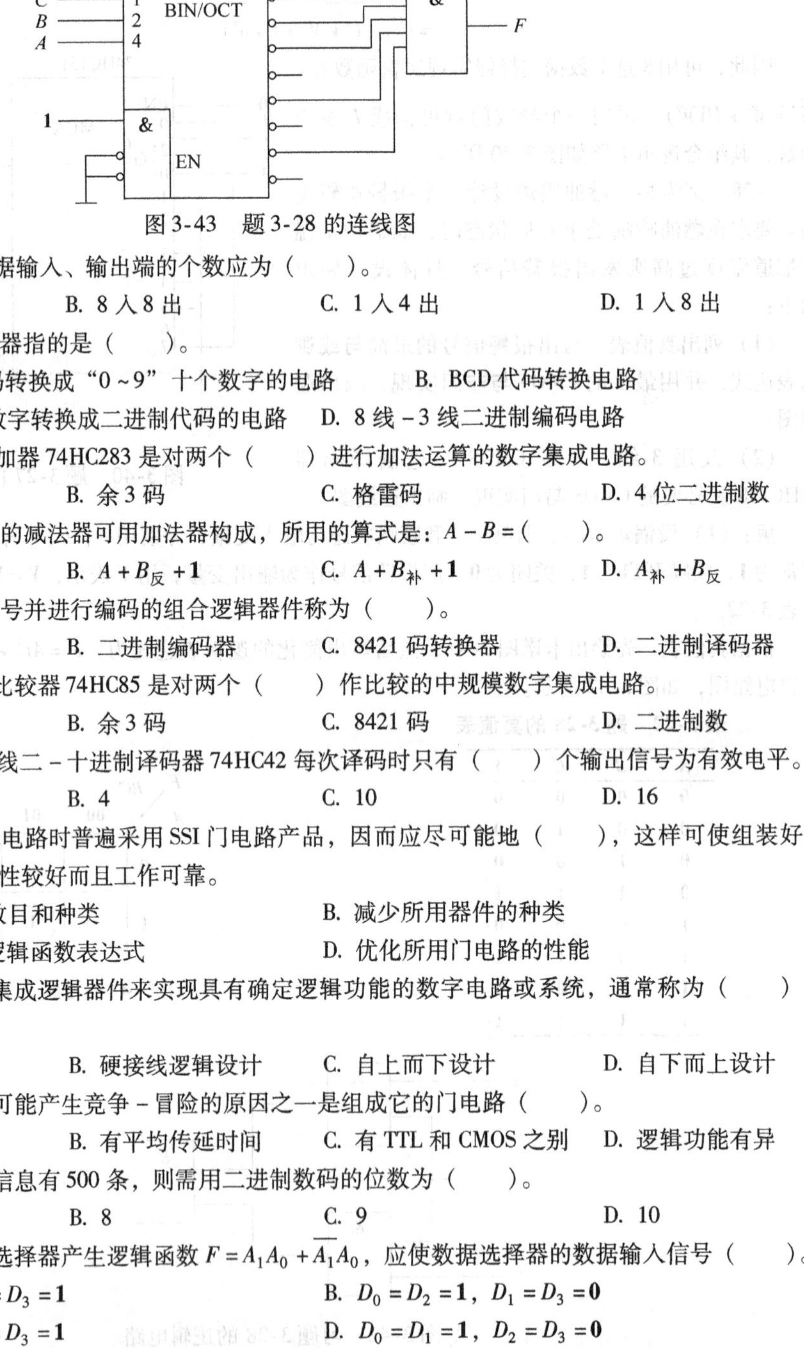

图 3-43　题 3-28 的连线图

（2）8 路分配器的数据输入、输出端的个数应为（　　）。

A. 4 入 4 出　　B. 8 入 8 出　　C. 1 入 4 出　　D. 1 入 8 出

（3）二 - 十进制编码器指的是（　　）。

A. 将二 - 十进制代码转换成“0 ~ 9”十个数字的电路　　B. BCD 代码转换电路

C. 将“0 ~ 9”十个数字转换成二进制代码的电路　　D. 8 线 - 3 线二进制编码电路

（4）4 位超前进位全加器 74HC283 是对两个（　　）进行加法运算的数字集成电路。

A. 8421 码　　B. 余 3 码　　C. 格雷码　　D. 4 位二进制数

（5）算术运算电路中的减法器可用加法器构成，所用的算式是：$A-B=$（　　）。

A. $A+B_{反}$　　B. $A+B_{反}+\mathbf{1}$　　C. $A+B_{补}+\mathbf{1}$　　D. $A_{补}+B_{反}$

（6）识别优先级别信号并进行编码的组合逻辑器件称为（　　）。

A. 优先编码器　　B. 二进制编码器　　C. 8421 码转换器　　D. 二进制译码器

（7）CMOS 4 位数值比较器 74HC85 是对两个（　　）作比较的中规模数字集成电路。

A. 5421 码　　B. 余 3 码　　C. 8421 码　　D. 二进制数

（8）CMOS 4 线 - 10 线二 - 十进制译码器 74HC42 每次译码时只有（　　）个输出信号为有效电平。

A. 1　　B. 4　　C. 10　　D. 16

（9）在设计组合逻辑电路时普遍采用 SSI 门电路产品，因而应尽可能地（　　），这样可使组装好的电路结构紧凑，不但经济性较好而且工作可靠。

A. 减少所用器件的数目和种类　　B. 减少所用器件的种类

C. 简化所用器件的逻辑函数表达式　　D. 优化所用门电路的性能

（10）用不同规模的集成逻辑器件来实现具有确定逻辑功能的数字电路或系统，通常称为（　　）的方法。

A. EDA　　B. 硬接线逻辑设计　　C. 自上而下设计　　D. 自下而上设计

（11）组合逻辑电路可能产生竞争 - 冒险的原因之一是组成它的门电路（　　）。

A. 数目上有别　　B. 有平均传延时间　　C. 有 TTL 和 CMOS 之别　　D. 逻辑功能有异

（12）若所需编码的信息有 500 条，则需用二进制数码的位数为（　　）。

A. 7　　B. 8　　C. 9　　D. 10

（13）用 4 选 1 数据选择器产生逻辑函数 $F=A_1A_0+\overline{A_1}A_0$，应使数据选择器的数据输入信号（　　）。

A. $D_0=D_2=\mathbf{0}$，$D_1=D_3=\mathbf{1}$　　B. $D_0=D_2=\mathbf{1}$，$D_1=D_3=\mathbf{0}$

C. $D_0=D_1=\mathbf{0}$，$D_2=D_3=\mathbf{1}$　　D. $D_0=D_1=\mathbf{1}$，$D_2=D_3=\mathbf{0}$

（14）在以下电路中，（　　）加以适当的逻辑门电路，适宜于连接成其他的组合逻辑电路。

A. 二进制编码器　　B. 二进制译码器　　C. 数值比较器　　D. 7 段字形译码显示器

参考答案：（1）D；（2）D；（3）C；（4）D；（5）B；（6）A；（7）D；（8）A；（9）A；（10）B；（11）B；（12）C；（13）A；（14）B。

第 4 章　锁存器和触发器

4.1　学习指导

锁存器和触发器是数字系统中构成时序逻辑电路的基本部件，它们具有记忆功能，负责将数字电路和数字系统的 **0**、**1** 二值信号保存起来。但由于不同种类的锁存器和触发器的逻辑功能有异，在电路结构和触发方式上各有特点，所以在分析它们的逻辑功能时，既要考虑具体触发方式，也要采用列功能表、特性方程和画波形图的方法，以研究输出状态、输入信号和触发信号之间的关系。锁存器和触发器的主要特点是：①具有两个能够自动保持的稳定状态，用来存储数据 **0** 或数据 **1**；②在输入信号作用下，它们的两个逻辑状态之间可以相互转换；③输入信号不变或撤去后，它们能将所存数据长久保存。

1. 几种主要的锁存器和触发器

几种主要的锁存器和触发器的结构、逻辑符号和逻辑功能比较见表 4-1。

表 4-1　几种主要的锁存器和触发器的结构、逻辑符号和逻辑功能比较

名称	结构	逻辑符号	动作特点
基本 SR 锁存器	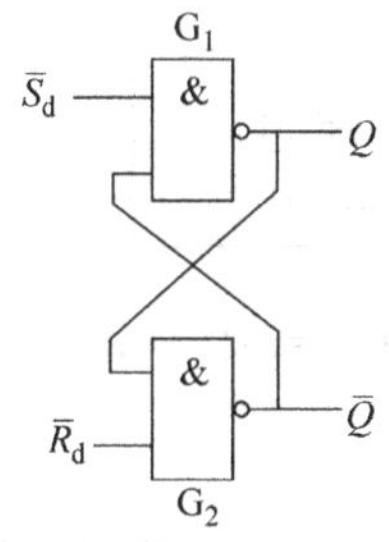 用与非门构成的基本 SR 锁存器	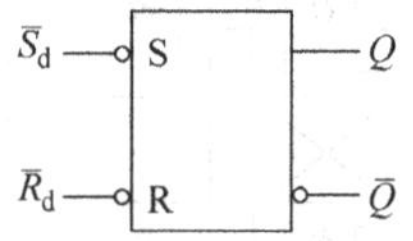 $\begin{cases} Q^{n+1}=f(\overline{S}_d,\overline{R}_d,Q^n)=S_d+\overline{R}_dQ^n \\ S_dR_d=\mathbf{0}\text{（约束条件）} \end{cases}$	输入信号在任意时刻直接改变输出状态，功能是置 **1**、置 **0**，有不定状态，但为其他复杂的触发器的基本组成部分
	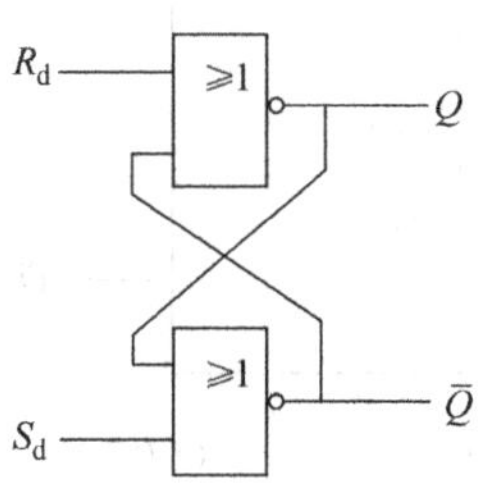 由或非门构成的基本 SR 锁存器	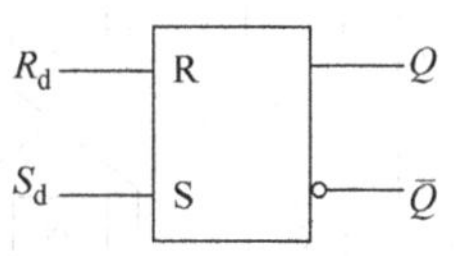 $\begin{cases} Q^{n+1}=f(S_d,R_d,Q^n)=S_d+\overline{R}_dQ^n \\ S_dR_d=\mathbf{0}\text{（约束条件）} \end{cases}$	

（续）

名称	结构	逻辑符号	动作特点
门控SR锁存器	G3 G1 S & Q_3 & Q CP & & R Q_4 Q̄ G4 G2	S 1S Q CP C1 R 1R Q̄ $\begin{cases} CP=\mathbf{0}\text{ 时}, Q^{n+1}=Q^n \\ CP=\mathbf{1}\text{ 时}\begin{cases}Q^{n+1}=S+\bar{R}Q^n\\ SR=\mathbf{0}\text{（约束条件）}\end{cases}\end{cases}$	门控 SR 锁存器存在着不确定和空翻的状况，许多集成锁存器和触发器都是由这种锁存器构成的
主从SR触发器	G9 1 $\overline{CP}$ G7 G5 G3 G1 S Q′ Q CP Q̄ R Q̄′ G8 G6 G4 G2 主触发器 从触发器	S 1S ⌐ Q CP C1 R 1R ⌐ Q̄	当 *CP* 由 **1** 变 **0** 后，根据 *CP* = **1** 期间 *S*、*R* 的状态来触发翻转。“⌐”表示延迟输出
主从JK触发器	G9 1 $\overline{CP}$ G7 G5 G3 G1 J Q′ Q CP K Q̄′ Q̄ G8 G6 G4 G2 R	J 1J ⌐ Q CP C1 K 1K ⌐ Q̄ $Q^{n+1}=J\overline{Q^n}+\bar{K}Q^n$	当 *CP* 下降沿到来后触发翻转，有效避免了“不定”状况和空翻，但存在一次变化问题，降低了抗干扰能力
维持-阻塞D触发器	$\bar{S}_d$ ① G5 G3 G1 Q ④ ③ D G6 G4 G2 Q̄ ② CP $\bar{R}_d$	S C1 1D R Q Q̄ $Q^{n+1}=D$　　（$CP\uparrow$）	触发器的输出状态仅取决于 *CP* 脉冲上升沿到达时输入信号 *D* 的状态，而无论 *CP* = **1** 期间还是 *CP* = **0** 期间，输入状态都对输出状态无影响

（续）

名称	结构	逻辑符号	动作特点
边沿JK触发器	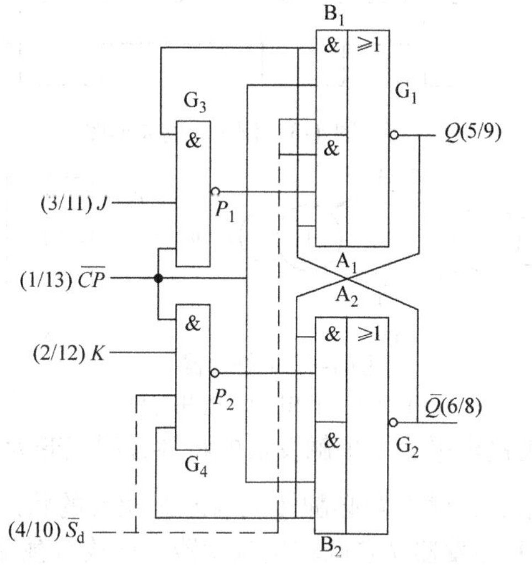 B_1 G_1 G_3 & ≥1 $Q(5/9)$ (3/11) J P_1 A_1 (1/13) $\overline{CP}$ A_2 (2/12) K P_2 $\overline{Q}(6/8)$ G_2 G_4 (4/10) $\overline{S}_d$ B_2	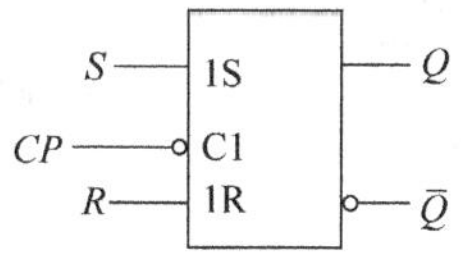 S 1S Q CP C1 R 1R $\overline{Q}$ $Q^{n+1}=J\overline{Q^n}+\overline{K}Q^n$ （$CP\downarrow$）	在时钟脉冲的上升沿或下降沿接收输入信号，并改变输出状态，因而抗干扰能力较强

例 4-1 在用两个**与非**门构成的基本 SR 锁存器中，已知输入信号波形如图 4-1 上方所示，设该锁存器的初始状态 $Q_{初}=\mathbf{0}$，试画出输出 Q 及$\overline{Q}$的波形图。

解：依据两个**与非**门构成的基本 SR 锁存器的功能表（或特性方程或状态转换图）可以画出 Q、$\overline{Q}$ 的波形，如图 4-1 下方所示。**注意**：当 $\overline{S}_d=\overline{R}_d=\mathbf{0}$ 时，$Q=\overline{Q}=\mathbf{1}$，而当 $\overline{S}_d$和 $\overline{R}_d$同时撤去（回到 **1**）时，触发器状态是 **1**、是 **0** 将不能确定，因此称为**不定状态“Φ”**。注意：为了将**不定状态**与 **1** 态和 **0** 态区别开来，“**Φ**”在波形图上用阴影线表示。

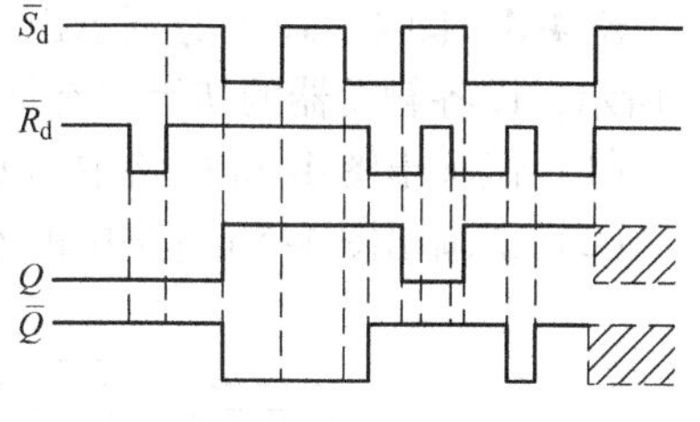

图 4-1　例 4-1 的波形图

例 4-2 如图 4-2a 所示为边沿 D 触发器电路，其输入时钟脉冲 CP 及 D 信号波形如图 4-2b 所示。试画出对应的 Q 端的波形图。设触发器的初态为 **0**。

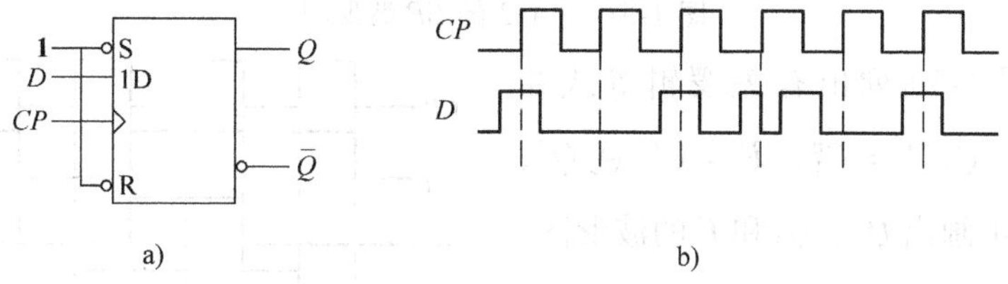

图 4-2　例 4-2 的电路和输入波形图

解：题中 D 触发器的触发方式为上升沿触发，其次态取决于该时刻的输入信号 D。第一个时钟脉冲到来时，$D=\mathbf{1}$，Q 由 **0** 变为 **1**；同理可知，在其他脉冲上升沿 Q 的波形如图 4-3 所示。

2. T 触发器和 T′触发器

将集成 JK 触发器的输入端 J 端和 K 端连在一起，并令其为 T，便构成了 T 触发器，这

种触发器 $T=1$ 时，每来一个 CP 脉冲，它的状态翻转一次；而当 $T=0$，且 CP 脉冲到来后，触发器状态保持不变。它的功能表见表 4-2，特性方程为 $Q^{n+1}=T\overline{Q^n}+\overline{T}Q^n$ ($CP\downarrow$)。图 4-4 是 T 触发器的状态转换图和逻辑符号。

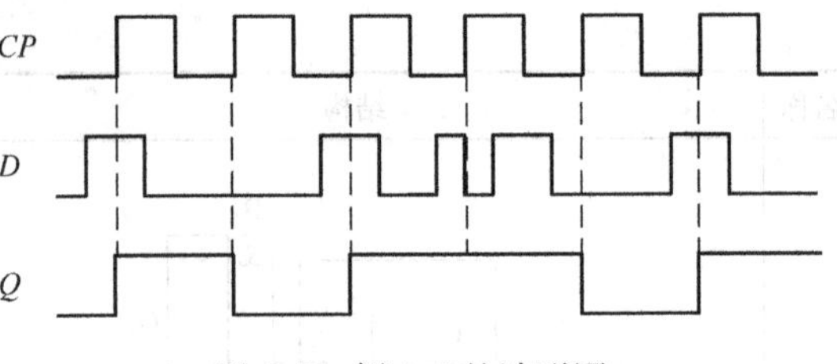

图 4-3　例 4-2 的波形图

表 4-2　T 触发器功能表

T	Q^n	Q^{n+1}
0	**0**	**0**
0	**1**	**1**
1	**0**	**1**
1	**1**	**0**

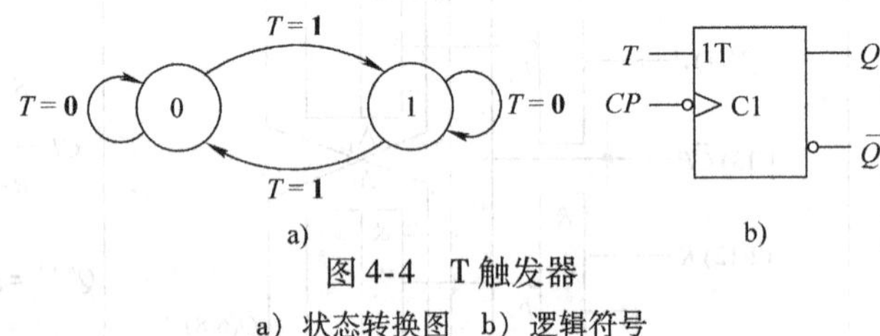

图 4-4　T 触发器

a）状态转换图　b）逻辑符号

若将上述 T 触发器的输入端 T 接至固定的高电平，则 T 触发器的特性方程就变为 $Q^{n+1}=T\overline{Q^n}+\overline{T}Q^n=\overline{Q^n}$，该式表示每当 CP 信号作用后，触发器必翻转成与现态相反的状态。工程技术中把这种接法的触发器称为 T′触发器。T′触发器又名翻转型触发器、计数型触发器，将在第 5 章用来组成计数器。

例 4-3　图 4-5a、b 分别示出了触发器和逻辑门构成的脉冲分频电路，CP 脉冲如图 4-5c 所示，设各触发器的初始状态均为 **0**。

（1）试画出图 4-5a 电路中的 Q_1、Q_2 和 F 的波形；

（2）试画出图 4-5b 电路中的 Q_3、Q_4 和 Y 的波形。

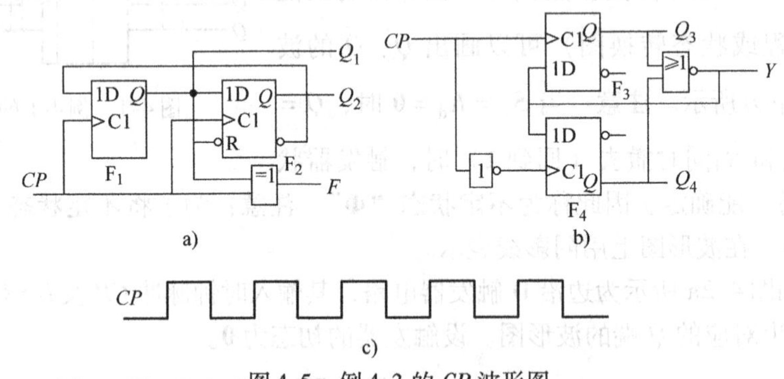

图 4-5　例 4-3 的 CP 波形图

解：根据图 4-5a 列出有关逻辑等式如下：$Q_1^{n+1}=\overline{Q}_2^n$，$Q_2^{n+1}=Q_1^n$，$F=CP\oplus Q_1^n$，$\overline{R}_{d2}=Q_1^n$。据此可画出 Q_1、Q_2 和 F 的波形图，图 4-6。

图 4-5b 列出逻辑等式：$Q_3^{n+1}=\overline{\overline{Q_3^n}\,\overline{Q_4^n}}$，$Q_4^{n+1}=\overline{Q_3^n}\,\overline{Q_4^n}$，$Y=\overline{Q_3^n}\,\overline{Q_4^n}$

$CP_3=CP$ ($CP\uparrow$)，$CP_4=CP$ ($CP\uparrow$)，可画出 Q_3、Q_4 和 Y 的波形图，如图 4-6 所示。

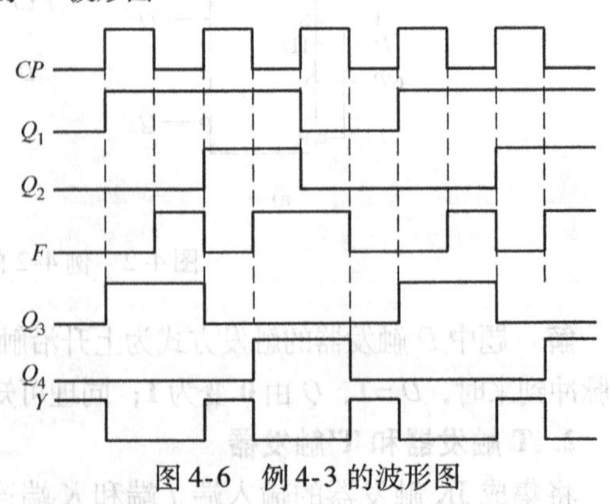

图 4-6　例 4-3 的波形图

4.2　习题 4 解答

4-1　由两个**与非**门首尾交叉连接所构成的基本 SR 锁存器，其输入端 $\overline{S}_d$ 和 $\overline{R}_d$ 之间的约束条件是什么？若违反约束条件时，输出端 Q、$\overline{Q}$ 会出现什么情况？

解：由两个**与非**门组成的基本 SR 锁存器的 $\overline{S}_d$ 和 $\overline{R}_d$ 之间的约束条件是：不允许 $\overline{S}_d$ 和 $\overline{R}_d$ 同时为 **0**。当违反约束条件，即 $\overline{S}_d=\overline{R}_d=\mathbf{0}$ 时，Q、$\overline{Q}$ 端将同时为 **1**。对于基本存储单元来说，这既不是 **0** 状态，又不是 **1** 状态，故没有意义。

4-2　(1) 试画出用两个**或非**门构成的基本 SR 锁存器的逻辑电路图，并列出其功能表，写出特性方程式；

(2) 试问该基本 SR 锁存器的输入端 S_d 和 R_d 之间是否也有约束？若违反约束条件时，输出端 Q、$\overline{Q}$ 会出现什么情况？

解：(1) 由**或非**门组成的基本 SR 锁存器，R_d 对应输出端 Q，S_d 对应输出端 $\overline{Q}$。它的逻辑图和功能表分别如图 4-7 和表 4-3 所示。

(2) R_d 和 S_d 之间也要有约束条件，即不允许 $R_d=S_d=\mathbf{1}$，否则输出 Q、$\overline{Q}$ 端会同时出现低电平。根据表 4-3，得到特性方程为：$\begin{cases} Q^{n+1}=f(S_d, R_d, Q^n)=S_d+\overline{R}_dQ^n \\ S_dR_d=\mathbf{0}\ (\text{约束条件}) \end{cases}$。

表 4-3　习题 4-2 功能表

R_d	S_d	Q^n	Q^{n+1}
0	**0**	**0**	**0**
0	**0**	**1**	**1**
0	**1**	**0**	**1**
0	**1**	**1**	**1**
1	**0**	**0**	**0**
1	**0**	**1**	**0**
1	**1**	**0**	ϕ
1	**1**	**1**	ϕ

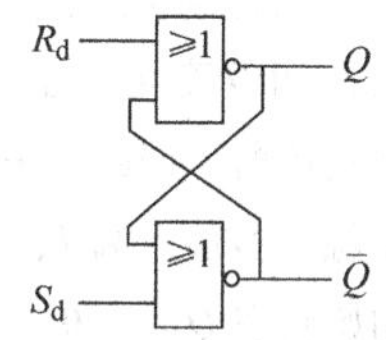

图 4-7　两个**或非**门组成的基本 SR 锁存器

4-3　门控 SR 锁存器和基本 SR 锁存器的主要区别是什么？

解：门控 SR 锁存器是在基本 SR 锁存器的基础上构成的，具体结构是在基本 SR 锁存器中增加了引导控制门，利用 CP 信号控制触发器的翻转。它不但与基本 SR 锁存器一样会出现不定状态，而且用它进行计数时会出现空翻现象。

4-4　在图 4-8 中，图 4-8a 是逻辑电路图，图 4-8b 是输入信号 A、B、C 的波形图，试画出其输出端 Q 及 $\overline{Q}$ 的波形图。设触发器初始状态 $Q_{初}$ 为 **0**。

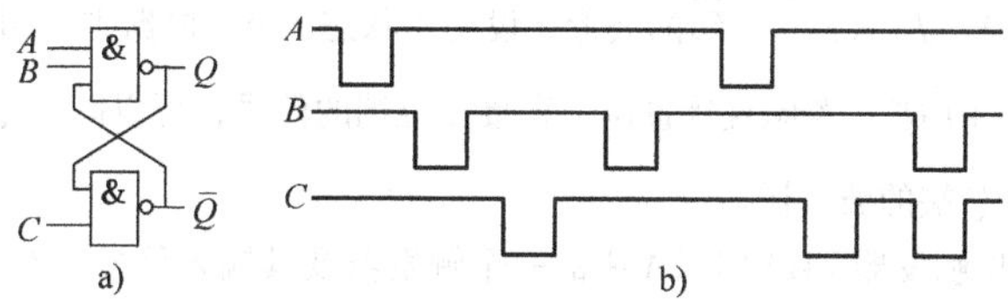

图 4-8　习题 4-4 的图

a) 逻辑电路图　b) 输入信号 A、B、C 的波形图

解：此为用**与非**门组成的基本 SR 锁存器，其中置位输入端 $\overline{S}_d = AB$，复位输入端 $\overline{R}_d = C$。解题步骤：先画出 $\overline{S}_d$ 的波形，然后根据 $\overline{S}_d = AB$、$\overline{R}_d = C$ 的信号波形画出 Q 及 $\overline{Q}$ 端的波形，如图 4-9 所示。

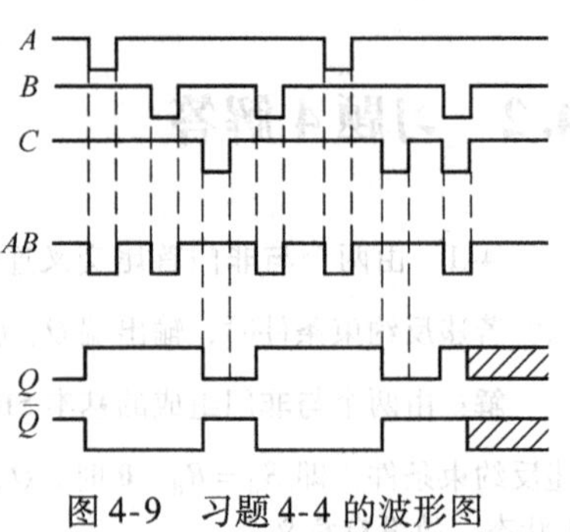

图 4-9　习题 4-4 的波形图

4-5　一种消除门控 SR 锁存器不确定状态的锁存器电路如图 4-10 所示。它是在**与非**门构成的门控 SR 锁存器的基础上，加上**非**门 G_5 组成的。**注意**：S 和 R 两个输入端之间连接了 G_5，从而满足了 S 和 R 不同为 **1** 的约束条件。由于它只有两个输入端：数据输入 D 和时钟脉冲 CP，所以被称为门控 D 锁存器。试分析其工作状况，并将分析结果填入表 4-4 内。

表 4-4　门控 D 锁存器的功能表

CP	D	Q	$\overline{Q}$	功能
0	**Φ**			
1	**0**			
1	**1**			

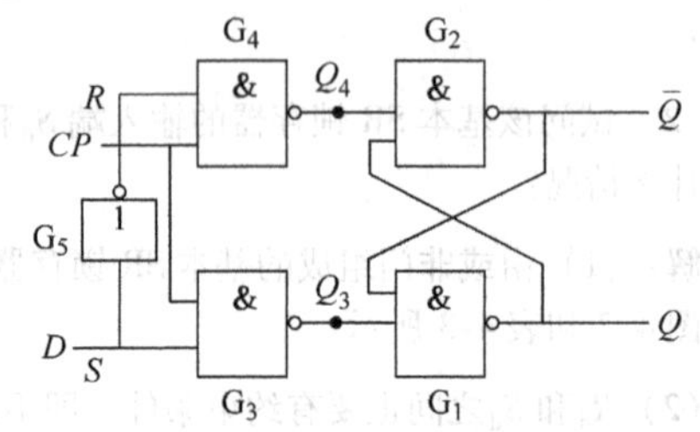

图 4-10　门控 D 锁存器电路

解：当 $CP=\mathbf{0}$ 时，G_3、G_4 输出均为 **0**，使 G_1、G_2 组成的基本 SR 锁存器处于保持状态，此时无论 D 信号如何变化，输出 Q 和 $\overline{Q}$ 均保持不变。当 $CP=\mathbf{1}$ 时，如果 $D=\mathbf{0}$，无论基本 SR 锁存器原来状态如何，都将使 $Q=\mathbf{0}$，$\overline{Q}=\mathbf{1}$；反之，则将锁存器置为 **1** 状态。如果 D 信号在 $CP=\mathbf{1}$ 期间发生变化，电路提供的信号路径将使 Q 端信号跟随 D 变化。在 CP 由 **1** 跳变为 **0** 以后，锁存器将锁存跳变前瞬间 D 端的逻辑值，因而可以暂存 1 位二进制数据。据此可填写分析结果，见表 4-5。

4-6　主从 JK 触发器输入端 J、K、$\overline{S}_d$、$\overline{R}_d$ 及 CP 的波形如图 4-11 所示。试分别画出相应的 Q 和 $\overline{Q}$ 的波形图。设触发器初始状态 $Q_{初}$ 为 **0**。

表 4-5　门控 D 锁存器的功能表

CP	D	Q	$\overline{Q}$	功能
0	**Φ**	不变	不变	保持
1	**0**	**0**	**1**	置 **0**
1	**1**	**1**	**0**	置 **1**

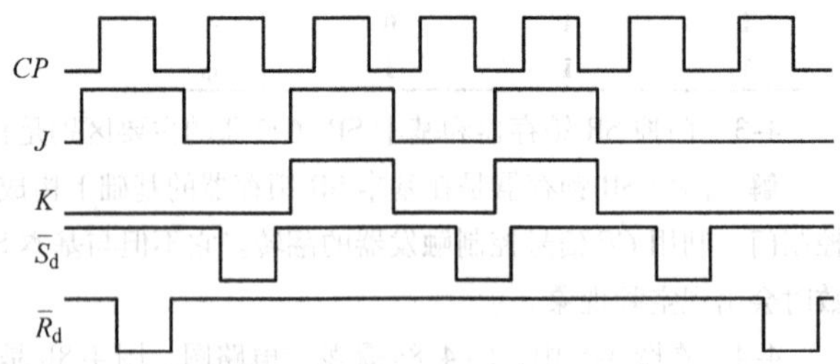

图 4-11　主从 JK 触发器 J、K、$\overline{S_d}$、$\overline{R_d}$ 及 CP 的波形图

解：根据输入信号 CP、J、K、$\overline{S_d}$、$\overline{R_d}$ 的波形，设初始状态为 **0**，根据主从 JK 触发器的下降沿触发方式和特性方程 $Q^{n+1} = J\overline{Q^n} + \overline{K}Q^n$，考虑直接置位、直接复位端的信号，可以画出 Q 端的波形图，如图 4-12 所示。读者可以自行画出 $\overline{Q}$ 端的波形图。

4-7　CMOS 双边沿 JK 触发器 74LVC112A 中的一个触发器及其输入信号 CP、J、K 的波形，如图 4-13 所示。设此触发器初始状态为 **0**，试画出 Q 和 $\overline{Q}$ 的波形图。已知时钟脉冲频率 $f_{CP}=3\text{kHz}$，求触发器输出信号的频率 $f_Q=$？

解：这是下降沿触发的边沿 JK 触发器，当 CP 为 **0**、上升沿和 **1** 时输入信号 J、K 都不起作用，只有当

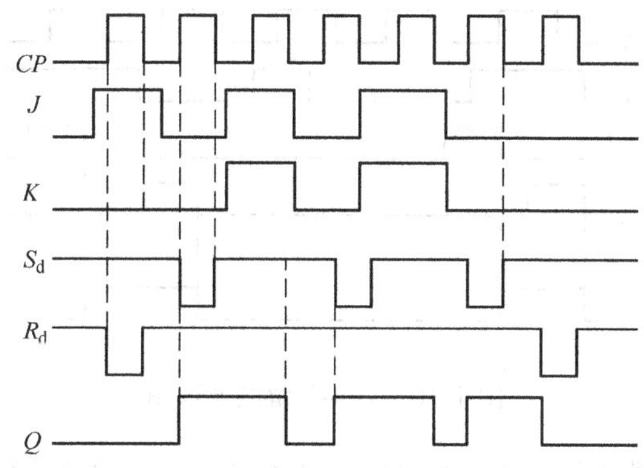

图4-12　题4-6的波形图

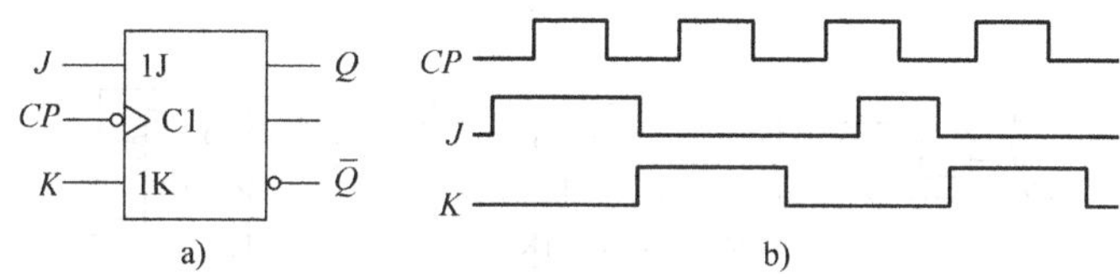

图4-13　习题4-7图

a）逻辑符号图　b）CP、J、K端输入的波形图

CP准确无误地为下降沿时触发器才按照下列特性方程更新状态：$Q^{n+1}=J\overline{Q^n}+\overline{K}Q^n$。

现根据输入信号CP、J、K的波形图，设初始状态为0，画出Q、$\overline{Q}$的波形图，如图4-14所示。

根据波形图上CP脉冲周期和输出脉冲的周期之间的关系，求出触发器输出信号的频率$f_Q=f_{CP}/2=1.5\text{kHz}$。

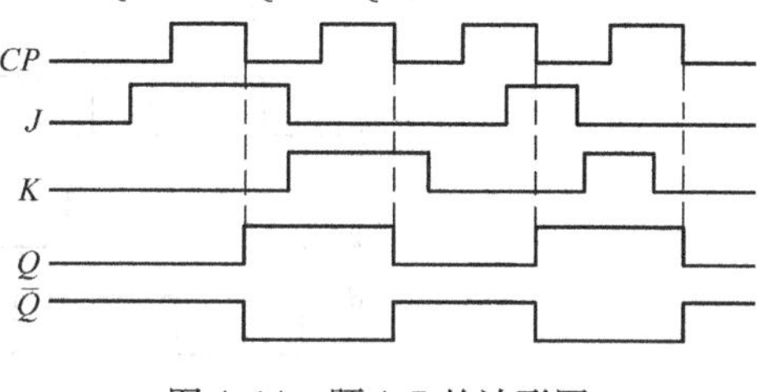

图4-14　题4-7的波形图

4-8　集成双CMOS边沿D触发器CC4013中的一个触发器及其输入信号CP、D、R_d、S_d波形，如图4-15所示。设该边沿D触发器的初始状态为**0**，试画出其Q端的波形图。

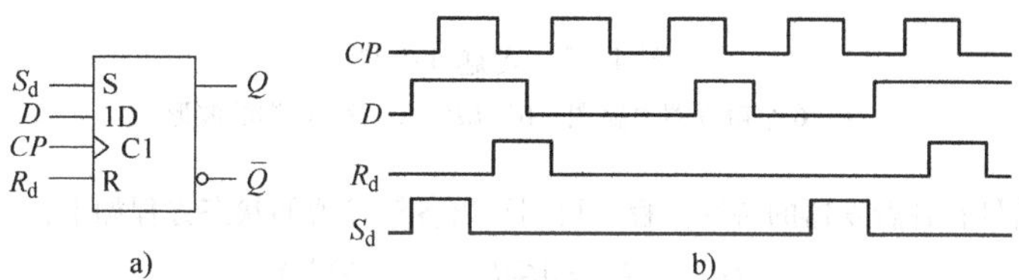

图4-15　习题4-8图

a）逻辑符号图　b）CP、D、R_d、S_d的波形图

解： 图4-15a中S_d、R_d分别为直接置位端和直接复位端。当$R_d=\mathbf{1}$、$S_d=\mathbf{0}$时，无论CP和D取值如何，触发器复位，$Q=\mathbf{0}$；当$R_d=\mathbf{0}$，$S_d=\mathbf{1}$时，无论CP和D取值如何，触发器置位，$Q=\mathbf{1}$；当$R_d=S_d=\mathbf{0}$时，在CP上升沿到来时，将根据D端的输入状态，决定触发器的状态。现按照CP、D、S_d、R_d输入端的波形，初始状态为**0**，画出Q的波形图如图4-16所示。

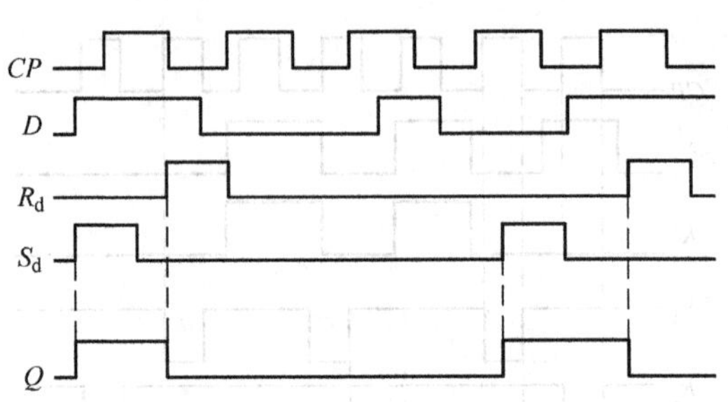

图 4-16　题 4-8 解的波形图

4-9　图 4-17a 所示各触发器均为边沿触发器，其 CP、A、B、C 的波形图如图 4-17b 所示，试分别写出各触发器次态 Q^{n+1}的逻辑表达式，并注明触发方式（$CP\downarrow$ 或 $CP\uparrow$）。设各触发器初态均为 **0**，试画出各触发器 Q 端的波形图。

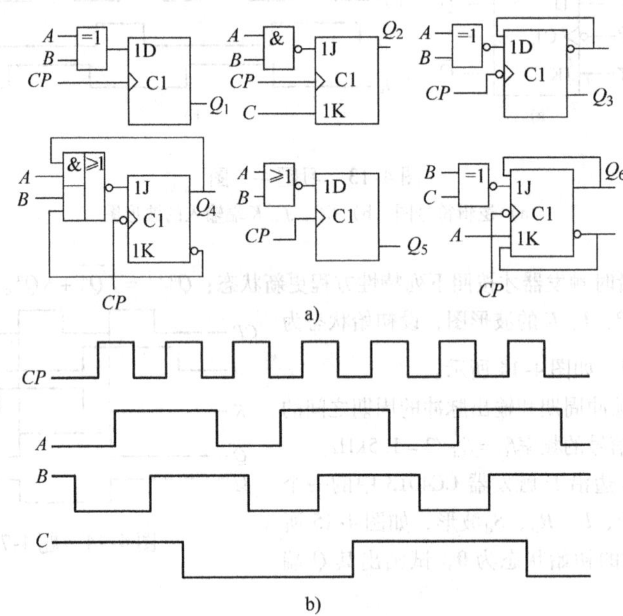

图 4-17　习题 4-9 图

a）6 个触发器电路图　b）CP、A、B、C 端的波形

解：根据输入信号和各触发器的特性方程，可列写出各触发器的状态方程如下：

$$Q_1^{n+1} = D_1 = A \oplus B \qquad (CP\uparrow)$$

$$Q_2^{n+1} = J\overline{Q_2^n} + \overline{K}Q_2^n = \overline{AB}\,\overline{Q_2^n} + \overline{C}Q_2^n \qquad (CP\uparrow)$$

$$Q_3^{n+1} = D_3 = \overline{A \oplus B}\,\overline{Q_3^n} \qquad (CP\downarrow)$$

$$Q_4^{n+1} = J\overline{Q_4^n} + \overline{K}Q_4^n = \overline{AQ_4^n + B\overline{Q_4^n}}\,\overline{Q_4^n} \qquad (CP\downarrow)$$

$$Q_5^{n+1} = D_5 = \overline{A + B} \qquad (CP\uparrow)$$

$$Q_6^{n+1} = J\overline{Q_6^n} + \overline{K}Q_6^n = (B \oplus C)\,Q_6^n\,\overline{Q_6^n} + \overline{A\overline{Q_6^n}}\,Q_6^n = Q_6^n \qquad (CP\downarrow)$$

根据上列各触发器的次态方程，画出其 Q 端的波形图，如图 4-18 所示。

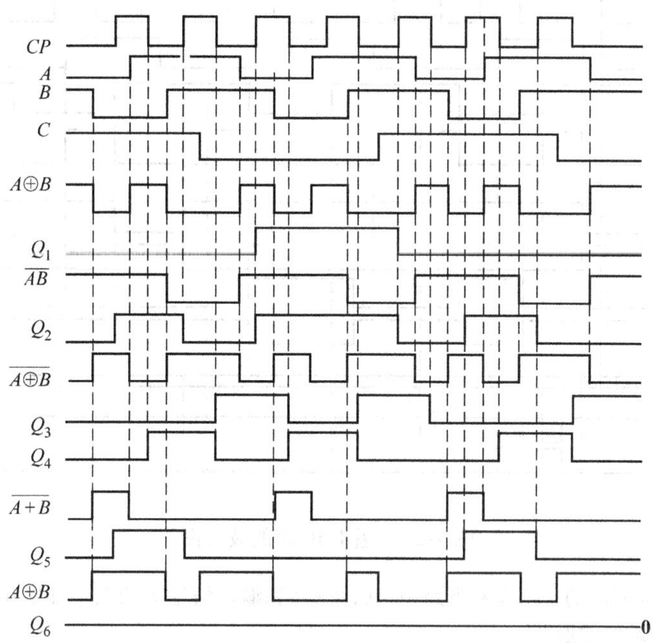

图4-18 习题4-9解的波形图

4-10 图4-19a 中的 F_1、F_2是 CMOS 边沿触发器，F_3、F_4是 TTL 边沿触发器，*CP* 及 *A*、*B*、*C* 信号波形如图4-19b 所示。设各触发器的初始状态均为**0**，试画出各触发器输出端 *Q* 的波形图。

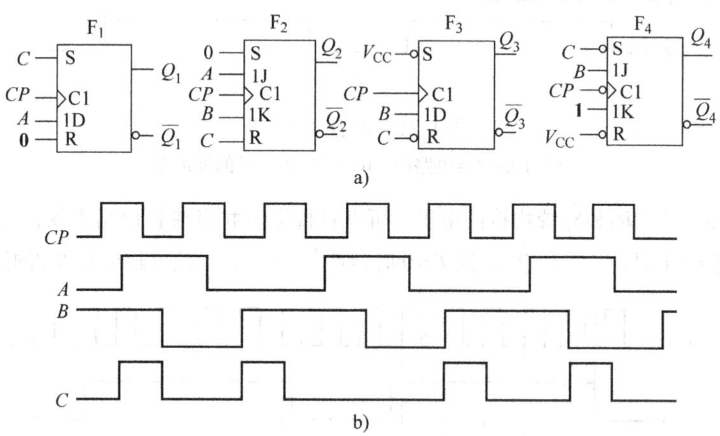

图4-19 习题4-10图

a）4个触发器的电路图 b）*CP*、*A*、*B*、*C* 端的波形图

解：F_1、F_2是 CMOS 边沿触发器，R_d、S_d端没有小圆圈，表示以高电平完成直接复位和直接置位功能；S_d接低电平时直接置位端不起作用。

F_3、F_4是 TTL 边沿触发器，$\overline{R}_d$、$\overline{S}_d$端有小圆圈，表示用低电平完成直接复位和直接置位的功能，将$\overline{R}_d$、$\overline{S}_d$端接高电平时，直接复位和直接置位无效。据此画出各触发器 *Q* 的波形图，如图4-20 所示。

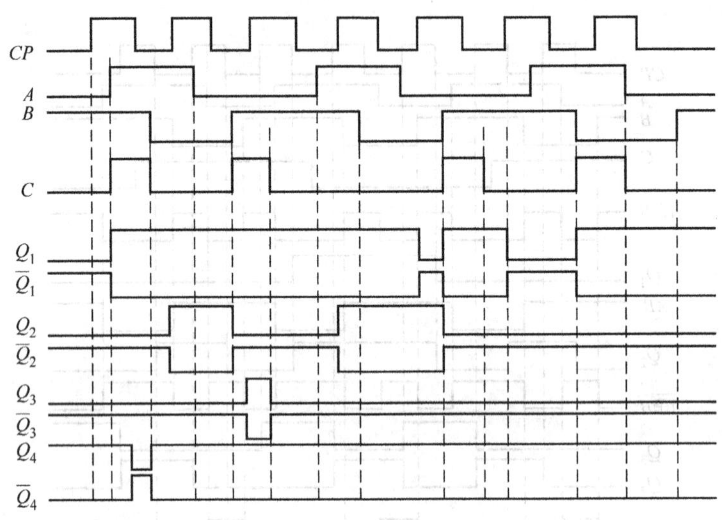

图 4-20　题 4-10 解的波形图

4-11　在图 4-21a 所示的 T 触发器电路中，已知 *CP* 和输入信号 *T* 的波形如图 4-21b 所示。设初始状态为 **0**，试画出 *Q* 和 $\overline{Q}$ 端的波形图。

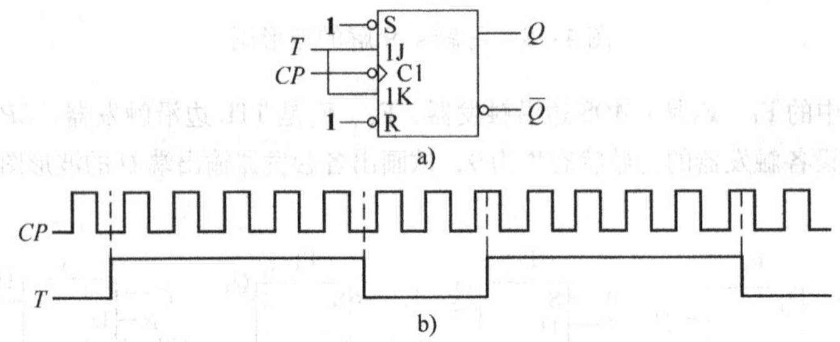

图 4-21　习题 4-11 图

a）T 触发器电路图　b）*CP*、*T* 信号的波形图

解：由于 JK 触发器的 $\overline{R}_d$ 和 $\overline{S}_d$ 端均接高电平，所以直接复位和直接置位端无效，可以不考虑其作用。对于 T 触发器，当 $T=\mathbf{1}$ 时，$Q^{n+1} = \overline{Q^n}$，当 $T=\mathbf{0}$ 时，$Q^{n+1} = Q^n$，由此可画出 *Q* 及 $\overline{Q}$ 的波形，见图 4-22。

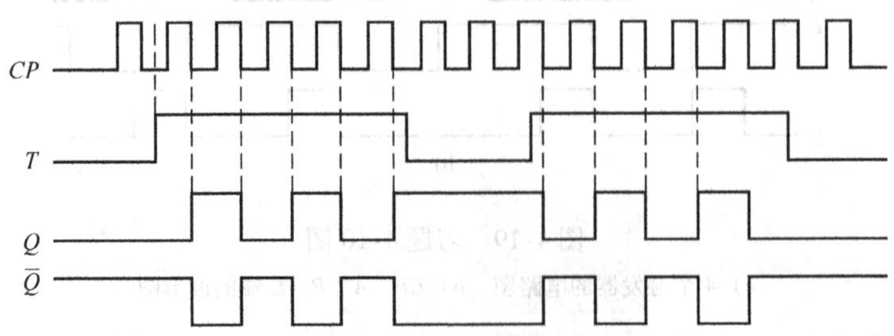

图 4-22　习题 4-11 解的波形图

4-12　试列表归纳出基本 SR 锁存器（用两个**与非**门构成）、门控 SR 锁存器、主从 JK 触发器和维持－阻塞 D 触发器的逻辑符号、功能表、特性方程和触发方式。

解：请仿照表 4-1：几种主要触发器结构和逻辑功能的比较，自行列表解题。注意适当增减内容。

4-13 对于图4-23a所示电路，设初始状态 $Q_{1初}=Q_{2初}=\mathbf{0}$，CP、A 信号的波形如图4-23b所示，试画出 Q_1、Q_2 信号的波形图。

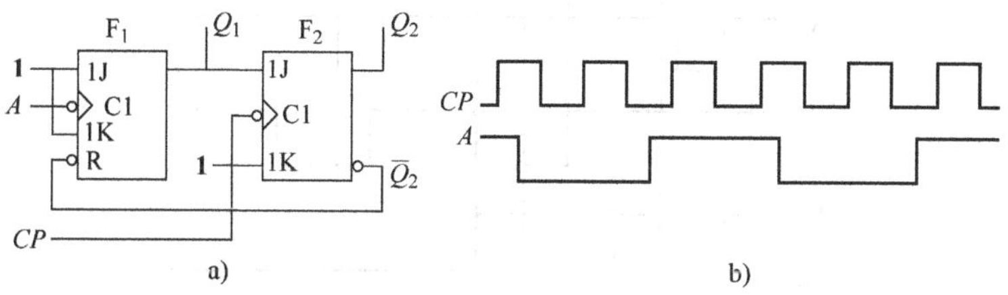

图4-23 习题4-13图

a）两个触发器组成的电路图 b）CP、A 的波形图

解：图4-23a中有两个触发器 F_1、F_2，其中根据 F_1 输入端可列出：$CP_1=A$，$J=K=\mathbf{1}$。

所以 F_1 的次态方程为：$Q_1^{n+1}=\overline{Q_1^n}$，且直接复位信号：$\overline{R}_d=\overline{Q_2^n}$。

此外，在 F_2 输入端亦可列出：$CP_2=CP$，$K=\mathbf{1}$，$J=Q_1^n$

所以 F_2 的次态方程为：$Q_2^{n+1}=Q_1^n\overline{Q_2^n}$。

因为两个触发器的状态翻转均发生在时钟信号下降沿到来时刻，所以根据触发器的次态方程和直接复位信号，可以画出 Q_1、Q_2 的波形图，如图4-24所示。

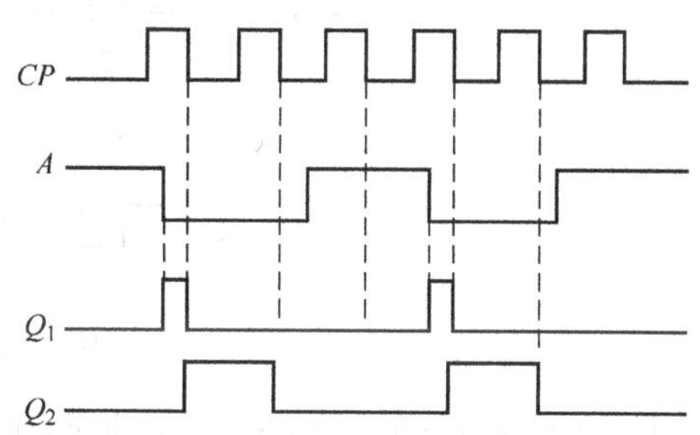

图4-24 习题4-13解的波形图

4-14 如图4-25a所示电路，设初始状态 $Q_{1初}=Q_{2初}=\mathbf{1}$，其输入信号 D、$\overline{R}_d$ 和 CP 的波形见图4-25b，试画出 Q_1 和 Q_2 信号的波形图。

解：图4-25a中信号对两个触发器都有清零功能，两个触发器虽然共用一个时钟信号，但需要注意的是：F_1 为D触发器，F_2 为JK触发器，它们的状态翻转发生在时钟信号的不同时刻（F_1 对应上升沿到来，F_2 对应下降沿到来时刻）。据此可以列出次态方程和触发翻转的条件如下：

F_1：D 信号为已知，则 $Q_1^{n+1}=D\,(CP\uparrow)$；

F_2：$K=\mathbf{1}$，$J=Q_1^n$，则 $Q_2^{n+1}=Q_1^n\overline{Q_2^n}\,(CP\downarrow)$。

于是，可以将 Q_1、Q_2 的波形画于图4-26中。

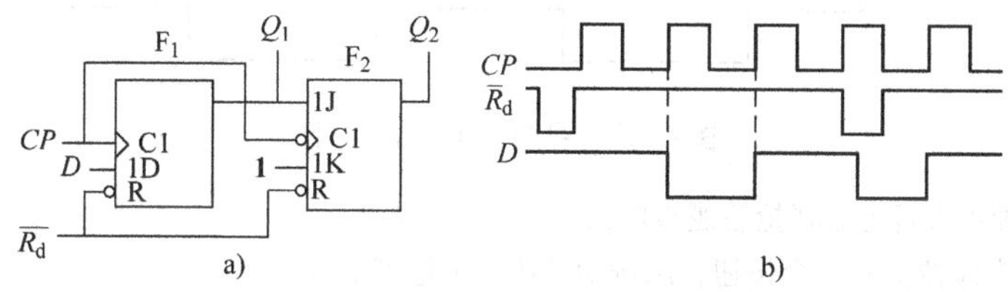

图4-25 习题4-14图

a）两个触发器组成的电路图 b）CP、$\overline{R}_d$、D 的波形图

4-15 两相脉冲产生电路如图4-27所示，试画出在6个 CP 脉冲作用下 Φ_1 和 Φ_2 的波形图，并说明 Φ_1 和 Φ_2 的时间关系。设各触发器的初始状态均为 $\mathbf{0}$。

解：由图4-27得 Φ_1、Φ_2 的逻辑表达式：$\Phi_1=Q_2^n$，$\Phi_2=Q_1^nQ_2^n+\overline{Q^n}\,\overline{Q_2^n}=Q_1^n\odot Q_2^n$。$\Phi_1$ 和 Φ_2 的波形图如图4-28所示。由波形图可知，Φ_1 超前 Φ_2 一个 CP 周期。

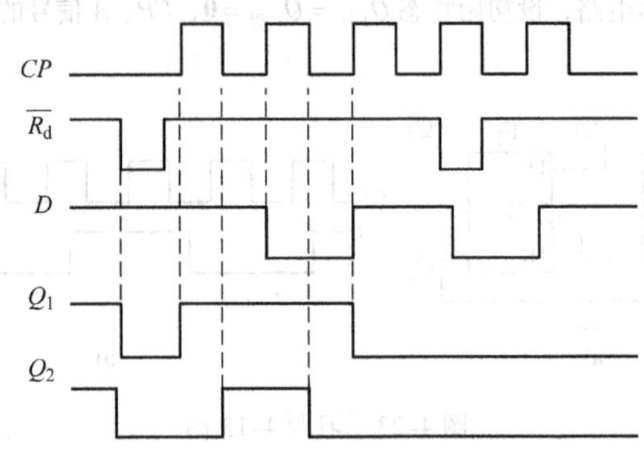

图 4-26　习题 4-14 解的波形图

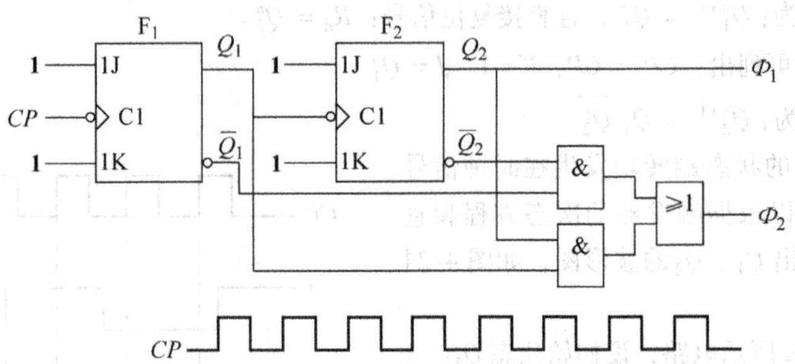

图 4-27　习题 4-15 的电路和 CP 的波形图

两相脉冲产生电路在脉冲功率技术、电子通信系统和电磁脉冲效应研究等领域都有着重要的用途。此两相脉冲通常作为标准的时基信号，用于电子电路的性能试验和参数测试等场合。

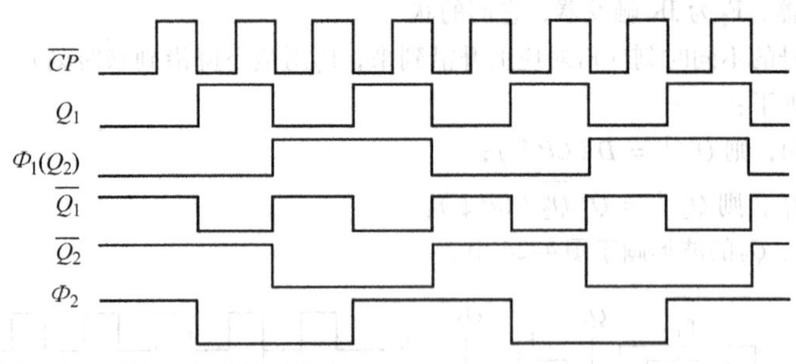

图 4-28　习题 4-15 的波形图

4-16　设计一种 4 人智力竞赛抢答逻辑电路，具体要求如下：

（1）每位参赛者座位前有一个按钮，用按动按钮发出抢答信号；

（2）竞赛主持人另有一个按钮，用于将逻辑电路复位；

（3）竞赛开始后，先按动按钮者将对应的一个发光二极管点亮，此后其他 3 位参赛者再按将不起作用。

解：见图 4-29 所设计的抢答逻辑电路。该电路用 4 个 TTL 维持 - 阻塞 D 触发器、5 个控制按钮、9 个电阻、4 个发光二极管、1 个 TTL 与非门等元器件组成。

在图 4-29 中 A、B、C、D 共 4 个按钮各由一名参赛者控制，而按钮 E 被主持人控制。当 A、B、C、D 任何一个按钮首先按下时，对应的触发器被置 **1**，这一触发器的 $\overline{Q}$ 端随之变为低电平，将与非门 G 封锁，其

余的触发器不再有 CP 信号输入，不可能置**1** 了。以上说明了任一按下按钮的参赛者抢先发出抢答信号。

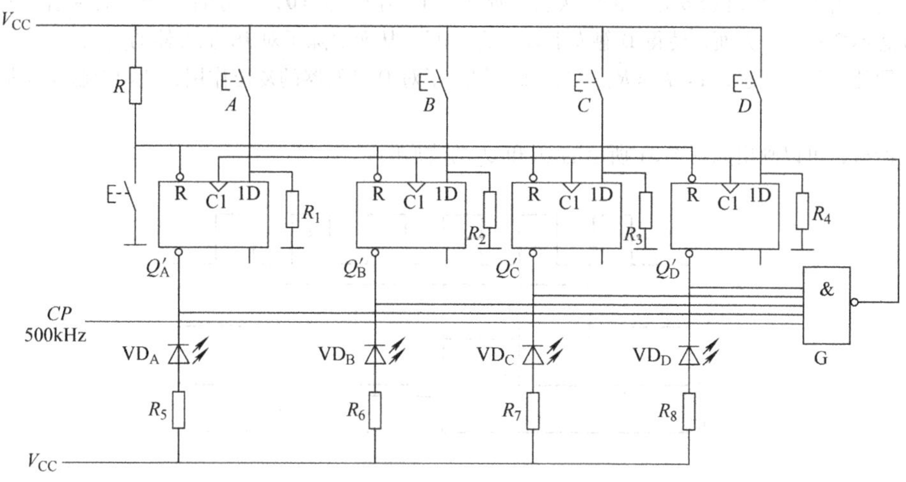

图 4-29　习题 4-16 解的抢答逻辑电路

4-17　图 4-30a 所示是单脉冲发生器电路。操作者每按动一次按钮 SB，该电路中 CMOS 边沿 JK 触发器 F_1 能输出一个定脉宽的脉冲。设 F_2 为 CMOS 边沿 D 触发器，CP 和 A 端波形如电路图下方所示，要求：

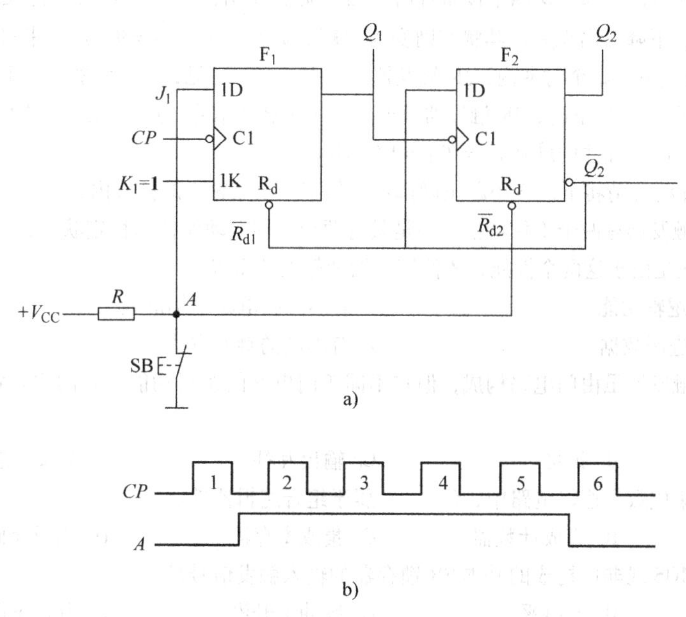

图 4-30　习题 4-17 的波形图

a）单脉冲发生器的电路图　b）CP、A 的波形图

（1）画出 Q_1 和 Q_2 的波形图；

（2）结合所绘时序波形图简述该电路的工作原理；

（3）设时钟脉冲频率 f_{CP} 为 25Hz，试计算 F_1 的 Q_1 端输出的单脉冲的宽度 t_W。

解：（1）见图 4-30a 的单脉冲发生器电路图。该电路用到两个触发器，一个是边沿 JK 触发器 F_1，另一个是边沿 D 触发器 F_2。其中，JK 触发器的时钟信号即为 CP，F_1 的 K_1 固定接高电平“**1**”，J_1 的取值由按钮 SB 的状态决定，复位信号 $\overline{R}_{d1}$ 则由 D 触发器的输出 $\overline{Q_2}$ 提供；而对于 D 触发器来说，由于其 $Q_2^{n+1}=D_2=$

$\overline{Q_2^n}$，可见被接成计数工作方式，另外，其时钟信号由 JK 触发器的输出 Q_1 提供，复位信号 $\overline{R}_{d2}$ 则由按钮 SB 的状态决定。由于平时按钮 SB 处于常闭状态，所以有 $A = J_1 = \overline{R}_{d2} = \mathbf{0}$，一方面 F_1 虽有时钟信号输入，但始终保持 **0** 态不变；另一方面，使得 D 触发器复位为“**0**”，从而解除了对 JK 触发器的复位作用。按钮 SB 一经按下，即处于常开状态，$A = J_1 = \overline{R}_{d2} = \mathbf{1}$，随之解除了对 D 触发器的复位作用，使两个触发器都处于工作状态。

综上所析，可以画出如图 4-31 所示的 Q_1 和 Q_2 的波形图。

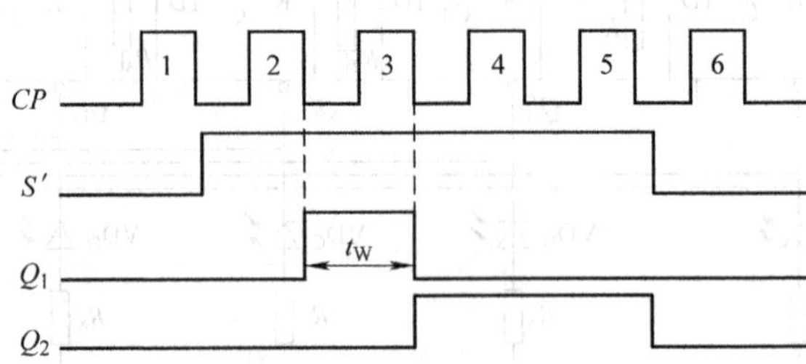

图 4-31　图 4-30a 单脉冲发生器 Q_1、Q_2 的波形图

（2）工作原理：由波形图可以看出，该电路当按钮 SB 未按下时，两个触发器的状态均为“**0**”，而当按钮 SB 被按下时，两个触发器都进入正常的工作状况。随之，F_1 在 CP 信号的作用下，在 Q_1 端输出一个宽度 t_W 的单脉冲。对于 A、B、C、D 四个按钮各由一名参赛者控制，而按钮 E 为主持人控制。当 A、B、C、D 触发器来说，在 Q_1 下降沿出现后，其状态则变为“**1**”，此时，由于 $\overline{Q}_2 = \mathbf{0}$，反过来将 JK 触发器状态强制为“**0**”，使得在 SB 按下的整个时期内，JK 触发器的状态不变。可见，D 触发器是为了锁定 JK 触发器而加入的，其作用是保证在 SB 按下时，JK 触发器只产生一个单脉冲信号，这是电路设置中的一个技巧。

（3）显然，波形图中标注的脉宽 $t_W = T_{CP} = 1/25\text{Hz} = 40\text{ms}$。

4-18　单项选择题（请将下列各小题正确选项前的字母填在题中的括号内）：

（1）锁存器和触发器有两个工作特性，一是具有两个能够自动保持的稳定状态，二是在输入信号作用下可以触发翻转。正是由于这两个性能，才使锁存器和触发器得以（　　）。

A. 实现不同的逻辑功能　　B. 有不同的电路结构形式

C. 存储 1 位二进制数据　　D. 有不同的触发方式

（2）锁存器和触发器虽由门电路构成，但它不同于门电路的逻辑功能，它的主要特点是具有（　　）功能。

A. 存数　　B. 记忆　　C. 输出互补　　D. 置 **1**、置 **0**

（3）以下 4 种集成数字逻辑电路中，（　　）属于组合逻辑器件。

A. 集成触发器　　B. 集成计数器　　C. 集成寄存器　　D. 集成译码器

（4）由两个 CMOS 或非门构成的基本 SR 锁存器的输入触发信号是（　　）。

A. 低电平　　B. 高电平　　C. 脉冲上升沿　　D. 脉冲下降沿

（5）由两个 TTL 或非门组成的基本 SR 锁存器，其输入信号 R_d、S_d 必须满足的约束条件是（　　）。

A. $R_d + S_d = \mathbf{0}$　　B. $R_d S_d = \mathbf{1}$　　C. $R_d S_d = \mathbf{0}$　　D. $R_d + S_d = \mathbf{1}$

（6）欲使主从 JK 触发器在时钟脉冲作用下的次态与现态相反，则 JK 的取值应为（　　）。

A. **00**　　B. **11**　　C. **01**　　D. **10**

（7）将主从 JK 触发器的 J 和 K 都接至低电平，则在时钟脉冲 CP 的作用下其特性方程 $Q^{n+1} =$（　　）。

A. $\overline{Q^n}$　　B. Q^n　　C. **0**　　D. **1**

（8）若维持－阻塞 D 触发器的现态 Q^n 为 **0**，要使其每来一个 CP 翻转一次，输入 D 应接至（　　）。

A. $\overline{Q}$　　B. Q　　C. 低电平　　D. 高电平

(9) 国产 CC4013 是集成双 CMOS 边沿 D 触发器，它可用于各种（　　）、移位寄存器和控制电路。

A. 编码器　　B. 数据存储电路　　C. 译码器　　D. 数值比较器

(10) 当集成维持-阻塞 D 触发器的异步置 **0** 端 $\overline{R}_d = \mathbf{0}$ 时，该触发器的次态（　　）。

A. 与 CP 和 D 有关　　B. 与 CP 和 D 无关　　C. 只与 CP 有关　　D. 只与 D 信号有关

(11) 用 8 级集成 JK 触发器可以记忆（　　）种不同的状态。

A. 64　　B. 128　　C. 256　　D. 512

参考答案：(1) C；(2) B；(3) D；(4) B；(5) C；(6) B；(7) B；(8) A；(9) B；(10) B；(11) C。

第5章　时序逻辑电路

5.1　学习指导

本章以一般时序逻辑电路（简称时序电路）的分析和设计为基础，着重介绍数字系统中常用的几种时序逻辑部件：寄存器、移位寄存器、计数器、顺序脉冲发生器和序列信号发生器等。时序电路的基本组成单元是锁存器和触发器，与组合逻辑电路相比，时序逻辑电路在逻辑功能上的共同特点是，它任一时刻的输出状态不仅取决于此刻电路的输入信号，而且还与电路原先的输出状态有关，或者说，还与电路之前的输入信号有关。因此，时序电路具有记忆的功能。

学习本章有关内容时应联系实例，亲自动手并有比较地做些典型例题，从中去体会本章各知识点之间的层次性、逻辑性，领悟出分析与设计时序电路的技巧与规律。

时序电路的基本结构框图如图5-1所示，它由组合逻辑电路和存储电路两大部分组成，其中输出方程为 $Z=F_1(X,Q^n)$，驱动方程为 $Y=F_2(X,Q^n)$，状态方程为 $Q^{n+1}=F_3(Y,Q^n)$。

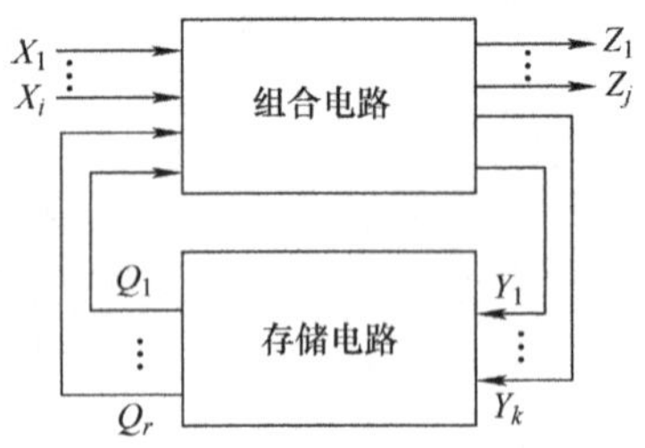

图5-1　时序逻辑电路的结构框图

按照锁存器和触发器的状态变化特点，时序电路分为同步时序电路和异步时序电路两大类。

1. 时序逻辑电路的分析方法

分析时序电路要根据给出的时序逻辑电路图，确定该时序电路所能完成的逻辑功能。大致步骤如下：

- 写出每个锁存器或触发器的时钟方程（*CP* 表达式）、驱动方程（触发器驱动信号逻辑表达式）及电路的输出方程；
- 求出电路的状态方程。将各个锁存器或触发器的驱动方程分别代入其特性方程，求出它们的次态方程；
- 列出状态转换表（简称状态表），并检查电路自启动能力，画出状态转换图或时序图；
- 用文字表述时序电路的逻辑功能。

2. 双向移位寄存器 CT74LS194 芯片功能与符号

CT74LS194 是一种功能比较齐全的4位TTL双向移位寄存器，图5-2为其逻辑符号，它具有左移、右移、数据并行输入、保持及异步清零共5种功能，见表5-1。

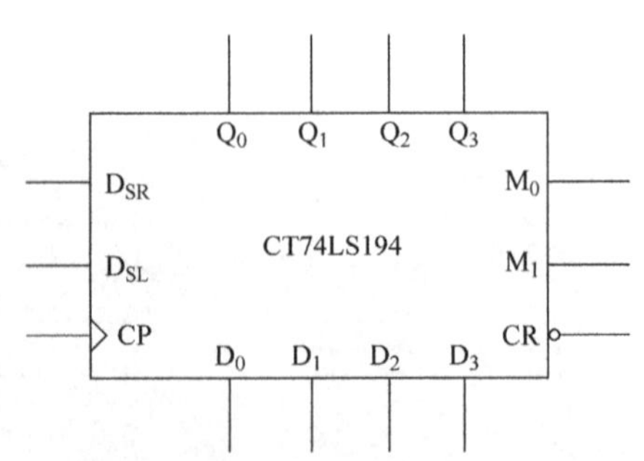

图5-2　4位双向移位寄存器 CT74LS194 逻辑符号

表 5-1　双向移位寄存器 CT74LS194 的功能表

功能	输入										输出			
	$\overline{CR}$	M_1	M_0	CP	D_{SR}	D_{SL}	D'_0	D'_1	D'_2	D'_3	Q_0^{n+1}	Q_1^{n+1}	Q_2^{n+1}	Q_3^{n+1}
清零	0	Φ	Φ	Φ	Φ	Φ	Φ	Φ	Φ	Φ	0	0	0	0
保持	1 1 1	Φ Φ 0	Φ Φ 0	0 1 ↑	Φ Φ Φ	Φ Φ Φ	Φ Φ Φ	Φ Φ Φ	Φ Φ Φ	Φ Φ Φ	Q_0^n	Q_1^n	Q_2^n	Q_3^n
送数	1	1	1	↑	Φ	Φ	d_0	d_1	d_2	d_3	d_0	d_1	d_2	d_3
右移	1	0	1	↑	1	Φ	Φ	Φ	Φ	Φ	1	Q_0^n	Q_1^n	Q_2^n
	1	0	1	↑	0	Φ	Φ	Φ	Φ	Φ	0	Q_0^n	Q_1^n	Q_2^n
左移	1	1	0	↑	Φ	1	Φ	Φ	Φ	Φ	Q_1^n	Q_2^n	Q_3^n	1
	1	1	0	↑	Φ	0	Φ	Φ	Φ	Φ	Q_1^n	Q_2^n	Q_3^n	0

3. 计数器分析

计数器是数字系统中应用最广的一种时序逻辑电路，其基本功能是对时钟脉冲进行累加或累减计数。利用这一功能，可主要用于数字测量、数字运算、数字（如定时控制等）、分频及产生节拍脉冲和脉冲序列等。

（1）两个常见的术语

• 计数器的模：计数器所能表示的状态的总数。例如 n 位二进制计数器，其能表示 2^n 种不同的状态，所以其模为 2^n。一般计数器的模为 M，就称之为模 M 计数器。如 4 位二进制计数器，亦称为模 16 计数器。

• 分频：就是把周期性的序列脉冲（脉冲串）的频率由高分低，使输出信号的频率比输入信号的频率低。因为一个 N 进制计数器的特点是每输入 N 个计数脉冲，输出一个进位或借位脉冲，所以 N 进制计数器实际上也就是一个 N 分频器。

（2）计数器的分类

• 按进位模数分类，就是计数器所经历的独立状态总数，也可称进制数。其中，对于二进制计数器，由于 1 位二进制计数单元正好用一个触发器构成，所以，如果用 n 个触发器串联起来，就可以组成 n 位二进制计数器。一个 n 位二进制计数器最多可计 2^n 个数。

• 按计数脉冲输入方式分类，可分为同步计数器和异步计数器。

• 按计数增减趋势分类，可分为：加法计数器，每来一个计数脉冲触发器组成的状态就按二进制代码规律增加；减法计数器，每来一个计数脉冲触发器组成的状态就按二进制代码规律减少；可逆计数器，一般它由递增计数器和递减计数器组合而成。

例 5-1　分析图 5-3 时序电路的逻辑功能，写出电路的驱动方程、状态方程。设各触发器的初始状态为 **0**，画出电路的状态转换图，说明电路能否自启动。

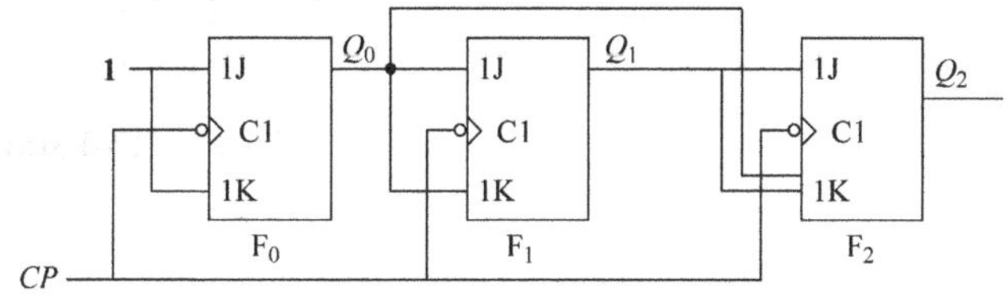

图 5-3　例 5-1 的电路图

解：驱动方程：$J_0 = K_0 = \mathbf{1}$，$J_1 = K_1 = Q_0^n$，$J_2 = K_2 = Q_0^n Q_1^n$

状态方程：$Q_0^{n+1} = \overline{Q_0^n}$，$Q_1^{n+1} = Q_0^n \overline{Q_1^n} + \overline{Q_0^n} Q_1^n$，$Q_2^{n+1} = Q_0^n Q_1^n \overline{Q_2^n} + \overline{Q_0^n Q_1^n} Q_2^n$

据此，可分析出状态转换图如图 5-4 所示：

由状态转换图可知，该计数器电路的功能是：同步 3 位二进制加法计数器。

4. 常用 MSI 计数器芯片

（1）同步十进制加法计数器 CT74LS160

中规模集成（MSI）同步十进制加法计数器 CT74LS160 的逻辑符号如图 5-5 所示。图中 $\overline{CR}$ 为异步清零端，$\overline{LD}$ 为置数端，$D_0 \sim D_3$ 为数据输入端，CT_P 和 CT_T 为计数控制端。其功能表见表 5-2。

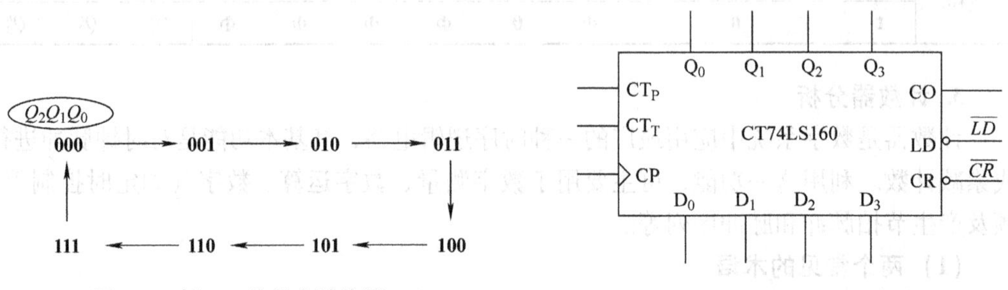

图 5-4　例 5-1 的状态转换图　　　图 5-5　CT74LS160 的逻辑符号

表 5-2　CT74LS160 MSI 同步十进制加法计数器功能表

输入									输出			
$\overline{CR}$	$\overline{LD}$	CT_P	CT_T	CP	D_0	D_1	D_2	D_3	Q_0	Q_1	Q_2	Q_3
0	Φ	Φ	Φ	Φ	Φ	Φ	Φ	Φ	**0**	**0**	**0**	**0**
1	**0**	Φ	Φ	↑	d_0	d_1	d_2	d_3	d_0	d_1	d_2	d_3
1	**1**	**1**	**1**	↑	Φ	Φ	Φ	Φ	8421 码十进制加法计数			
1	**1**	**0**	Φ	Φ	Φ	Φ	Φ	Φ	保　持			
1	**1**	Φ	**0**	Φ	Φ	Φ	Φ	Φ	保　持			

（2）同步 4 位二进制加法计数器 CT74LS161

中规模集成（MSI）同步二进制加法计数器 CT74LS161 的逻辑符号如图 5-6 所示。表5-3 是 CT74LS161 的状态转换表。

由表 5-3 可见，CT74LS161 与 CT74LS160 主要区别是，实现的计数值不一样，但其他功能完全相同。

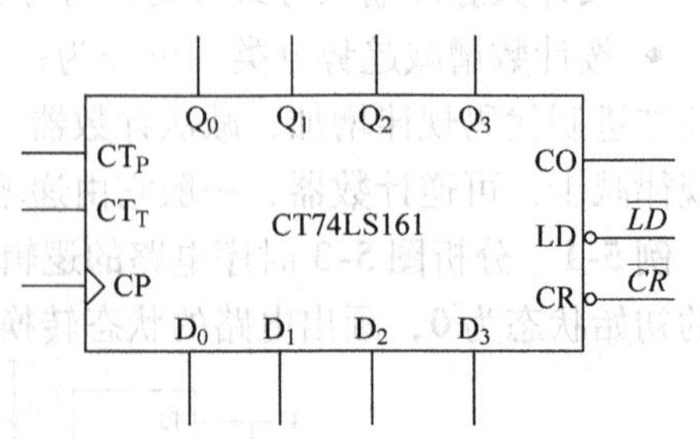

图 5-6　CT74LS161 的逻辑符号

表5-3 CT74LS161的状态转换表

输入计数脉冲数	现态				次态				输出 C
	Q_3^n	Q_2^n	Q_1^n	Q_0^n	Q_3^{n+1}	Q_2^{n+1}	Q_1^{n+1}	Q_0^{n+1}	
1	0	0	0	0	0	0	0	1	0
2	0	0	0	1	0	0	1	0	0
3	0	0	1	0	0	0	1	1	0
4	0	0	1	1	0	1	0	0	0
5	0	1	0	0	0	1	0	1	0
6	0	1	0	1	0	1	1	0	0
7	0	1	1	0	0	1	1	1	0
8	0	1	1	1	1	0	0	0	0
9	1	0	0	0	1	0	0	1	0
10	1	0	0	1	1	0	1	0	0
11	1	0	1	0	1	0	1	1	0
12	1	0	1	1	1	1	0	0	0
13	1	1	0	0	1	1	0	1	0
14	1	1	0	1	1	1	1	0	0
15	1	1	1	0	1	1	1	1	0
16	1	1	1	1	0	0	0	0	1

（3）异步二－五－十进制计数器CT74LS290

在异步计数器中，内部各触发器的时钟信号不是来自于同一 CP 脉冲源，CT74LS290就是异步二－五－十进制计数器MSI芯片，它的逻辑符号如图5-7所示。它的功能是：①若以 $\overline{CP_0}$ 为计数输入端、Q_0 为输出端，就得到1位二进制计数器；②若以 $\overline{CP_1}$ 为输入端、$Q_3Q_2Q_1$ 为输出端，便得五进制计数器；③若将 $\overline{CP_1}$ 与 Q_0 相连，同时以 $\overline{CP_0}$ 为输入端，则构成8421BCD码十进制计数器；④若将 Q_3 与 $\overline{CP_0}$ 相连，计数脉冲从 $\overline{CP_1}$ 输入，则构成5421BCD码十进制计数器。以上③、④两种计数的状态转换表见表5-4。

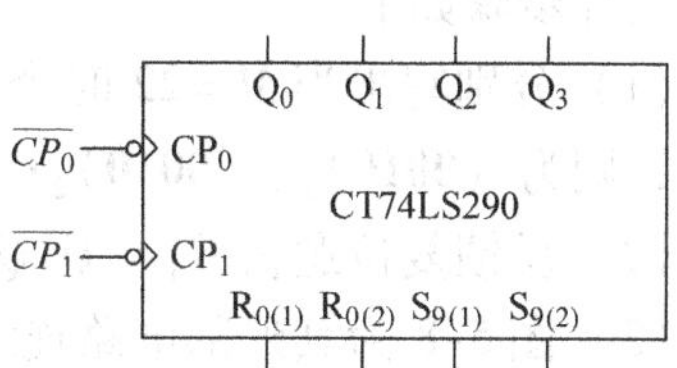

图5-7 CT74LS290异步二－五－十进制计数器的逻辑符号

此外，CT74LS290芯片还设置了两个**直接置0端** $R_{0(1)}$、$R_{0(2)}$ 和两个**直接置9端** $S_{9(1)}$、$S_{9(2)}$，分别在同时满足条件时预置成**0000**或**1001**状态。

表5-4 CT74LS290的两种计数状态表

计数脉冲 CP	8421BCD码				5421BCD码			
	Q_3	Q_2	Q_1	Q_0	Q_0	Q_3	Q_2	Q_1
0	0	0	0	0	0	0	0	0
1	0	0	0	1	0	0	0	1
2	0	0	1	0	0	0	1	0
3	0	0	1	1	0	0	1	1
4	0	1	0	0	0	1	0	0
5	0	1	0	1	1	0	0	0
6	0	1	1	0	1	0	0	1
7	0	1	1	1	1	0	1	0
8	1	0	0	0	1	0	1	1
9	1	0	0	1	1	1	0	0

5. MSI 时序逻辑器件的应用

（1）MSI 计数器芯片应用

用同步或异步 MSI 计数器芯片实现各种进制计数器时，一般采用反馈归零法、同步置数法或级连法 3 种方法。

反馈归零法的步骤是：①按照计数器的码制写出模 M 的二进制代码；②求出反馈复位逻辑 R_d的表达式 $R_d = \prod_{0\sim(n-1)} Q^1$，式中 $\prod_{0\sim(n-1)} Q^1$ 代表模 M 状态时输出为 **1** 的各个触发器 Q 端之连乘积；③画出计数器芯片的外部电路连线图。设已有计数器芯片为 N 进制，而需要得到的是模 M 计数器，此时有 $M<N$ 和 $M>N$ 两种情况：如果 $M<N$，则只需一片 N 进制计数器即可；如果 $M>N$，则需用多片 N 进制计数器才能改接成。

例 5-2 试用 CT74LS290 构成模 24 计数器。

解：采用**反馈归零法**。需用两片 CT74LS290，用反馈归零法构成大模数计数器时，低位通常接成十进制计数器，充当个位，即当低位计 10 个 CP 脉冲时，低位计数器变成 **0000**，同时向高位进 1。对于采用 8421 码的 CT74LS290，通过把 Q_3接到十位的时钟输入端来实现，因为 Q_3仅在第八个 CP 信号下降沿到来时才变为 **1**，第九个 CP 信号到来时仍为 **1**，只有第十个 CP 信号到来时才变为 **0**，亦即第十个 CP 信号到来时，Q_3才产生一个下降沿进位信号。具体设计步骤如下：

（1）分别写出当 $M=22$ 时个位（片 1）和十位（片 2）的 BCD 码。若采用 8421 码计数状态，则为（**0010**）$_1$、（**0010**）$_2$；

（2）反馈复位逻辑 $R_d = Q'_1 Q_2$；

（3）图 5-8 为其外部电路连线图。

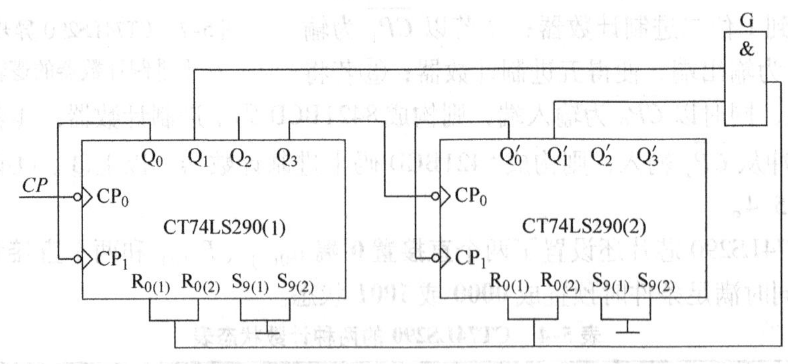

图 5-8 例 5-2 用反馈归零法构成模 24 计数器的连线图

级连法是将两个以上的计数器芯片串接起来，从而获得任意进制计数器，即把一个 N_1 进制计数器和一个 N_2进制计数器级连起来，构成 $N=N_1N_2$计数器。

例 5-3 用级连法将两片 CT74LS290 连接成模 18 计数器。

解：因 18 可分解成 3×6、2×9，故此题有 4 种解法。现以 3×6 为例进行介绍，第一片连成模 3 计数器，第二片接成模 6 计数器。第一片计 3 个 CP 时状态变为 $Q_3Q_2Q_1Q_0=$**0000**，且产生一个进位信号，用来触发第二片 CT74LS290 计 1。当外部第 18 个 CP 信号到来时，第一片变为 $Q_3Q_2Q_1Q_0=$ **0000**，同时因为第二片接成模 6 计数器，所以第二片也变为 $Q'_3Q'_2Q'_1Q'_0=$**0000**，从而实现了模 18 计数功能。基于此，电路的接线图如图 5-9 所示，状态转换表见表 5-5。

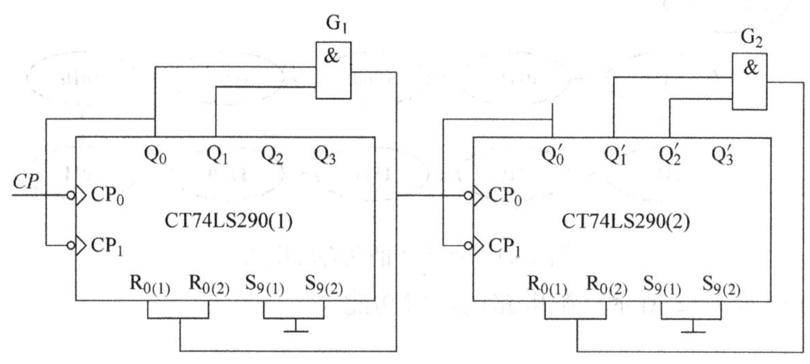

图 5-9　例 5-3 计数器的外部电路接线图

表 5-5　例 5-3 用级连法构成模 12 计数器的状态转换表

计数脉冲	计数状态							
	Q'_3	Q'_2	Q'_1	Q'_0（第二片）	Q_3	Q_2	Q_1	Q_0（第一片）
1	0	0	0	0	0	0	0	0
2	0	0	0	0	0	0	0	1
3	0	0	0	0	0	0	1	0
4	0	0	0	1	0	0	1	1
5	0	0	0	1	0	0	0	1
6	0	0	0	1	0	0	1	0
7	0	0	1	0	0	0	1	1
8	0	0	1	0	0	0	0	1
9	0	0	1	0	0	0	1	0
10	0	0	1	1	0	0	1	1
11	0	0	1	1	0	0	0	1
12	0	0	1	1	0	0	1	0
13	0	1	0	0	0	0	1	1
14	0	1	0	0	0	0	0	1
15	0	1	0	0	0	0	1	0
16	0	1	0	1	0	0	1	1
17	0	1	0	1	0	0	0	1
18	0	1	0	1	0	0	1	0
					0	0	1	1

例 5-4　图 5-10 电路为几进制计数器？画出状态转换图。

解：用同步预置功能实现计数器设计的设计思想是，在计数器计到最大值时置入某个最小值，作为下一个计数循环的起始状态，也可以在计数器计到较大值时置入某个较小值，作为下一个计数循环的起始状态。

此题接成十进制计数器，从 **0110 →1111**，完整的状态转换图如图 5-11 所示。

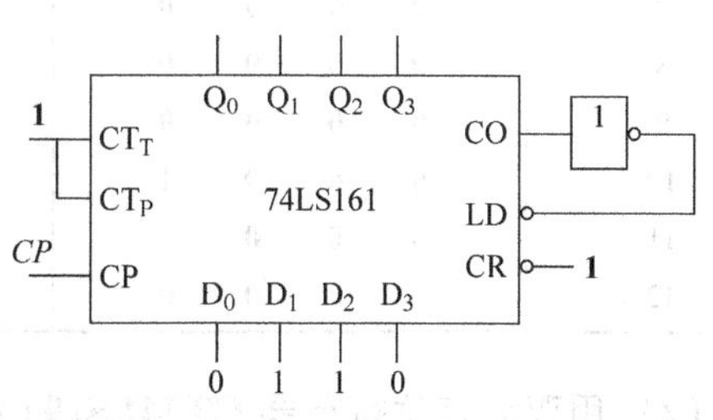

图 5-10　例 5-4 电路图

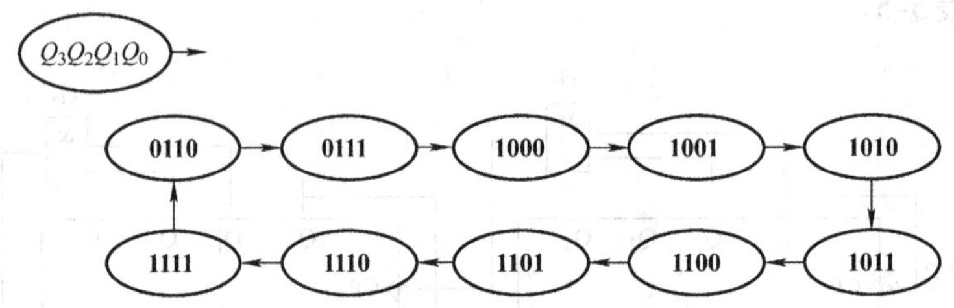

图 5-11　例 5-4 的状态转换图

例 5-5　分析图 5-12 所示计数电路的逻辑功能。

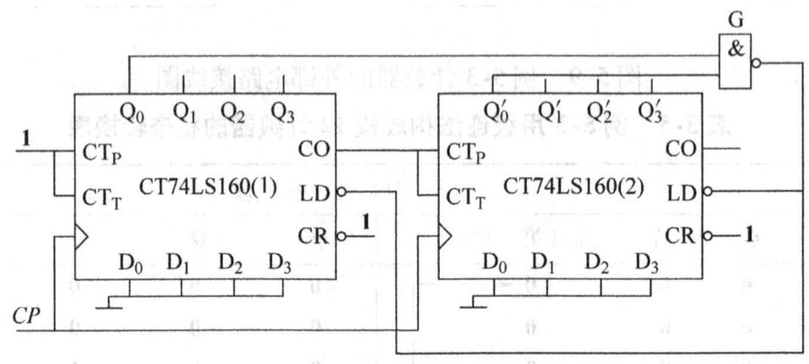

图 5-12　例 5-5 所要分析的电路

解：两片 CT74LS160 的 CP 端接在一起，故采用了同步连接法。由于第一片的 CO 与第二片的 CT_T、CT_P接在一起，所以只有当第一片 CT74LS160 的 $CO=\mathbf{1}$，且第二片 CT74LS160 的 $\overline{LD}=\mathbf{1}$ 时，第二片计数器才计数一次。如此分析得到电路的状态转换表，见表5-6，可见该电路连接成同步模 12 计数器。

表 5-6　例 5-5 的状态转换表

时钟脉冲个数 CP	十位状态 Q'_3	Q'_2	Q'_1	Q'_0	个位状态 Q_3	Q_2	Q_1	Q_0	第二片的 CT_T、CT_P	两片的 $\overline{LD}$
0	0	0	0	0	0	0	0	0	0	1
1	0	0	0	0	0	0	0	1	0	1
2	0	0	0	0	0	0	1	0	0	1
3	0	0	0	0	0	0	1	1	0	1
4	0	0	0	0	0	1	0	0	0	1
5	0	0	0	0	0	1	0	1	0	1
6	0	0	0	0	0	1	1	0	0	1
7	0	0	0	0	0	1	1	1	0	1
8	0	0	0	0	1	0	0	0	0	1
9	0	0	0	0	1	0	0	1	1	1
10	0	0	0	1	0	0	0	0	0	1
11	0	0	0	1	0	0	0	1	0	0
12	0	0	0	0	0	0	0	0	0	1

（2）用双向移位寄存器 CT74LS194 构成计数器

例 5-6　试说明图 5-13 电路的逻辑功能。

解：在图 5-13 所示电路工作前，应在 M_1 端加一个正脉冲，以实现并行送数，将移位寄存器 CT74LS194 预置成 $Q_3Q_2Q_1Q_0=D_3D_2D_1D_0=\mathbf{0001}$，随后 $M_1M_0=\mathbf{01}$，在 CP 脉冲作用下，电路实现循环右移，因此列出状态转换表，见表 5-7。由表可知，该电路接成了一个模 4 环形移位计数器，亦即 4 分频器。

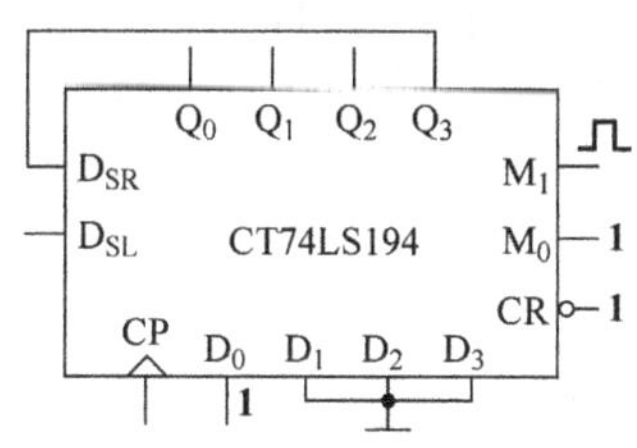

图 5-13　例 5-6 的计数电路

表 5-7　图 5-13 所示电路的状态转换表

CP	D_{SR}	Q_3	Q_2	Q_1	Q_0
0	**0**	**0**	**0**	**0**	**1**
1	**0**	**0**	**0**	**1**	**0**
2	**0**	**0**	**1**	**0**	**0**
3	**0**	**1**	**0**	**0**	**0**
4	**1**	**0**	**0**	**0**	**1**

5.2　习题 5 解答

5-1　在图 5-14 所示的电路中，若两个移位寄存器中原存放的数据分别是：$A_3A_2A_1A_0=\mathbf{1001}$，$B_3B_2B_1B_0=\mathbf{0011}$，试问：经过 4 个 CP 作用后，两个移位寄存器中的数据各为多少？该电路完成了什么运算功能？图 5-14 中所有的触发器均为 CMOS 边沿 D 触发器，其中触发器 F 的初始状态为 **0**，Σ 为 1 位 CMOS 全加器。

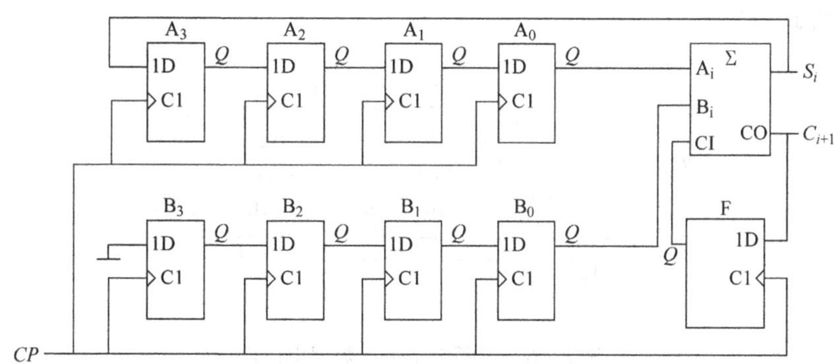

图 5-14　习题 5-1 的电路图

解：经过 4 个 CP 作用后，两个移位寄存器中的数据分别为 $A_3A_2A_1A_0=\mathbf{1100}$，$B_3B_2B_1B_0=\mathbf{0000}$。据此可知该电路完成了 4 位串行加法运算功能。

5-2　如果在图 5-15 所示的循环移位寄存器的数据输入端加上高电平，并设时钟脉冲 CP 到来之前两个双向移位寄存器 CT74LS194 的 $Q_0\sim Q'_3$ 为 **11000110**，基本 SR 锁存器的输入信号分别为：(1) $\overline{S}=\mathbf{0}$，$\overline{R}=\mathbf{1}$；(2) $\overline{S}=\mathbf{1}$，$\overline{R}=\mathbf{0}$。试分别在 6 个 CP 作用后，确定此循环移位寄存器相应的输出 $Q_0\sim Q'_3$ 为何状态？

解：由 CT74LS194 的功能表（见表 5-1）可知，其处于右移工作状态。

(1) 当 $\overline{S}=\mathbf{0}$，$\overline{R}=\mathbf{1}$ 时，$Q=\mathbf{1}$，$\overline{Q}=\mathbf{0}$，门 G_2 打开，门 G_1 被封锁，故 6 个 CP 脉冲过后，$Q_0\sim Q'_3$ 为 **11111111**；

(2) 当 $\overline{S}=\mathbf{1}$，$\overline{R}=\mathbf{0}$ 时，$Q=\mathbf{0}$，$\overline{Q}=\mathbf{1}$，门 G_1 打开，门 G_2 被封锁，故 6 个 CP 脉冲过后，$Q_0\sim Q'_3$ 为 **00011011**。

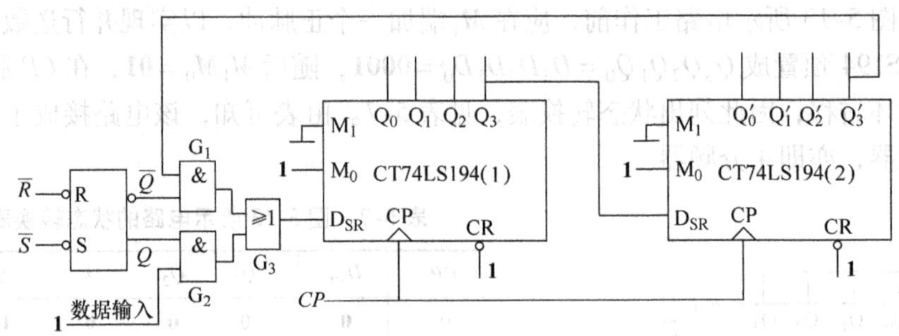

图 5-15　习题 5-2 的电路图

5-3　试解答下列问题：

（1）欲将存放在一个 4 位双向移位寄存器中的二进制数乘以 16，需要多少个移位脉冲？

（2）若高位在此移位寄存器的右边，要完成上述功能应是左移还是右移？

（3）如果时钟脉冲 CP 的频率为 50kHz，要完成此操作需要多少时间？

解：（1）需要 4 个移位脉冲；

（2）此移位寄存器为右移寄存器；

（3）时钟脉冲的周期 $T_{CP}=\dfrac{1}{f}=\dfrac{1}{50\text{kHz}}=20\mu\text{s}$，完成该操作需时 $20\times4\mu\text{s}=80\mu\text{s}$。

5-4　除了教材 5.2.3 节中介绍的二进制计数器、十进制计数器以外，其他进制的计数器习惯上被称为任意进制计数器或模 M 计数器。试分析图 5-16 所示计数器的逻辑功能（包括同步还是异步，加法还是减法，模 M 等于多少，能否自启动等。以下各题分析计数器逻辑功能时要求相同，不再赘述）。设全部触发器均为 TTL 边沿 JK 触发器。

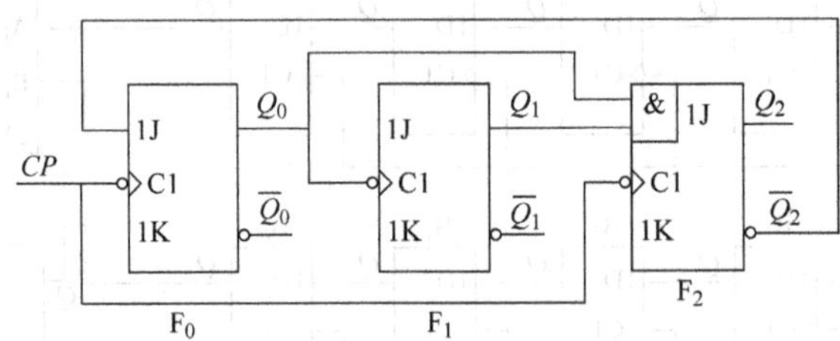

图 5-16　习题 5-4 的计数器电路图

解：图 5-16 的电路为异步计数器电路。

（1）时钟方程：$CP_0=CP(\downarrow)$，$CP_1=Q_0^n(\downarrow)$，$CP_2=CP(\downarrow)$

驱动方程：$J_0=\overline{Q_2^n}$，$K_0=\mathbf{1}$；$J_1=K_1=\mathbf{1}$；$J_2=Q_1^nQ_0^n$，$K_2=\mathbf{1}$

（2）状态方程：$Q_0^{n+1}=\overline{Q_2^n}\;\overline{Q_0^n}(CP\downarrow)$，$Q_1^{n+1}=\overline{Q_1^n}(Q_0\downarrow)$，$Q_2^{n+1}=Q_1^nQ_0^n\overline{Q_2^n}(CP\downarrow)$

（3）状态转换表见表 5-8。

表 5-8　习题 5-4 电路的状态转换表

计数顺序	Q_2^n	Q_1^n	Q_0^n	Q_2^{n+1}	Q_1^{n+1}	Q_0^{n+1}	CP_2	CP_1	CP_0
0	**0**	**0**	**0**	**0**	**0**	**1**	↓		↓
1	**0**	**0**	**1**	**0**	**1**	**0**	↓	↓	↓

（续）

计数顺序	Q_2^n	Q_1^n	Q_0^n	Q_2^{n+1}	Q_1^{n+1}	Q_0^{n+1}	CP_2	CP_1	CP_0
2	**0**	**1**	**0**	**0**	**1**	**1**	↓		↓
3	**0**	**1**	**1**	**1**	**0**	**0**	↓	↓	↓
4	**1**	**0**	**0**	**0**	**0**	**0**	↓		↓
无效状态	**1**	**0**	**1**	**0**	**1**	**0**	↓	↓	↓
	1	**1**	**0**	**0**	**1**	**0**	↓		↓
	1	**1**	**1**	**0**	**0**	**0**	↓	↓	↓

（4）状态转换图和时序图分别如图 5-17a、b 所示。

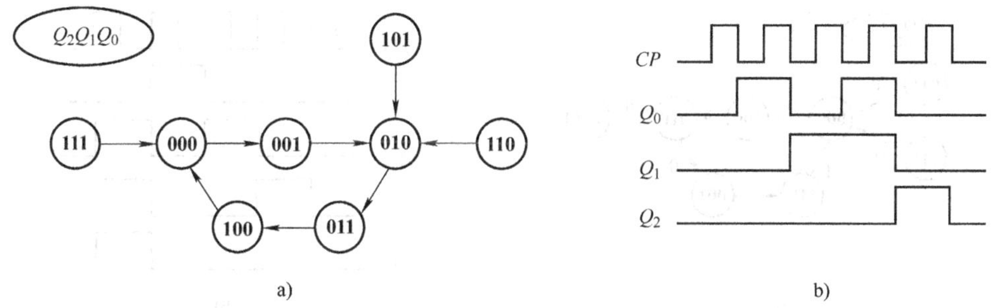

图 5-17　习题 5-4 解的状态转换图和时序图

a）状态转换图　b）时序图

（5）由上述图表可知，该电路为能自启动的异步五进制计数器。

5-5　试分析图 5-18 所示电路的逻辑功能。设全部触发器均为 TTL 边沿 JK 触发器。

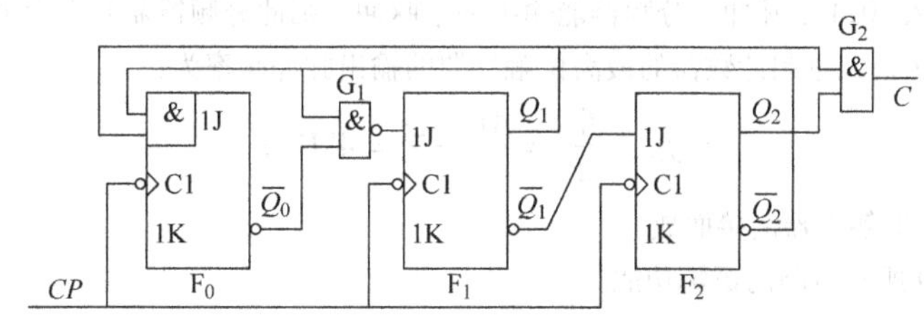

图 5-18　习题 5-5 的计数器电路

解：图 5-18 电路是一个同步计数器电路。

（1）时钟方程：$CP_0 = CP_1 = CP_2 = CP(\downarrow)$

驱动方程：$J_0 = \overline{Q_2^n} Q_1^n$，$K_0 = \mathbf{1}$；$J_1 = \overline{\overline{Q_2^n}\,\overline{Q_0^n}}$，$K_1 = \mathbf{1}$；$J_2 = \overline{Q_1^n}$，$K_2 = \mathbf{1}$

输出方程：$C = Q_2^n Q_1^n$

（2）将驱动方程代入边沿 JK 触发器的特性方程，可求出状态方程如下：

$$Q_0^{n+1} = \overline{Q_2^n} Q_1^n \overline{Q_0^n},\ Q_1^{n+1} = \overline{\overline{Q_2^n}\,\overline{Q_0^n}}\,\overline{Q_1^n},\ Q_2^{n+1} = \overline{Q_1^n}\,\overline{Q_2^n}$$

（3）列出状态转换表，如表 5-9 所示。

（4）该同步计数器的状态转换图和时序图分别如图 5-19a、b 所示。

表 5-9　习题 5-5 的状态转换表

Q_2^n	Q_1^n	Q_0^n	Q_2^{n+1}	Q_1^{n+1}	Q_0^{n+1}	C
0	0	0	1	0	0	0
1	0	0	0	1	0	0
0	1	0	0	0	1	0
0	0	1	1	1	0	0
1	1	0	0	0	0	1
0	1	1	0	0	0	0
1	0	1	0	1	0	0
1	1	1	0	0	0	1

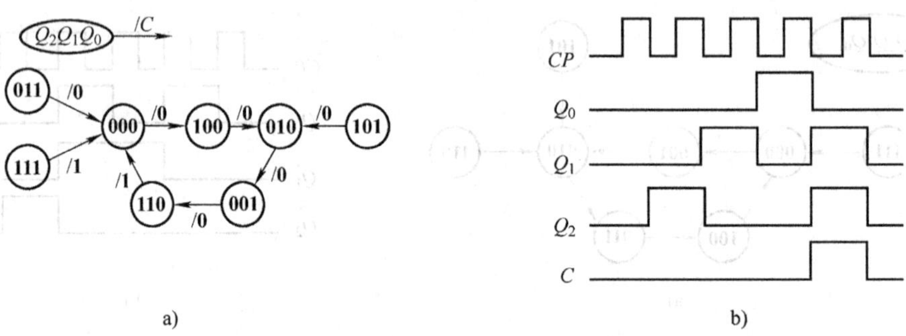

图 5-19　习题 5-5 的状态转换图和时序图

（5）由图 5-19 可见，该电路为一种能自启动的同步五进制计数器。

5-6　试回答下列问题：

（1）用 7 个 T′触发器链接成异步 7 位二进制计数器，输入时钟脉冲的频率 $f_{CP}=512\text{kHz}$，试问此计数器最高位触发器输出的脉冲频率 $f_O=?$

（2）若需要每输入 1024 个脉冲，分频器能输出一个脉冲，则此分频器需要多少个 T′触发器链接而成？

解：（1）该异步 7 位二进制计数器的最高位触发器的输出脉冲频率为：

$$f_O=\frac{f_{CP}}{2^7}=\frac{512\text{kHz}}{2^7}=4\text{kHz}\ ;$$

（2）需要用 10 个 T′触发器链接而成。

5-7　分析图 5-20 所示电路的逻辑功能。

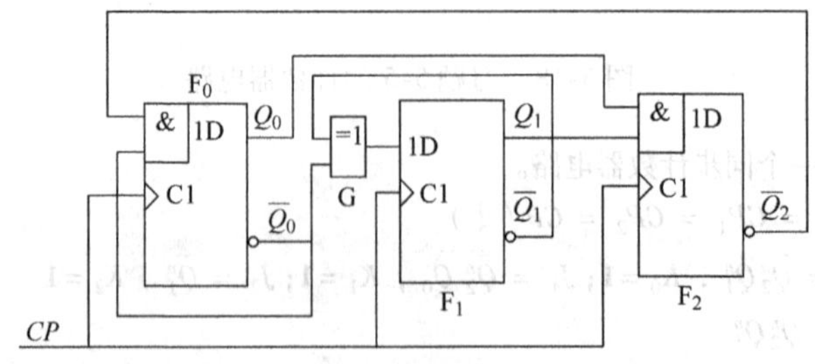

图 5-20　题 5-7 的计数器电路

解：该计数器电路为一同步时序逻辑电路。

（1）时钟方程：$CP_0 = CP_1 = CP_2 = CP(\uparrow)$

驱动方程：$D_0 = \overline{Q_2^n}\,\overline{Q_0^n}$，$D_1 = \overline{Q_1^n} \oplus \overline{Q_1^n}$，$D_2 = Q_1^n Q_0^n$

（2）状态方程：把驱动方程代入D触发器的特性方程得到状态方程如下：

$Q_0^{n+1} = \overline{Q_2^n}\,\overline{Q_0^n}$，$Q_1^{n+1} = \overline{Q_2^n}\,\overline{Q_0^n}$，$Q_2^{n+1} = Q_1^n Q_0^n$

（3）列出状态转换表，见表5-10。

（4）该计数器的状态转换图和时序图分别如图5-21a、b所示。

表5-10　题5-7的状态转换表

Q_2^n	Q_1^n	Q_0^n	Q_2^{n+1}	Q_1^{n+1}	Q_0^{n+1}
0	0	0	0	0	1
0	0	1	0	1	0
0	1	0	0	1	1
0	1	1	1	0	0
1	0	0	0	0	0
1	0	1	0	1	0
1	1	0	0	1	0
1	1	1	1	0	0

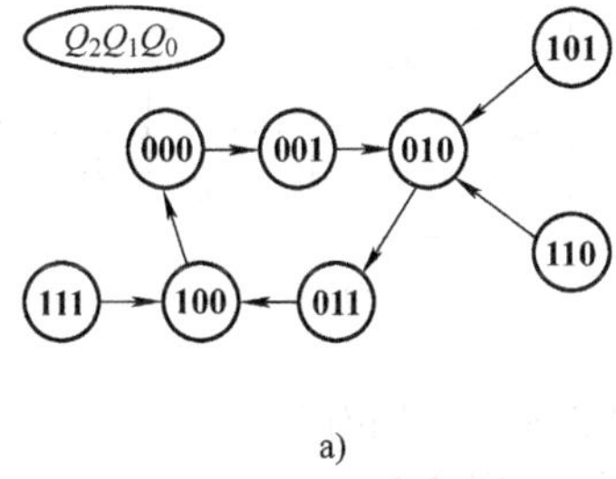

a)

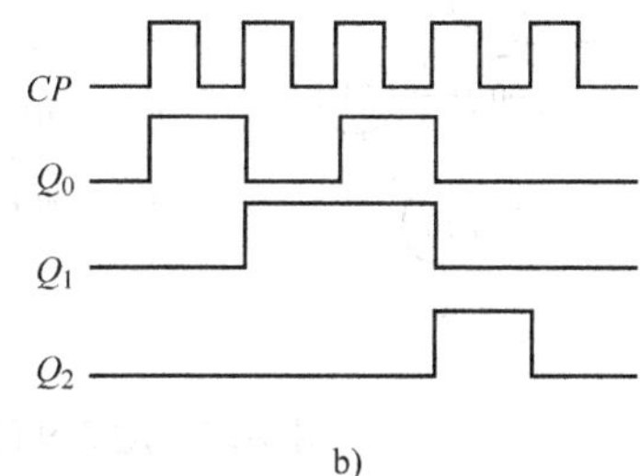

b)

图5-21　习题5-7的状态转换图和时序图

（5）根据状态转换图和时序图可知，该电路是一种能够自启动的同步五进制计数器。

5-8　已知计数器的输出波形如图5-22所示，试确定该计数器有几个独立状态，并画出它的状态转换图。

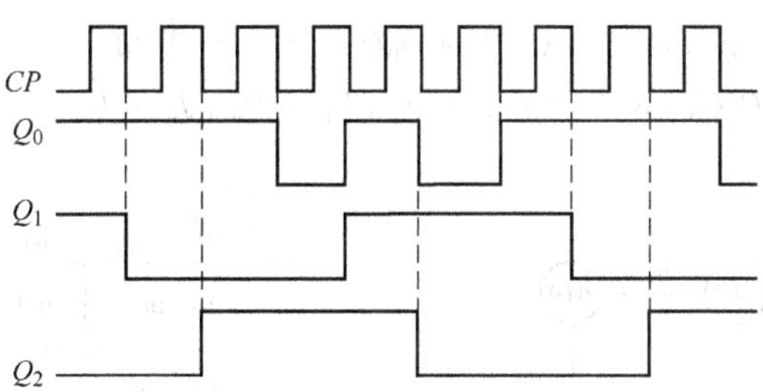

图5-22　习题5-8的输出波形图

解：该计数器有6个独立状态，其状态转换图如图5-23所示。

5-9　（1）试用边沿JK触发器设计一个同步时序逻辑电路，要求该电路的输出Z与CP之间的关系满足图5-24所示的波形图。

（2）如果所设计时序电路的时钟脉冲CP的频率$f_{CP}=6\text{kHz}$，试问从Z端输出信号的频率$f_Z=?$

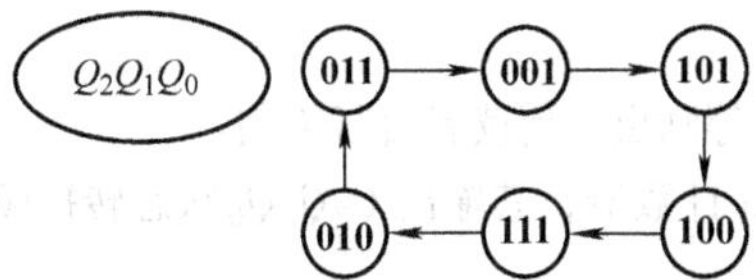

图5-23　习题5-8解的状态转换图

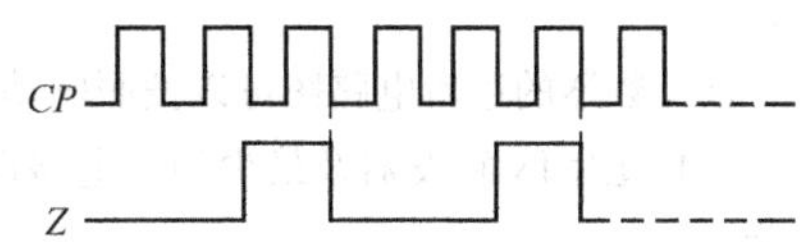

图5-24　习题5-9的输出Z与CP之间的关系

解：(1) 设计　① 因为每来 3 个时钟脉冲 CP，该电路输出一个脉冲，所以应设计模 3 计数器。考虑用下降沿触发的 JK 触发器来设计此模 3 进制计数器，则状态转换图如图 5-25a 所示。

② 画出次态卡诺图如图 5-25b 所示，由此求出状态方程、输出方程，并与 JK 触发器的特性方程加以比较，得到驱动方程：

状态方程和输出方程：$Q_1^{n+1} = Q_0^n\,\overline{Q_1^n}$，$Q_0^{n+1} = \overline{Q_1^n}\,\overline{Q_0^n}$；$Z = Q_1^n$

驱动方程：$J_1 = Q_0^n$，$K_1 = \mathbf{1}$，$J_0 = \overline{Q_1^n}$，$K_0 = \mathbf{1}$

③ 检查自启动：将 $Q_1^nQ_0^n = 11$ 代入状态方程，得到次态为 $Q_1^nQ_0^n = \mathbf{00}$，因而看出能够自启动。

④ 根据驱动方程式，可对所设计的计数器进行连线，连接成的计数器电路如图 5-25c 所示。

(2) 求出 f_Z　因为设计的是模 3 进制计数器（3 分频器），所以 f_{CP} = 6kHz，则输出信号频率 f_Z = 2kHz。

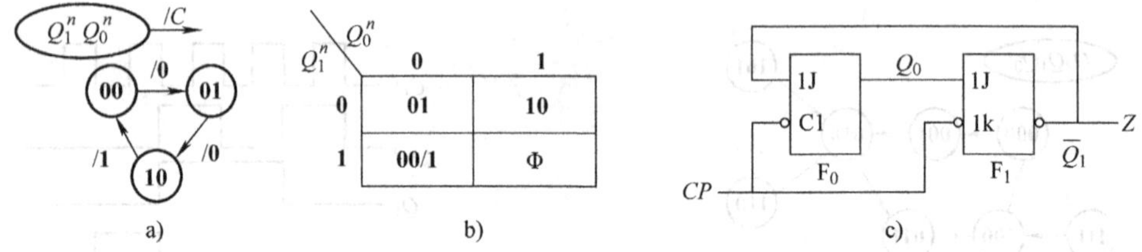

图 5-25　题 5-9 的状态转换图、次态卡诺图和计数电路图

a）状态转换图　b）次态卡诺图　c）所设计的计数器

5-10　用边沿 JK 触发器和门电路设计一个有进位输出信号 C 的同步模 5 递增计数器。

解：(1) 因为 $M = 5$，所以取 3 个边沿 JK 触发器。根据题意画出状态转换图，如图 5-26a 所示。

(2) 画出次态卡诺图，如图 5-26b 所示，求出输出方程、状态方程及驱动方程如下：

输出方程：$C = Q_2^n$；

状态方程：$Q_2^{n+1} = Q_1^nQ_0^n\,\overline{Q_2^n}$，$Q_1^{n+1} = Q_0^n\,\overline{Q_1^n} + \overline{Q_0^n}Q_1^n$，$Q_0^{n+1} = \overline{Q_2^n}\,\overline{Q_0^n}$

因此有驱动方程：$J_2 = Q_1^nQ_0^n$，$K_2 = \mathbf{1}$；$J_1 = Q_0^n$，$K_1 = Q_0^n$；$J_0 = \overline{Q_2^n}$，$K_0 = \mathbf{1}$

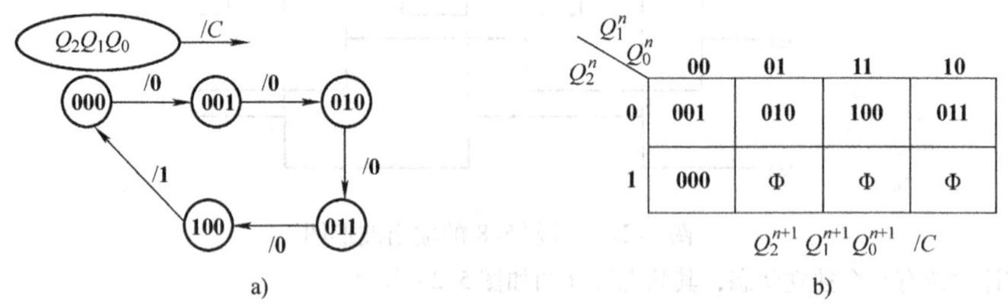

图 5-26　习题 5-10 的状态转换图和次态卡诺图

(3) 检查自启动

因为将状态 $Q_2^nQ_1^nQ_0^n$ 为 "**101**" 和 "**110**" 分别代入状态方程，得到次态均为 "**010**"，所以该计数器能够自启动。

(4) 该计数器的逻辑电路图可以按照驱动方程、输出方程等画出。请读者自行绘制。

5-11　用边沿 JK 触发器及最少的门电路设计一个同步模 5 计数器，其输出 $Q_2Q_1Q_0$ 状态转换顺序如图 5-27 所示。

解：(1) 画出次态卡诺图（见图 5-28），求输出方程、状态方程和驱动方程如下：

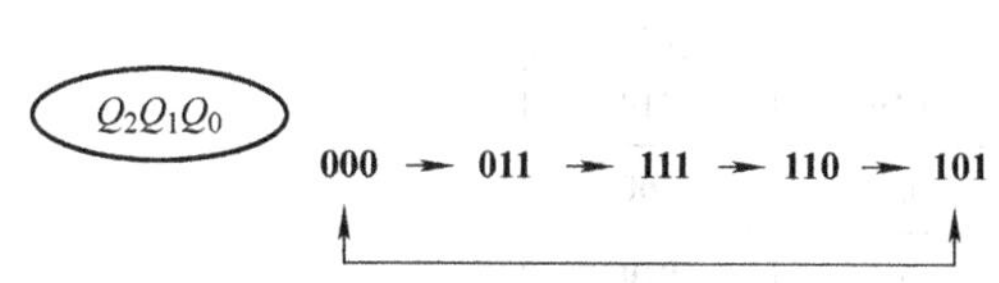

图 5-27 习题 5-10 的状态转换图

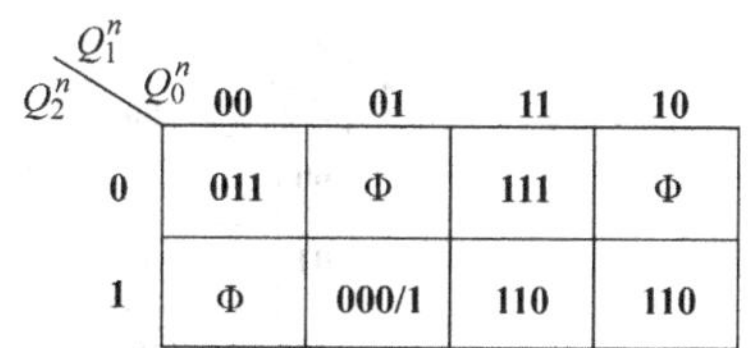

Q_2^n \ $Q_1^n Q_0^n$	00	01	11	10
0	011	Φ	111	Φ
1	Φ	000/1	110	110

图 5-28 习题 5-11 的次态卡诺图

输出方程：$C = Q_2^n \overline{Q_1^n}$；

因为 由次态卡诺图得状态方程：$Q_2^{n+1} = Q_1^n \overline{Q_2^n} + Q_1^n Q_2^n$ 所以 $J_2 = Q_1^n$，$K_2 = \overline{Q_1^n}$

因为 由次态卡诺图得状态方程：$Q_1^{n+1} = \overline{Q_2^n}\,\overline{Q_1^n} + Q_0^n Q_1^n$ 所以 $J_1 = \overline{Q_2^n}$，$K_1 = \overline{Q_0^n}$

因为 由次态卡诺图得状态方程：$Q_0^{n+1} = \overline{Q_0^n} + \overline{Q_2^n} Q_0^n$ 所以 $J_0 = 1$，$K_0 = Q_2^n$

（2）检查自启动能力

将 **001**、**010**、**100** 分别代入状态方程，得到次态依次为 **011**、**101**、**001**。由此可知此电路能够自启动。

（3）画逻辑电路图（略）。

5-12 设计一个控制步进电动机 3 相 6 状态工作的逻辑电路。如果用 **1** 表示线圈通电，**0** 表示线圈断电，设正转时控制输入信号 $M = 1$，反转时 $M = 0$，则 3 个线圈 ABC 的状态转换图如图 5-29 所示。提示：选用 CMOS 边沿 D 触发器，以简化逻辑设计，并要求所设计的控制逻辑电路具有自启动能力。

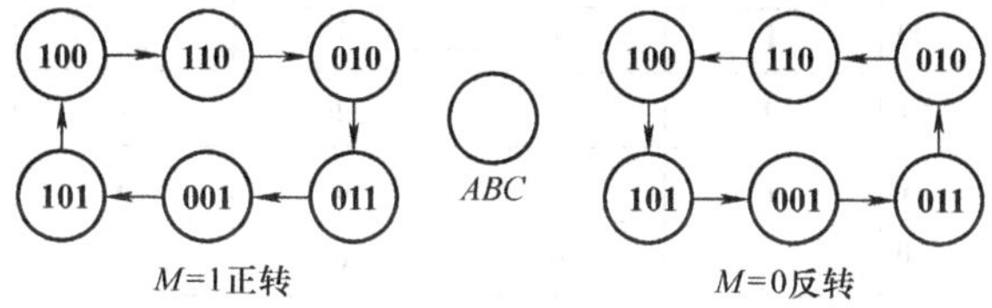

图 5-29 习题 5-12 图

解：（1）按照给定的状态转换图，画出次态卡诺图和 A^{n+1}、B^{n+1}、C^{n+1} 的卡诺图（总的次态卡诺图和 A^{n+1}、B^{n+1}、C^{n+1} 的次态卡诺图分别见图 5-30a、b、c、d），根据 A^{n+1}、B^{n+1}、C^{n+1} 的次态卡诺图可以求出 A^{n+1}、B^{n+1}、C^{n+1} 的状态方程。现选用边沿 D 触发器，即可方便地获得驱动方程。

对于上述 A^{n+1}、B^{n+1}、C^{n+1} 的次态卡诺图，圈“**1**”（结合边沿 D 触发器的特性方程），得到状态方程和驱动方程如下：

$$A^{n+1} = \overline{M}\,\overline{C^n} + M\overline{B^n} = D_A$$

$$B^{n+1} = \overline{M}\,\overline{A^n} + M\overline{C^n} = D_B$$

$$C^{n+1} = \overline{M}\,\overline{B^n} + M\overline{A^n} = D_C$$

（2）检查自启动能力

将 $M = 0$ 时，$A^nB^nC^n = 000$、**111** 代入状态方程，得到 $A^{n+1}B^{n+1}C^{n+1} = 111$、**000**。将 $M = 1$ 时，$A^nB^nC^n =$ **000**、**111** 代入状态方程，得到 $A^{n+1}B^{n+1}C^{n+1} = 111$、**000**。因此电路不能自启动。

（3）改圈 C^{n+1} 的卡诺图即可使电路变为能够自启动。改圈 C^{n+1} 的次态卡诺图如图 5-30e 所示。

由 C^{n+1} 的改圈卡诺图，得到：$C^{n+1} = \overline{M}A^n\overline{B^n} + \overline{M}\,\overline{B^n}C^n + M\overline{A^n}C^n + M\overline{A^n}B^n$。用此 C^{n+1} 式替换原 C^{n+1} 式，电路就能够自启动。

（4）根据上述替换后的驱动方程就可画出逻辑电路图。读者可以自行画出此逻辑电路图。

MA^n \ B^nC^n	00	01	11	10
00	Φ	011	010	110
01	101	011	Φ	100
11	110	100	Φ	010
10	Φ	101	001	011

a)

MA^n \ B^nC^n	00	01	11	10
00	Φ	0	0	1
01	1	0	Φ	1
11	1	1	Φ	0
10	Φ	1	0	0

b)

MA^n \ B^nC^n	00	01	11	10
00	Φ	1	1	1
01	0	0	Φ	0
11	1	0	Φ	1
10	Φ	0	0	1

c)

MA^n \ B^nC^n	00	01	11	10
00	Φ	1	0	0
01	1	1	Φ	0
11	0	0	Φ	0
10	Φ	1	1	1

d)

MA^n \ B^nC^n	00	01	11	10
00	0	1	0	0
01	1	1	Φ	0
11	0	0	0	0
10	0	1	1	1

e)

图 5-30　习题 5-12 的次态卡诺图

a）总次态卡诺图　b）A^{n+1} 的次态卡诺图　c）B^{n+1} 的次态卡诺图　d）C^{n+1} 的次态卡诺图　e）改圈 C^{n+1} 的卡诺图

5-13 试用下降沿触发的 JK 触发器构成一个 4 位二进制异步加法计数器，画出逻辑电路图。

解：根据题意，先取用 4 个下降沿触发的 JK 触发器，将它们都接成 T′触发器（即计数型触发器），把最低位 T′触发器的时钟端接 CP 信号，然后把低位 T′触发器的 Q 端依次接到相邻高位 T′触发器的时钟端，作为低位向高位的进位信号，最后再把各个 T′触发器的$\overline{R}_d$接到一起，作为整个异步加法计数器的同步清零信号，如此连接即构成了 4 位二进制异步加法计数器，如图 5-31 所示。

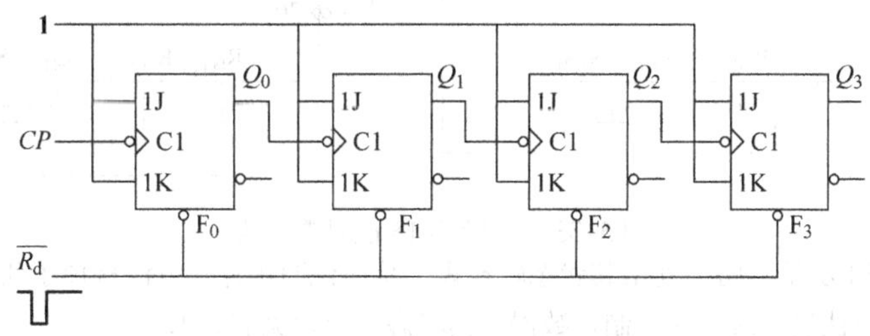

图 5-31 一种 4 位二进制异步加法计数器

5-14 分析图 5-32 所示电路，分别列出它们的状态转换表，说出其逻辑功能。

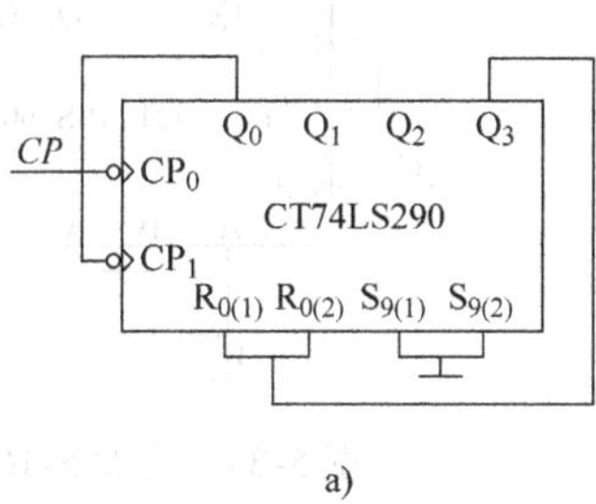

a)

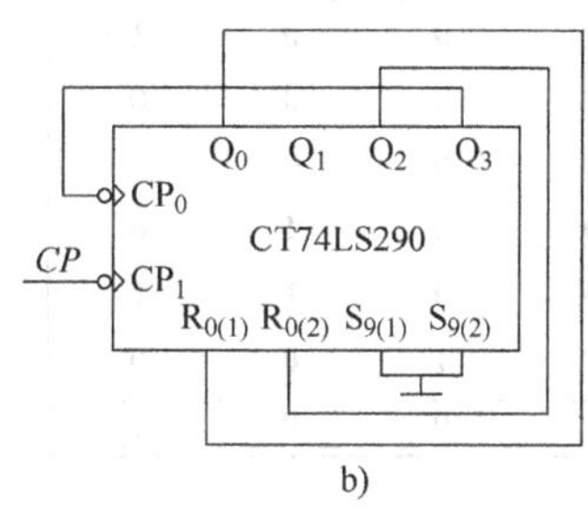

b)

图 5-32 习题 5-14 的接线图

解：图 5-32a 实现 8421 码八进制计数器。其状态转换表见表 5-11a。

图 5-32b 实现 5421 码七进制计数器。其状态转换表见表 5-11b。

表 5-11a 8421 码真值表

CP	Q_3	Q_2	Q_1	Q_0
	0	0	0	0
1	0	0	0	1
2	0	0	1	0
3	0	0	1	1
4	0	1	0	0
5	0	1	0	1
6	0	1	1	0
7	0	1	1	1
8	1	0	0	0

表 5-11b 5421 码真值表

CP	Q_0	Q_3	Q_2	Q_1
	0	0	0	0
1	0	0	0	1
2	0	0	1	0
3	0	0	1	1
4	0	1	0	0
5	1	0	0	0
6	1	0	0	1
7	1	0	1	0

5-15 图 5-33 是用两片 MSI 计数器芯片 CT74LS290 组成的计数电路，试分析该电路是多少进制计数器。

解：CT74LS290（1）为模 9 计数器，CT74 LS290（2）为模 6 计数器，因此该电路接成了模 54（$=9\times6$）进制计数器。

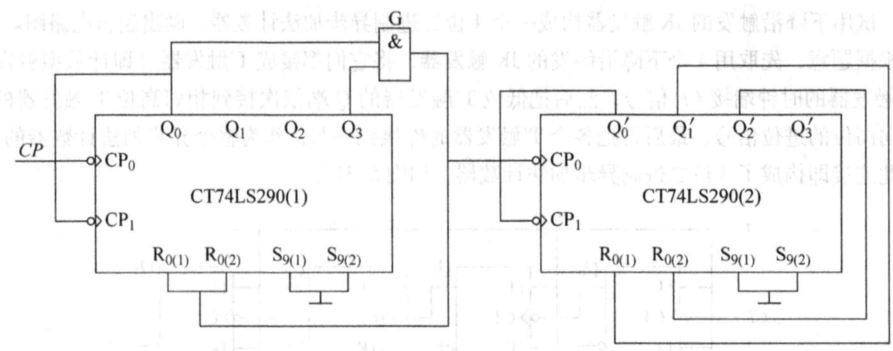

图 5-33　习题 5-15 的计数电路

5-16　分析图 5-34 所示电路，列出其状态转换表，从而说明用什么方法接成了几进制计数器。

解：该电路用置位法连接成模 6 进制计数器。其状态转换表见表 5-12。

表 5-12　习题 5-12 的转换表

CP	Q_0	Q_3	Q_2	Q_1
	1	0	0	1
1	0	0	0	0
2	0	0	0	1
3	0	0	1	0
4	0	0	1	1
5	0	1	0	0
6	1	0	0	1

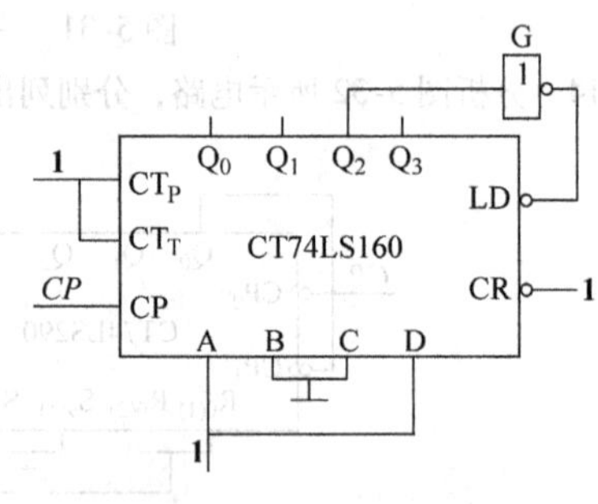

图 5-34　习题 5-16 的电路

5-17　试用 CT74LS290 并采用级连方式构成模 40 计数器。

解法 1：因为　40 = 10 × 4，所以　CT74LS290（1）连接成模 10 进制计数器，CT74LS290（2）连接成模 4 进制计数器，整体模 40 进制计数器连线图如图 5-35a 所示。

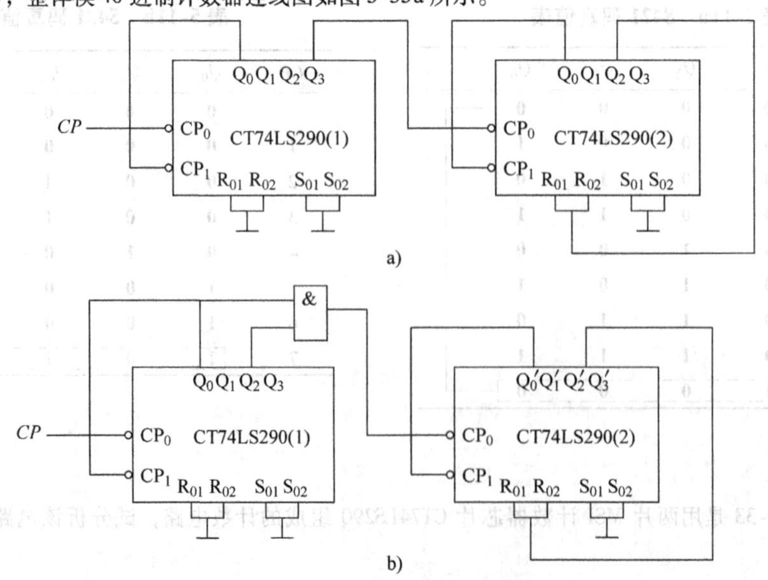

图 5-35　习题 5-17 解法连线图

a）解法 1 的连线图　b）解法 2 的连线图

解法 2：因为 $40=5\times8$，所以 CT74LS290（1）连接成模 5 进制计数器，CT74LS290（2）连接成模 8 进制计数器，整体模 40 进制计数器连线图如图 5-35b 所示。

5-18　试用 CT74LS290 构成 8421 BCD 码计数状态的模 24 计数器。

解：用 CT74LS290 构成 8421BCD 码模 24 进制计数器的连线图，如图 5-36 所示。

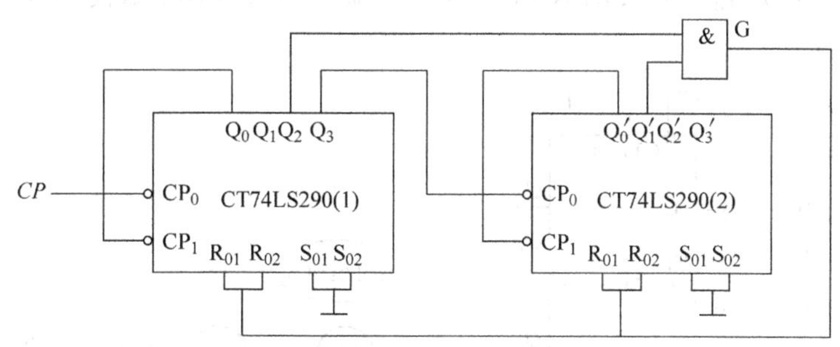

图 5-36　习题 5-18 的模 24 进制计数器连线图

5-19　试用 MSI 同步十进制加法计数器 CT74LS160，并附加必要的门电路，设计一种模 273 计数器。

解：方案 1：置位法。连线图如图 5-37a 所示。

方案 2：反馈清零法。其连线图如图 5-37b 所示。

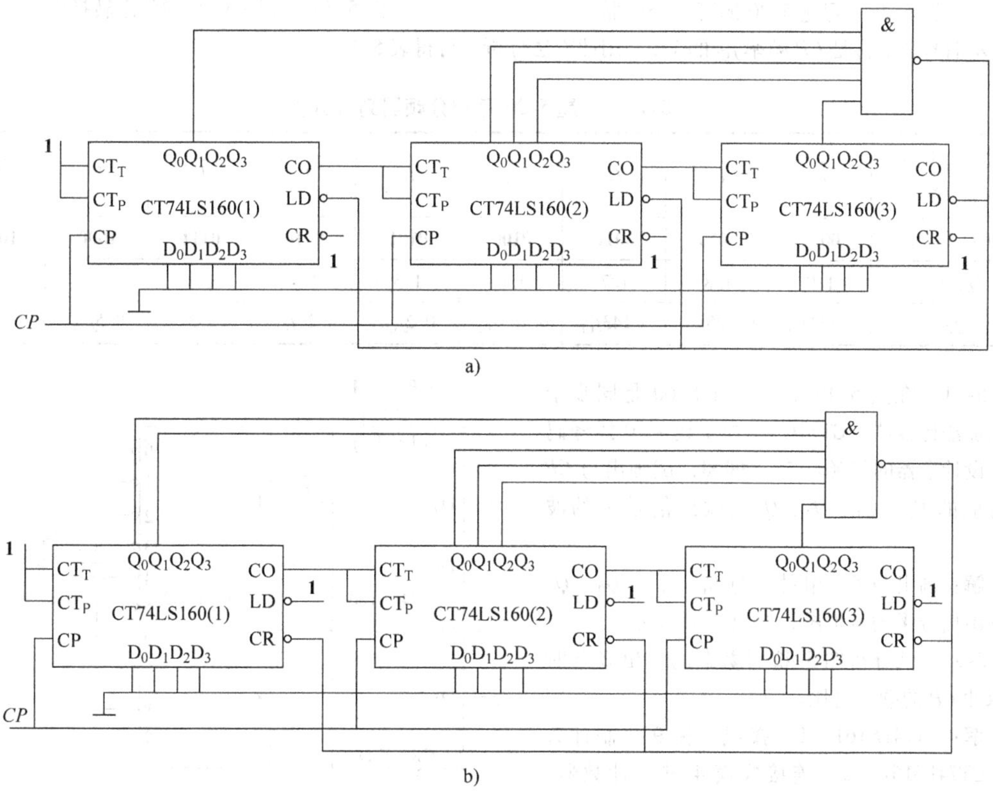

图 5-37　习题 5-19 的连线图

a）方案 1 的连线图　b）方案 2 的连线图

5-20　图 5-38 是由二－十进制优先权编码器 CT74LS147（真值表见教材表 3-9）和同步十进制加法计数器 CT74LS160（功能表见教材表 5-7）组成的可控分频器。试说明当输入控制信号 $\overline{I}_1$、$\overline{I}_2$、$\overline{I}_3$、$\overline{I}_4$、$\overline{I}_5$、

$\overline{I}_6$、$\overline{I}_7$、$\overline{I}_8$ 和 $\overline{I}_9$ 分别为低电平，并设 *CP* 脉冲频率为 f_{CP}时，*Z* 端输出脉冲频率 f_Z = ?

解：CT74LS160 是带同步预置端的模 10 进制加法计数器。由图 5-38 可知，当 $CO=\mathbf{1}$ 时，$\overline{LD}=\mathbf{0}$，$Q_3^nQ_2^nQ_1^nQ_0^n = D_3D_2D_1D_0 = Y_3Y_2Y_1Y_0$；而 CT74LS147 为二－十进制优先权编码器，当 $\overline{I}_1=\mathbf{0}$ 时，同时其余输入信号为 **1** 时，$\overline{Y}_3\ \overline{Y}_2\ \overline{Y}_1\ \overline{Y}_0 = \mathbf{1110}$，$D_3D_2D_1D_0 = \mathbf{0001}$，此时 CT74LS160 接成模 9 进制计数器，其状态转换图如图 5-39 所示。

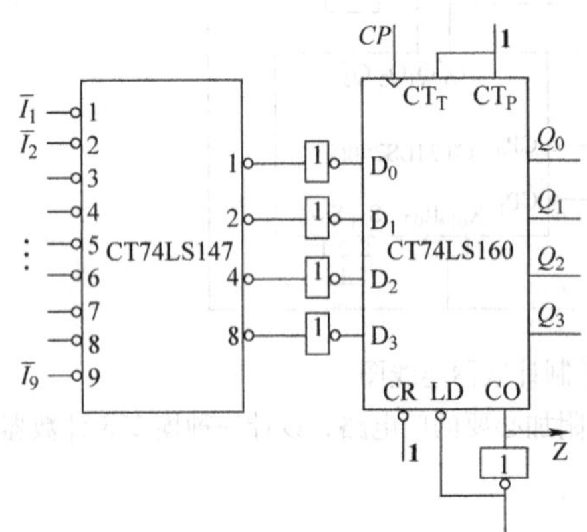

图 5-38　习题 5-20 的可控分频器

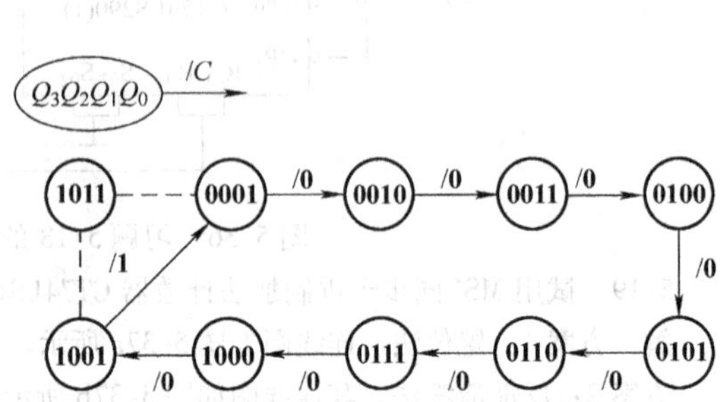

图 5-39　习题 5-20 的状态转换图

Z 端的频率 f_Z是 *CP* 频率 f_{CP}的 1/9。用此方法分析，可得表 5-13。

表 5-13　习题 5-20 可控分频器列表分析

接低电平的输入端	$\overline{I}_1$	$\overline{I}_2$	$\overline{I}_3$	$\overline{I}_4$	$\overline{I}_5$	$\overline{I}_6$	$\overline{I}_7$	$\overline{I}_8$	$\overline{I}_9$
$D_3D_2D_1D_0$	**0001**	**0010**	**0011**	**0100**	**0101**	**0110**	**0111**	**1000**	**1001**
f_Z : f_{CP}	1/9	1/8	1/7	1/6	1/5	1/4	1/3	1/2	0
f_Z	$0.111f_{CP}$	$0.125f_{CP}$	$0.143f_{CP}$	$0.167f_{CP}$	$0.2f_{CP}$	$0.25f_{CP}$	$0.333f_{CP}$	$0.5f_{CP}$	0

5-21　在图 5-40 中，CT74LS160 是同步十进制加法计数器，CT74LS42 为 4 线－10 线译码器，设计数器的初始状态为 **0000**，试画出与 *CP* 相对应的 Q_0、Q_1、Q_2、Q_3 及输出信号 *Y* 的波形图。

解：画出与 *CP* 相对应的 Q_0、Q_1、Q_2、Q_3 及输出信号 *Y* 的波形图，如图 5-41 所示。

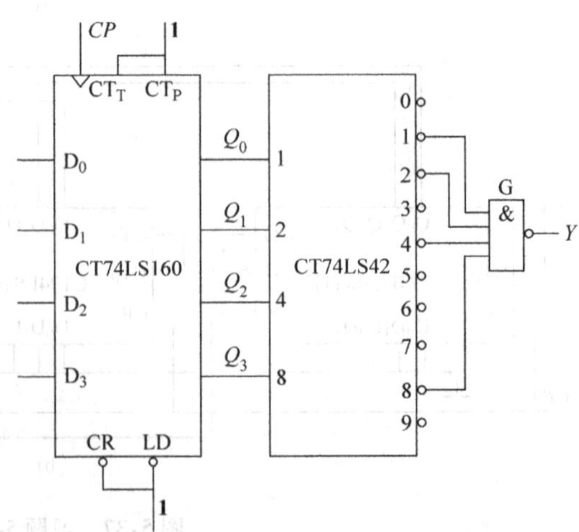

图 5-40　习题 5-21 的应用电路图

5-22　试分析图 5-42 计数器的输出 *Z* 与时钟脉冲 *CP* 的频率之比。

解：CT74LS161（1）接成了模 9 进制计数器，CT74LS161（2）连接成模 4 进制计数器。它们的状态转换表分别见表 5-14（1）、表 5-14（2）。

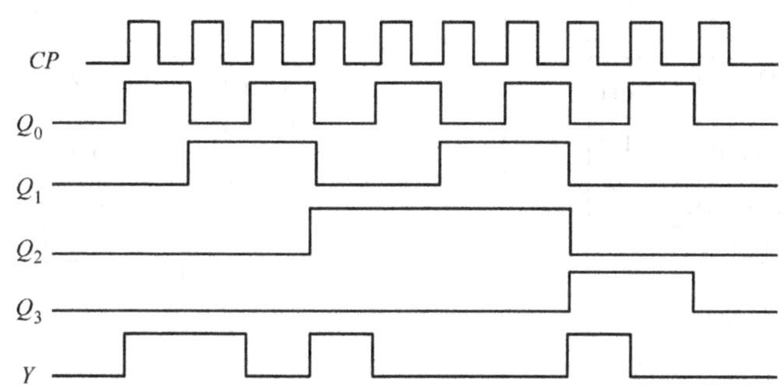

图5-41　习题5-21解的波形图

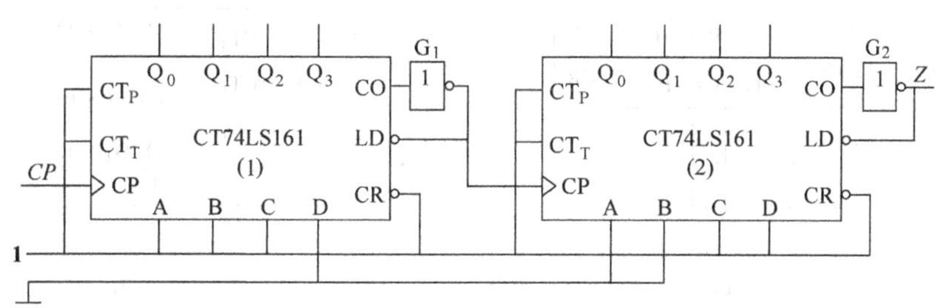

图5-42　习题5-22的计数器

表5-14（1）　状态转换表

CP	Q_3	Q_2	Q_1	Q_0
0	0	1	1	1
1	1	0	0	0
2	1	0	0	1
3	1	0	1	0
4	1	0	1	1
5	1	1	0	0
6	1	1	0	1
7	1	1	1	0
8	1	1	1	1
9	0	1	1	1

表5-14（2）　状态转换表

CP	Q_3	Q_2	Q_1	Q_0
0	1	1	0	0
1	1	1	0	1
2	1	1	1	0
3	1	1	1	1
4	1	1	0	0

由于整个电路构成了模36进制计数器，所以输出信号频率f_Z与时钟脉冲的频率f_{CP}之比为1∶36。

5-23　试用MSI同步4位二进制加法计数器CT74LS161构成模10递增计数器。要求至少用两种方法接线构成。

解：其实，可采用多种方案构成模10递增计数器。以下是4种方案的连线图，它们分别如图5-43a、b、c、d所示，每幅连线图对应的简易状态转换表分别见表5-15a、b、c、d。

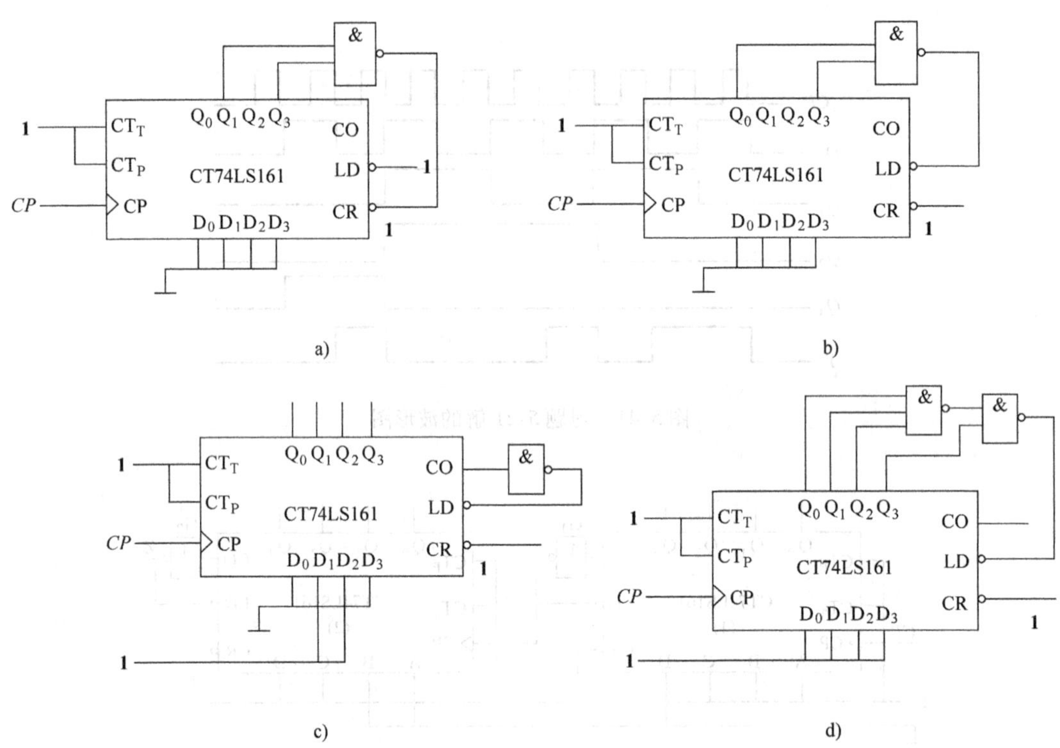

图 5-43　采用 4 种方案接成模 10 递增计数器的连线图

a）方案 1　b）方案 2　c）方案 3　d）方案 4

表 5-15a　状态转换表

CP	Q_3	Q_2	Q_1	Q_0
0	0	0	0	0
1	0	0	0	1
2	0	0	1	0
3	0	0	1	1
4	0	1	0	0
5	0	1	0	1
6	0	1	1	0
7	0	1	1	1
8	1	0	0	0
9	1	0	0	1
10	1	0	1	0

表 5-15b　状态转换表

CP	Q_3	Q_2	Q_1	Q_0
0	0	0	0	0
1	0	0	0	1
2	0	0	1	0
3	0	0	1	1
4	0	1	0	0
5	0	1	0	1
6	0	1	1	0
7	0	1	1	1
8	1	0	0	0
9	1	0	0	1
10	0	0	0	0

表 5-15c　状态转换表

CP	Q_3	Q_2	Q_1	Q_0
0	0	1	1	0
1	0	1	1	1
2	1	0	0	0
3	1	0	0	1
4	1	0	1	0
5	1	0	1	1
6	1	1	0	0
7	1	1	0	1
8	1	1	1	0
9	1	1	1	1
10	0	1	1	0

表 5-15d　状态转换表

CP	Q_3	Q_2	Q_1	Q_0
0	1	1	1	1
1	0	0	0	0
2	0	0	0	1
3	0	0	1	0
4	0	0	1	1
5	0	1	0	0
6	0	1	0	1
7	0	1	1	0
8	0	1	1	1
9	1	0	0	0
10	1	1	1	1

5-24　试用两片 CT74LS160 及少量的门电路构成模 100 计数器。

解：方案 1：采用反馈归零法。因为 $(100)_D = (\mathbf{1100100})_B$，所以可用图 5-44a 的计数器来实现。方案 2：采用级连法。因为 $100 = 10 \times 10$，所以可以连接成图 5-44b 所示的计数器。

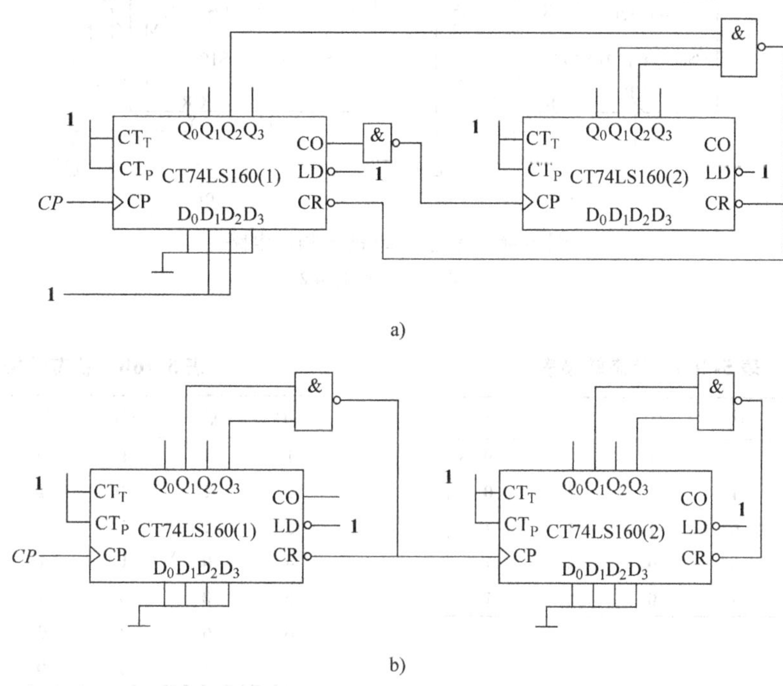

图 5-44　习题 5-24 模 100 计数器的两种实现方案

a）方案 1：反馈归零法　b）方案 2：级连法

5-25　已知时钟脉冲的频率为 96kHz，试用 3 片中规模集成计数器芯片组成分频器，将时钟脉冲的频率降低为 60Hz，画出该分频器电路的接线图。

解：由于 $96\text{kHz} \div 60\text{Hz} = 1600 = 16 \times 10 \times 10$，所以可用一片 CT74LS161 计数器芯片、两片 CT74LS160 计数器芯片，分别连接成一个模 16 计数器、两个模 10 计数器，即可构成 1600 分频器，将 96kHz 的时钟脉冲频率降低为 60Hz。该分频器电路的一种接线图如图 5-45 所示。

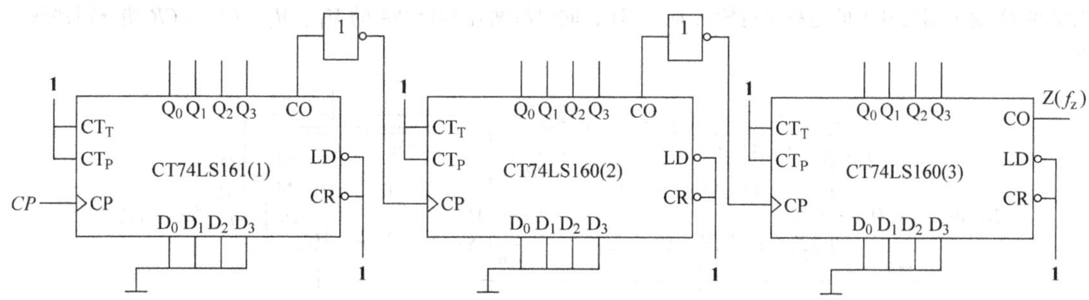

图 5-45　习题 5-25 的分频器电路的连线图

5-26　图 5-46a、b 为双向移位寄存器 CT74LS194 构成的分频器电路。要求：

（1）分别列出它们的状态转换表，并说出它们各为几分频器；

*（2）总结出扭环形计数器改接成奇数分频器的规律。

解：（1）CT74LS194 清零后，$M_1M_0 = \mathbf{01}$，处于右移工作状态。图 5-46a 电路的状态转换表如表 5-16a 所示。据此状态转换表可知是模 5 进制计数器；图 5-46b 电路的状态转换表见表 5-16b，由此表可知其为模

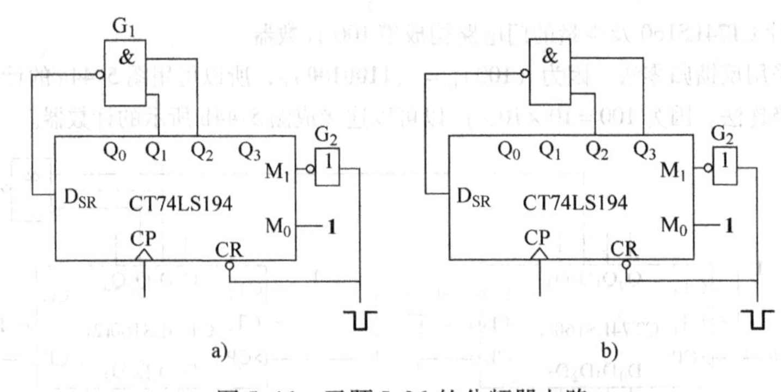

图 5-46　习题 5-26 的分频器电路

a）电路 1　b）电路 2

7 进制计数器。

表 5-16a　状态转换表

CP	Q_3	Q_2	Q_1	Q_0
1	**1**	**1**	**0**	**0**
2	**1**	**1**	**1**	**0**
3	**0**	**1**	**1**	**1**
4	**0**	**0**	**1**	**1**
5	**1**	**0**	**0**	**1**

表 5-16b　状态转换表

CP	Q_3	Q_2	Q_1	Q_0
1	**1**	**1**	**0**	**0**
2	**1**	**1**	**1**	**0**
3	**1**	**1**	**1**	**1**
4	**0**	**1**	**1**	**1**
5	**0**	**0**	**1**	**1**
6	**0**	**0**	**0**	**1**
7	**1**	**0**	**0**	**0**

（2）扭环形计数器改接成奇数分频器的规律如下：从 Q_0、Q_1、Q_2、Q_3 接反馈连线，分别构成 2、4、6、8 分频器（即模 $m=2n$）。如果将两个相邻触发器的输出端加到**与非门**的输入端，共同作为反馈信号，就可使计数器的模 m 由 $2n$ 变为 $2n-1$。

5-27　试用两片 CT74LS194 构成 8 位双向移位寄存器电路。

解：由于 CT74LS194 为 4 位双向移位寄存器，故需两片 CT74LS194 相连才能构成 8 位双向移位寄存器。其电路连接如图 5-47 所示。在该图中，将 CT74LS194 片 1 的 Q_3 输出与片 2 的右移串行输入 D_{SR} 相连，而将片 2 的 Q_0 输出端与片 1 的左移串行输入 D_{SL} 相连，同时将两片 74LS194 的 M_1、M_0、CP 和 CR 端分别并联相连。

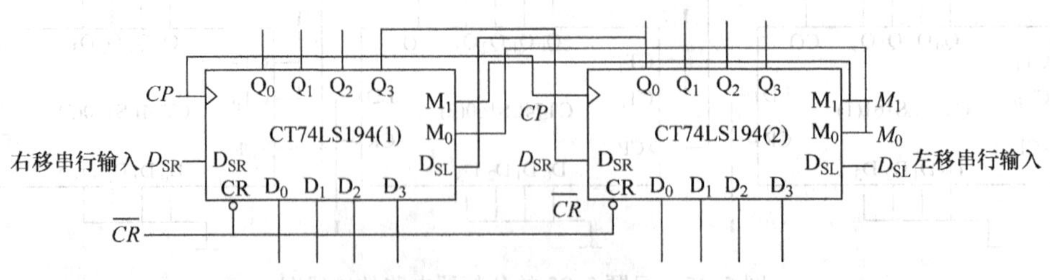

图 5-47　习题 5-27 的连线图

5-28　试用维持－阻塞 D 触发器和门电路设计一个灯光控制电路，要求 A、B、C 共 3 个灯按图 5-48 所示的亮灭规律变化。已知 CP 信号的周期为 10s，图 5-48 中空心圆圈表示灯点亮，阴影线圆圈表示灯熄灭。

解：分析题意可知，电路循环一次需要 4 个周期为 10s 的 CP，因此可用模 4 进制计数器加译码器实现。现采用同步 2 位二进制计数器，按自然二进制状态顺序递增计数，则列出计数器状态 Q_1、Q_0 及输出

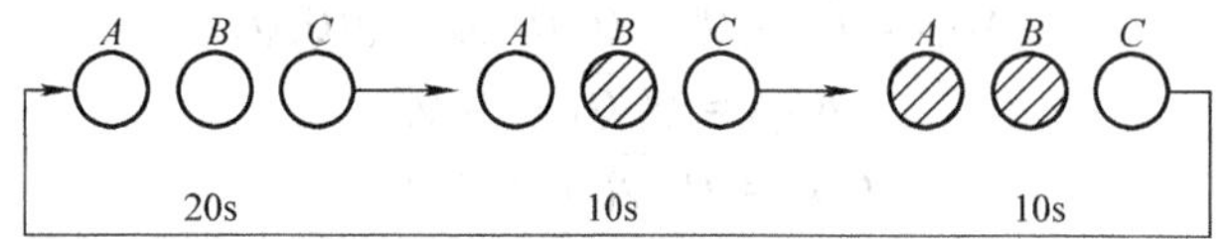

图 5-48　习题 5-28 欲实现的逻辑功能示意图

A、B、C 的状态转换表，见表 5-17。

由表 5-17 可解得电路的状态方程、输出方程及驱动方程分别如下：

$$\begin{cases} Q_1^{n+1} = \overline{Q_1^n} Q_0^n + Q_1^n \overline{Q_0^n} \\ Q_0^{n+1} = \overline{Q_1^n}\,\overline{Q_0^n} + Q_1^n \overline{Q_0^n} \end{cases}$$

$$\begin{cases} A = \overline{Q_1^n Q_0^n} \\ B = \overline{Q_1^n} \\ C = \mathbf{1} \end{cases}$$

$$\begin{cases} D_1 = \overline{Q_1^n} Q_0^n + Q_1^n \overline{Q_0^n} \\ D_0 = \overline{Q_1^n}\,\overline{Q_0^n} + Q_1^n \overline{Q_0^n} \end{cases}$$

表 5-17　Q_1、Q_0 及 A、B、C 的状态转换表

Q_1^n	Q_0^n	Q_1^{n+1}	Q_0^{n+1}	A	B	C
0	**0**	**0**	**1**	**1**	**1**	**1**
0	**1**	**1**	**0**	**1**	**1**	**1**
1	**0**	**1**	**1**	**1**	**0**	**1**
1	**1**	**0**	**0**	**0**	**0**	**1**

请读者思考以下问题：是否需要校验以上设计的灯光控制逻辑电路的自启动能力？为什么？此外，请读者自行画出所设计的灯光控制逻辑电路图。

5-29　设计一个灯光控制逻辑电路，要求红、绿、黄 3 种颜色的灯在时钟信号作用下按表 5-18 给出的顺序转换状态。表 5-18 中的 **1** 表示“亮”，**0** 表示“灭”。要求用 MSI 计数器芯片 CT74LS290 和必要的门电路实现。

解：(1) 据表 5-18 可知，此电路每隔 8 个 CP 循环一次，所以应设计一个模 8 进制计数器。因此先用一片 CT74LS290，采用反馈归零法接成模 8 进制计数器，然后再对计数器的输出信号进行译码，最后就可实现所需要的输出信号。此题的真值表见表 5-19。

表 5-18　习题 5-29 给定的顺序转换状态

CP	红	绿	黄
0	**0**	**0**	**0**
1	**1**	**0**	**0**
2	**0**	**1**	**0**
3	**0**	**0**	**1**
4	**1**	**1**	**1**
5	**0**	**0**	**1**
6	**0**	**1**	**0**
7	**1**	**0**	**0**

表 5-19　习题 5-29 的真值表

CP	Q_3	Q_2	Q_1	Q_0	A	B	C
1	**0**	**0**	**0**	**0**	**0**	**0**	**0**
2	**0**	**0**	**0**	**1**	**1**	**0**	**0**
3	**0**	**0**	**1**	**0**	**0**	**1**	**0**
4	**0**	**0**	**1**	**1**	**0**	**0**	**1**
5	**0**	**1**	**0**	**0**	**1**	**1**	**1**
6	**0**	**1**	**0**	**1**	**0**	**0**	**1**
7	**0**	**1**	**1**	**0**	**0**	**1**	**0**
8	**0**	**1**	**1**	**1**	**1**	**0**	**0**

(2) 写出逻辑函数表达式如下：

根据题 5-29 的真值表，可以得到输出逻辑表达式为：

$$A_{(红)} = \overline{Q_3^n}\,\overline{Q_2^n}\,\overline{Q_1^n}\,Q_0^n + \overline{Q_3^n}\,Q_2^n\,\overline{Q_1^n}\,\overline{Q_0^n} + \overline{Q_3^n}\,Q_2^n\,Q_1^n\,Q_0^n$$

$$B_{(绿)} = \overline{Q_3^n}\,\overline{Q_2^n}\,Q_1^n\,\overline{Q_0^n} + \overline{Q_3^n}\,Q_2^n\,\overline{Q_1^n}\,\overline{Q_0^n} + \overline{Q_3^n}\,Q_2^n\,Q_1^n\,\overline{Q_0^n}$$

$$C_{(黄)} = \overline{Q_3^n}\,\overline{Q_2^n}\,Q_1^n\,Q_0^n + \overline{Q_3^n}\,Q_2^n\,\overline{Q_1^n}\,\overline{Q_0^n} + \overline{Q_3^n}\,Q_2^n\,\overline{Q_1^n}\,Q_0^n。$$

(3) 化简

用具有无关项逻辑函数的卡诺图法进行化简，得

$$A_{(红)} = \overline{Q_2^n}\,\overline{Q_1^n}Q_0^n + Q_2^n\,\overline{Q_1^n}\,\overline{Q_0^n} + Q_2^nQ_1^nQ_0^n$$
$$B_{(绿)} = Q_1^n\,\overline{Q_0^n} + Q_2^n\,\overline{Q_0^n}$$
$$C_{(黄)} = Q_2^n\,\overline{Q_1^n} + \overline{Q_2^n}Q_1^nQ_0^n。$$

（4）画出逻辑电路图　略。

5-30　用 CT74LS160 设计一个可控模计数器，当 $X=\mathbf{0}$ 时为模 5 计数器，当 $X=\mathbf{1}$ 时为模 7 计数器。

解：当 CT74LS160 计数器芯片的计数状态 $Q_3Q_2Q_1Q_0$ 计到最大值 **1001** 时，同步预置端有效，因而此时可根据置入数据的不同，构成模数不同的计数器，当 $X=\mathbf{0}$ 时应置入 **0101**，而当 $X=\mathbf{1}$ 时置入 **0011**，因此 $D_3D_2D_1D_0$ 应分别接 **0** $\overline{X}X$ **1**。接线图如图 5-49 所示。

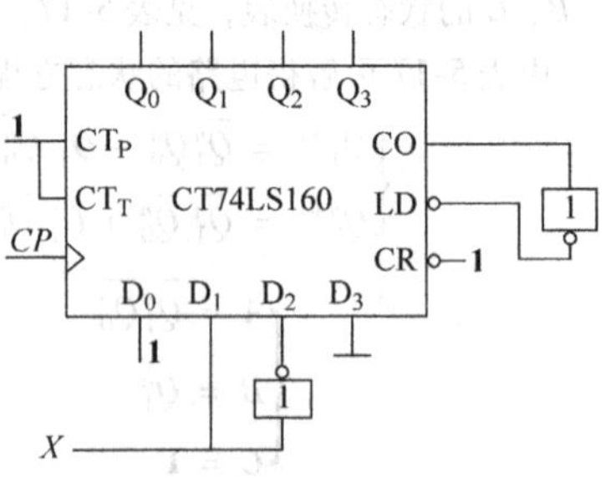

图 5-49　习题 5-30 的连线图

*5-31　已知 3 相脉冲发生器的输出波形如图 5-50 所示。试解答：

（1）用 SSI 器件：维持－阻塞 D 触发器和逻辑门电路设计脉冲发生器；

（2）用双向移位寄存器 CT74LS194 加适当的门电路实现；

（3）试用 MSI 计数器 CT74LS161、3 线－8 线二进制译码器 CT74LS138 和适当的门电路实现。

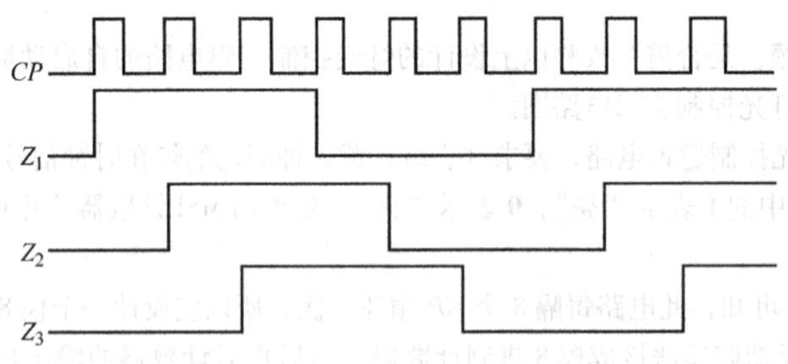

图 5-50　习题 5-31 要求实现的波形图

解：从题目所给的波形图可以看出，该电路产生 3 组序列信号：$Z_1=\mathbf{111000}$，$Z_2=\mathbf{011100}$，$Z_3=\mathbf{001110}$，其序列长度均为 6，因而可用以下几种方法设计：①从波形图画出状态转换图或状态转换表后，按照同步时序电路的方法设计；②用移位型序列码发生器设计；③用计数型序列码发生器设计。现分别按照以上 3 条思路设计。

（1）选用上升沿触发的 D 触发器和逻辑门电路，按照同步时序电路来设计。

第一步：由波形图可列出该电路的状态转换表，见表 5-20 所示。表中设 $Q_2=Z_3$、$Q_1=Z_2$、$Q_0=Z_1$。

表 5-20　习题 5-31 的状态转换表

Q_2	Q_1	Q_0
0	**0**	**1**
0	**1**	**1**
1	**1**	**1**
1	**1**	**0**
1	**0**	**0**
0	**0**	**0**

第二步：先由状态转换表画出该电路的次态卡诺图，如图 5-51a 所示，再分别画出 Q_2^{n+1}、Q_1^{n+1}、Q_0^{n+1} 的次态卡诺图，如图 5-51b、c、d 所示。

第三步：由 Q_2^{n+1}、Q_1^{n+1}、Q_0^{n+1} 的次态卡诺图，求出状态方程如下：

$$\begin{cases} Q_2^{n+1} = Q_1^n \\ Q_1^{n+1} = Q_0^n \\ Q_0^{n+1} = \overline{Q_2^n}。\end{cases}$$

第四步：由上述状态方程可得 D 触发器的驱动方程如下：

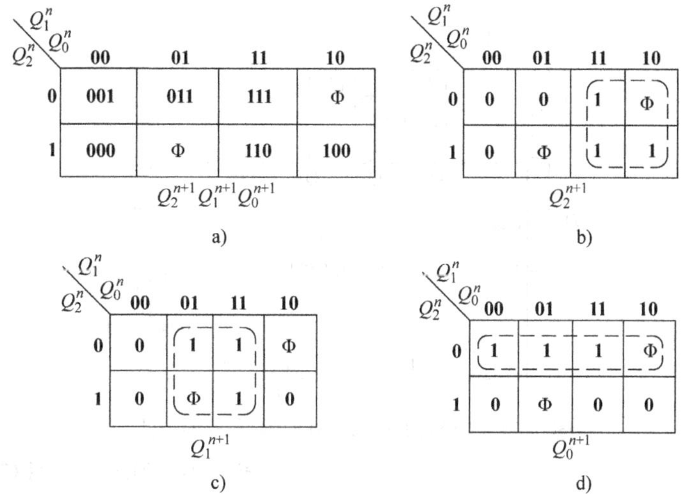

图 5-51　习题 5-31 的次态卡诺图

$$\begin{cases} D_2 = Q_1^n \\ D_1 = Q_0^n \\ D_0 = \overline{Q_2^n}。 \end{cases}$$

第五步：检查电路能否自启动。根据以上求得的状态方程检查无效状态：现态为 **010** 和 **101**，次态分别为 **101** 和 **010**，因此该电路不能自启动。为了使电路自启动，通过改圈 Q_0^{n+1} 的卡诺图，可使 **010** 的次态为 **100**。Q_0^{n+1} 的改圈卡诺图，如图 5-52 所示。由图得到：

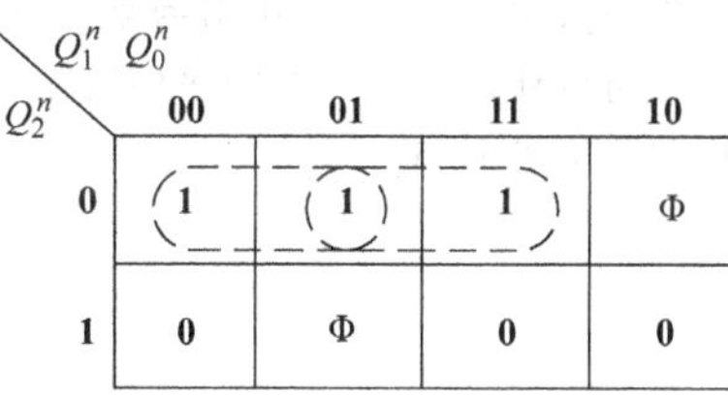

图 5-52　改圈 Q_0^{n+1} 的次态卡诺图

$$Q_0^{n+1} = D_0 = \overline{Q_2^n}\,\overline{Q_1^n} + \overline{Q_2^n}Q_0^n。$$

第六步：根据改圈后的 3 个 D 触发器的驱动方程，画出逻辑电路图，如图 5-53 所示。

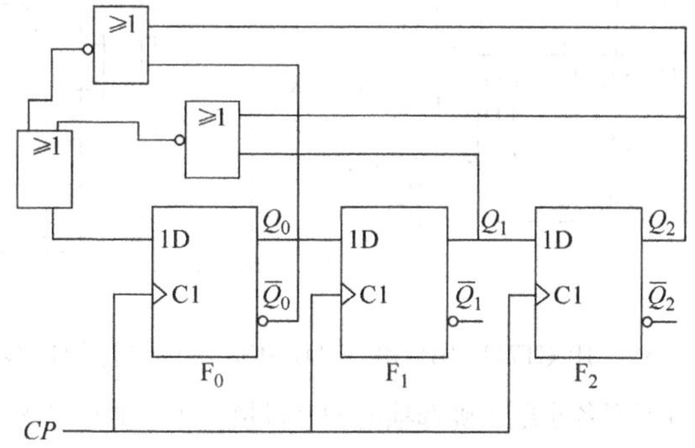

图 5-53　题 5-31 的逻辑电路图（1）

（2）用移位寄存型计数器的实现方案

状态转换表同于表 5-20，用 CT74LS194 和门电路实现时只要将 $Q_0^{n+1} = D_0 = \overline{Q_2^n}\,\overline{Q_1^n} + \overline{Q_2^n}\,\overline{Q_0^n}$ 接入 CT74LS194 的 D_{SR} 即可，实现电路示于图 5-54。

（3）按照 MSI 计数器改接线方法设计

首先用 CT74LS161 设计一个模 6 进制加法计数器，然后用 3 线 - 8 线译码器产生 3 组所需要的序列信号，再列出状态转换表，如表 5-21 所示。最后根据表 5-21 所示的状态转换表，写出 Z_1、Z_2、Z_3 的逻辑函

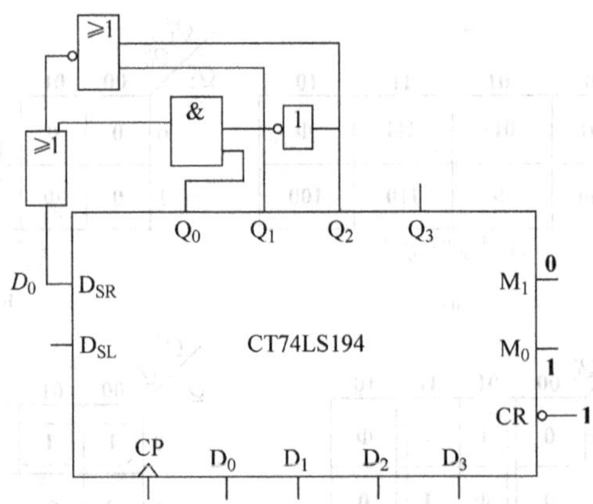

图 5-54　题 5-31 用 CT74LS194 实现的连线图

数式：

$$\begin{cases} Z_3 = m_2 + m_3 + m_4 = \overline{\overline{m_2}\,\overline{m_3}\,\overline{m_4}} \\ Z_2 = m_1 + m_2 + m_3 = \overline{\overline{m_1}\,\overline{m_2}\,\overline{m_3}} \\ Z_1 = m_0 + m_1 + m_2 = \overline{\overline{m_0}\,\overline{m_1}\,\overline{m_2}} \end{cases}$$

将计数器的输出 Q_2、Q_1、Q_0 接至 3 线 - 8 线译码器的 A_2、A_1、A_0 端，并用与非门实现 Z_3、Z_2、Z_1，便可得到 Z_3、Z_2、Z_1 的序列码输出信号。其逻辑电路示于图 5-55。

表 5-21　习题 5-31 用 CT74LS161 和 CT74LS138 实现的状态转换表

Q_2	Q_1	Q_0	Z_3	Z_2	Z_1
0	0	0	0	0	1
0	0	1	0	1	1
0	1	0	1	1	1
0	1	1	1	1	0
1	0	0	1	0	0
1	0	1	0	0	0

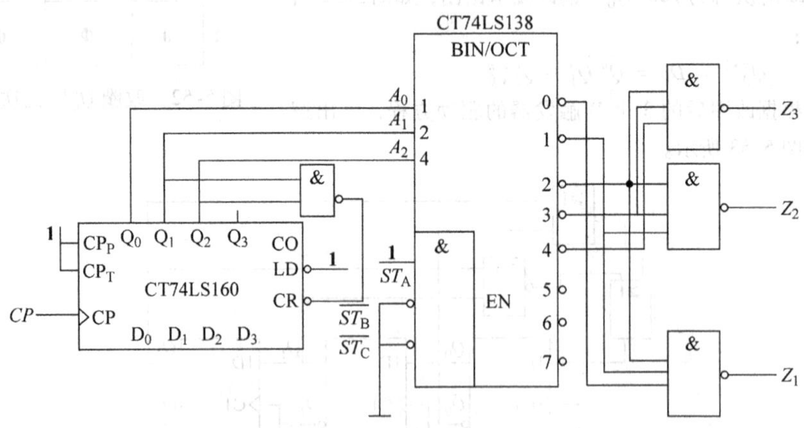

图 5-55　用 CT74LS161 和 CT74LS138 实现设计的连线图

5-32　单项选择题（请将下列各小题正确选项前的字母填在题中的括号内）：

（1）N 个触发器可以构成存储（　　）位二进制数据的寄存器。

A. $N-1$　　B. N　　C. $N+1$　　D. $2N$

（2）为了把串行输入数据转换为并行输出数据，可以使用（　　）芯片。

A. MSI 计数器　　B. MSI 寄存器　　C. MSI 数据选择器　　D. LSI 静态存储器

（3）与同步时序电路相比，异步时序电路具有结构简单的优点，但它的主要缺点是（　　）。

A. 工作速度较慢　　B. 无自启动能力　　C. 抗干扰能力较弱　　D. 功耗较高

（4）双向移位寄存器 CT74LS194 具有（　　）功能。

A. 数据并行存入、双向移位　　B. 异步清零

C. 保持　　D. 前 3 项功能都具备

（5）下列各种类型的锁存器或触发器中哪个可以组成移位寄存器（　　）。

A. 基本 SR 锁存器　　B. 门控 SR 锁存器

C. 主从 SR 触发器　　D. 维持阻塞 D 触发器

（6）在一个模 24 计数器中，当时钟信号到达时，各触发器的翻转有先有后，此计数器称为（　　）。

A. 同步计数器　　B. 异步计数器

C. 时钟计数器　　D. 移位寄存型计数器

（7）TTL 型和 CMOS 型触发器在使用过程中正确的处理方法是（　　）。

A. 电源电压相同时，可以兼容；但 TTL 型不用的信号端可以悬空；而 CMOS 型不用的信号端不可悬空，必须经过电阻接逻辑“**1**”

B. 只要电源电压一致可随意使用

C. 电源电压不同也可以互换使用

D. 不论电源电压是否相同，都可以级联使用

（8）一种比较简单、直观的序列信号实现方案是用计数器和（　　）组成的。

A. 数据选择器　　B. 数值比较器　　C. 多路分配器　　D. 全加器

（9）如果计数器是按 8421 编码方式进行计数，则称为（　　）。

A. 4 位二进制计数器　　B. 循环码计数器　　C. 可逆计数器　　D. 模 10 计数器

（10）欲构成一个模 12 递增计数器共需用（　　）个触发器。

A. 3　　B. 10　　C. 2　　D. 4

（11）n 个触发器可以构成最大计数长度（即最大模数）为（　　）的计数器。

A. n　　B. $2n$　　C. n^2　　D. 2^n

（12）若每输入 256 个脉冲，分频器能输出一个脉冲，则此分频器需用（　　）个 T′触发器链接而成？

A. 7　　B. 8　　C. 9　　D. 10

（13）某同学手头有边沿 JK 触发器，但急需将其用作边沿 D 触发器，应使（　　）。

A. $J=\overline{D}$，$K=D$　　B. $J=D$，$K=\overline{D}$　　C. $J=K=D$　　D. $J=K=\overline{D}$

（14）以下数字部件属于时序逻辑电路的是（　　）。

A. 数据选择器 CT74LS151　　B. 数值比较器 CT74LS85

C. 二进制译码器 CT74LS138　　D. 单向移位寄存器 CC4015

参考答案：（1）B；（2）B；（3）A；（4）D；（5）D；（6）B；（7）A；（8）A；（9）A；（10）D；（11）D；（12）B；（13）B；（14）D。

第 6 章　半导体存储器和可编程逻辑器件

6.1　学习指导

1. 半导体存储器

（1）半导体存储器的特点

半导体存储器具有集成度高、体积小、存储密度大、可靠性高、价格低、外围电路简单且易于批量生产的特点。它被用来存储程序和大量的数据，因而是计算机和其他数字系统中不可缺少的组成部分。

（2）半导体存储器的主要技术指标

1）存储容量　指半导体存储器能够存储二进制数据数目的多少。由于存储器中每个存储单元可存储 1 位二进制数据，即一个 **0** 或 **1**，所以存储器的容量就是存储器中所有存储单元的总数目。例如一个内含 1024 个存储单元的存储器，其存储容量为 1K（$1K = 1024 = 2^{10}$）。

2）存取时间　存取时间一般用读（或写）的周期来表示。而读（或写）周期定义为存储器连续两次读出（或写入）操作所需的最短时间间隔。读（或写）周期越短，存取时间就越短，存储器工作速度也就越快。目前高速 RAM 的存取时间已经达到纳秒数量级。

2. 随机存取存储器（RAM）

（1）RAM 的特点

RAM 又名随机读/写存储器，工作时在控制信号的作用下，可以随时从任何指定地址对应的 RAM 存储单元中读出数据或向该单元写入数据。它的优点是读写方便、快速，缺点是数据易失，即一旦掉电，存储器中的信息会丢失。

（2）RAM 的结构

RAM 通常由存储矩阵、地址译码器和读/写控制电路（亦称输入/输出电路）等 3 大部分组成。现分别简介如下：

1）存储矩阵　一个 RAM 中有许多个结构相同的存储单元，因这些存储单元排成矩阵形式，故称为存储矩阵。每个存储单元存储 1 位二进制信息（**0** 或 **1**）。

通常存储器中数据的读出或写入是以**字**为单位进行的，每次操作读出或写入一个字，一个字含有若干个存储单元（若干位数据），每位数据被称为该字的 **1 位**，一个字中所含的数据位数称为**字长**。在工程实际中，常以字数乘以字长表示存储器容量，存储器容量越大，意味着存储的数据越多。为了区别不同的字，将同一个字的各位数据编成一组，并指定一个编号，称为该字的**地址**，每个字都有唯一的地址与之对应，同时每个字的地址反映该字在存储器中的物理位置。地址通常用二进制数或十六进制数表示。

2）地址译码器　在 RAM 中，地址的选择通过地址译码器来实现。地址译码器通常有字译码器和矩阵译码器两种。在大容量存储器中，通常采用矩阵译码器，这种译码器将地址分为行地址和列地址译码器两部分，行地址译码器对行地址译码，而列地址译码器对列地址译码，行、列译码器的输出为存储器的行、列选择线，由它们共同选择欲读/写的存储单元。

3）片选和读/写控制电路　每片RAM的存储容量极为有限，而工程中通常需要大容量的存储器，故获得大容量存储器之法是用多片RAM，通过一定的连接方式组成大容量存储系统。在此情况下，任一时刻通常只对其中的一片或几片RAM进行读/写操作。为此，在RAM芯片中设有片选端$\overline{CS}$（低电平有效）。若某片RAM的$\overline{CS}$端加低电平，则该RAM芯片就被选中，可对其施行读/写操作，否则该RAM不工作。

3. 只读存储器（ROM）

（1）ROM的特点与分类

ROM属于数据非易失性器件，意即外加电源消失后，数据不会丢失，可长期保存。按照数据写入方式的不同，将它分成掩膜式ROM、可编程ROM（PROM）和可擦除可编程ROM（EPROM）。根据EPROM数据擦除、写入方式的不同，又分为紫外线可擦除可编程ROM（UVEPROM）、电可擦除可编程ROM（E^2PROM）和快闪式存储器（Flash Memory）等3种。

（2）ROM的结构

ROM主要由地址译码器、存储矩阵和输出缓冲器3部分组成。存储矩阵由许多结构相同的存储单元组成，而存储单元可用二极管构成，也可用BJT或MOS管构成，每个或每组存储单元有唯一的地址与之对应。

地址译码器的作用是将输入的地址代码转换成相应的控制信号，利用这一控制信号从存储矩阵中将指定的单元寻找出，并将该单元中的存储数据送入输出缓冲器。

输出缓冲器的作用有三：一是提高存储器带负载能力；二是将输出信号电平调整为标准的逻辑电平值；三是实现对输出信号的三态控制。

不同类型的ROM整体结构基本相同，其区别在于存储单元结构和工作原理有所不同。

4. 存储器容量的扩展

所谓扩展存储容量就是将多片一定容量的存储器（ROM或RAM），按照一定的方式相连接，构成一个容量更大的存储系统。工程中将扩展存储容量分为位扩展和字扩展方式。

（1）位扩展方法

如果每片存储器中的字数够用而位数不够用时，就应采用位扩展方法。**方法是**：将多片RAM芯片的所有地址线、读写控制线$R/\overline{W}$、片选信号端$\overline{CS}$分别并联，作为扩展后存储系统的地址线、读写控制线$R/\overline{W}$、片选信号$\overline{CS}$；而每一片的I/O端作为扩展后RAM的数据输入/输出端的一位。

（2）字扩展方式

如果一片存储器的位数够用而字数不够用时，应该采用字扩展连接方法。**字扩展方法是**：将多片RAM芯片的低位地址线并联，作为扩展后存储器的低位地址线；通过译码器CT74LS138的输入分别连接扩展后存储器的高位地址线，将译码器的输出信号（低电平有效），作为多片RAM的片选信号；每片RAM的I/O端分别并联，作为扩展后存储系统的I/O端；读/写控制信号也分别并联。

5. 可编程阵列逻辑（PAL）

(1) PAL 基本逻辑功能介绍

PAL 是 20 世纪 70 年代末由美国 MMI 公司最早推出的 LDPLD 产品之一。它采用双极性工艺、熔丝编程方式。根据主教材表 6-3 知，PAL 由可编程的**与**阵列、固定的**或**阵列和各种不同的输出结构共 3 部分组成。通过对**与**阵列编程，获得不同形式的组合逻辑函数。另外，在有些 PAL 器件中，输出电路还设置有触发器和由触发器输出到**与**阵列的反馈连线，利用这些 PAL 器件可以方便地构成各种时序逻辑电路。

用 PAL 器件设计组合逻辑电路时，**与**阵列的每个输出为一乘积项，**或**阵列的每个输出为若干个乘积项之和，亦即 PAL 是用乘积项之和的形式来实现组合逻辑函数的。

目前，常见的 PAL 产品中，输入变量最多的达 20 个，**与**逻辑乘积项最多可达 80 个，**或**阵列输出最多达 10 个，每个**或**门的最多输入有 16 个。如此一般，对于绝大多数组合逻辑函数，PAL 都能满足工程设计要求。

为了满足用户不同情况下对 PAL 的要求，有各种不同输出结构的 PAL 器件供用户选用。这些不同输出结构包括专用输出、可编程输入/输出、寄存器输出、**异或**输出和运算选通反馈结构。不同输出结构的 PAL 器件型号不同，因此有很多种型号的 PAL 器件。

(2) 典型的 PAL 器件 PAL16L8

教材中给出了 PAL16L8 的逻辑电路，该器件内部包含有 8 个**与**、**或**阵列和 8 个三态反相输出缓冲器。每个**与**、**或**阵列由 8 个 32 输入端**与**门和 7 输入端**或**门组成。**与**、**或**阵列的第一个**与**门的输出作为专用乘积项，用来控制三态缓冲器的输出，其余 7 个乘积项作为**或**门的输入信号。引脚 1~9 和引脚 11 是器件的输入端，引脚 12 和 19 是输出端，引脚 13~18 共 6 个脚可以经编程定义为输出端，亦可经编程定义为输入端。因此，PAL16L8 最多可有 16 路输入（包括反馈）、8 路输出，型号 PAL16L8 中后一个 L 表示低电平输出有效。

6.2 习题 6 解答

6-1 什么是半导体存储器？它有哪些种类？

答： 半导体存储器是能够存储大量的二值信息（或二进制数据）的一类大规模集成电路。它是计算机和其他数字系统中不可缺少的组成部分。

半导体存储器的种类不同的分法，常见的分法有以下 3 种：

(1) 按照制造工艺分为双极型半导体存储器和 MOS 型半导体存储器；

(2) 按照存取功能分为只读存储器 ROM 和随机读/写存储器 RAM；

(3) 按数据输入/输出方式，又可分为串行存储器和并行存储器。

6-2 RAM 分为哪两类？这两类 RAM 在电路结构和工作原理上有什么相同和不同之处？

答： 通常将随机读/写存储器 RAM 分为静态存储器（SRAM）和动态存储器（DRAM）这两类。这两类 RAM 的整体结构基本相同，它们之间的区别主要体现在存储单元的结构和工作原理上：SRAM 以静态触发器作为存储单元，依靠触发器的记忆功能存储数据，而 DRAM 以 MOS 管栅极电容的电荷存储效应来存储数据。

6-3 ROM 主要有哪 3 大类？它们在电路结构和工作原理上有什么相同和不同之处？

答： 根据结构和工作原理的不同，一般将只读存储器 ROM 分成掩膜式 ROM、可编程 ROM（PROM）

和可擦除可编程 ROM（EPROM）。它们在电路结构和工作原理上的相同和不同之处有：

（1）掩模式 ROM 采用掩模工艺制作，其中存储的数据根据制作过程中使用的掩模板决定。用户按照使用要求确定存储器的存储内容，存储器制造商根据用户的要求设计掩模板，利用掩模板生产出相应的 ROM。因此，掩模式 ROM 在出厂时存储的数据已经固化在芯片内部，故它在使用时内容不可以更改，只能读出其中的数据。

（2）PROM 是一种仅可进行一次编程的只读存储器。用户通过对其内部存储单元编程一次，获得所需存储内容的 ROM。它在出厂时，存储矩阵中的所有存储单元都已制作了存储器件，相当于在所有的存储单元上都存入 **1**。编程时，经过一定程序的操作，可将原单元的 **1** 改为 **0**。

（3）可擦除可编程 ROM（EPROM）中的存储数据是可以擦除、可以重写的。因此在需要经常修改 ROM 中存储内容的场合，EPROM 便成为一种比较理想的只读存储器。

6-4　设存储器的地址线数目为 n，数据线数目为 m，试问存储器的字数和存储器容量分别与 n、m 之间存在着什么关系？

解：若存储器的地址线数目为 n，数据线数目为 m，则它存储的字数为 2^n，而存储器的容量为 $2^n \times m$。

6-5　指出下列存储系统各具有多少个存储单元，至少需要多少根地址线和数据线？

（1）64K×1；

（2）256K×4；

（3）1M×1；

（4）128K×8。

解：（1）64K×1 存储系统：具有 64K（64×1024）个存储单元，至少需要 16 根地址线，1 根数据线；

（2）256K×4 存储系统：具有（1024×1024）个存储单元，至少需要 18 根地址线，4 根数据线；

（3）1M×1 存储系统：具有 1M（1024×1024）个存储单元，至少需要 20 根地址线，1 根数据线；

（4）128K×8 存储系统：具有 1M（1024×1024）个存储单元，至少需 17 根地址线，8 根数据线。

6-6　设存储器的起始十六进制数地址全 **0**，试指出下列存储器的最高十六进制数地址为多少？

（1）2K×1；（2）16K×4；（3）256K×32。

解：它们的最高十六进制数地址是：（1）2K×1 存储器芯片：$(7FF)_{16}$；（2）16K×4 存储器芯片：$(3FFF)_{16}$；（3）256K×32 存储器芯片：$(3FFFF)_{16}$。

6-7　试确定用 ROM 实现下列逻辑函数时所需要的存储器容量。

（1）实现两个 3 位二进制数相乘的乘法器；

（2）将 8 位二进制数转换成十进制数（用 BCD 码表示）的转换电路。

解：用 ROM 实现逻辑函数时，逻辑函数的输入变量从 ROM 的地址线输入，逻辑函数值则由 ROM 的数据线输出。所以，解答此题如下：

（1）两个 3 位二进制数相乘的乘法器，共有 6 位输入，即需用 6 根地址线；而两个 3 位二进制数相乘的最大值是 **110001**，因为 **111×111=110001**，所以共需 6 位输出，ROM 的容量应为：$2^6 \times 6$；

（2）8 位二进制数转换成十进制数的最大值为 255，用 BCD 码表示为：**1001010101**，即输入 8 位、输出 10 位，所以 ROM 的容量应为：$2^8 \times 10$。

6-8　2114 是 1024×4 位的 RAM，试用 4 片 2114 和 3 线－8 线二进制译码器 CT74LS138 设计一个 4096×4 位的存储系统，并说明扩展后存储系统的地址范围。

解：采用字位扩展的连线方式。需要用 4 片 1024×4 位的 2114 存储器芯片。扩展成 4096×4 位存储系统的结构框图，如图 6-1 所示。

扩展成的 4096×4 位存储系统的二进制数码地址范围为：**000000000000～111111111111**。

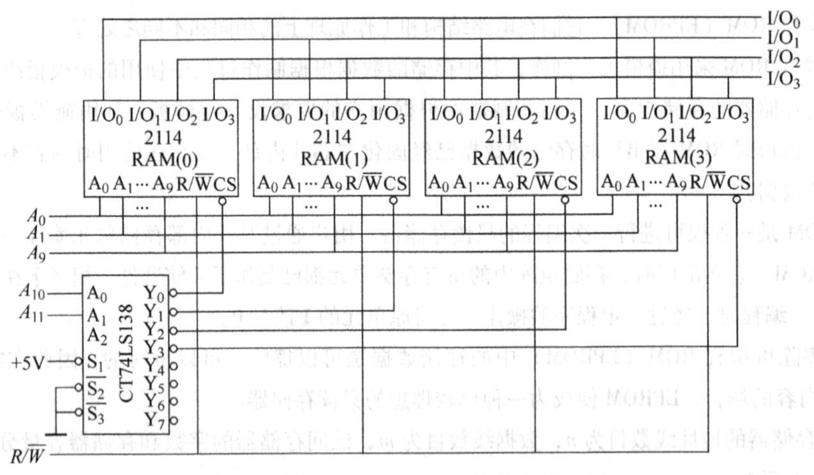

图 6-1　题 6-8 的 4096×4 位的存储系统

6-9　MC6264 是 8KB×8 位的 SRAM，试用多片 MC6264 设计一个 16KB×16 位的存储系统。

解：用 8KB×8 位的 DRAM 芯片构成 16KB×16 位存储器，需要用$\frac{16\text{KB}\times16}{8\text{KB}\times8}=2\times2=4$个芯片，其中每两片为一组，构成 8KB×16 位，进行字长、位数扩展（一组内的两个芯片只有数据信号线不互连，分别接$D_0\sim D_7$、$D_8\sim D_{15}$，其余同名引脚互连），需要低 13 位地址（$A_0\sim A_{12}$）作为模块内各个芯片的内部单元地址，分成行、列地址输入，然后用高位地址 A_{13}，由两组芯片进行存储器容量扩展，其存储系统如图 6-2 所示。

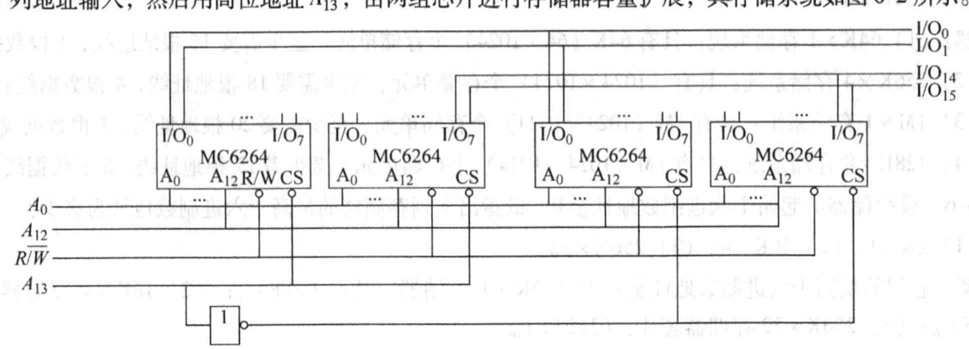

图 6-2　题 6-9 的 16KB×16 位的存储系统

6-10　可编程逻辑器件有哪些种类？

解：PLD 器件的分类方法很多，常见的有以下几种：

（1）按照集成逻辑门的密度，PLD 可分为低密度可编程逻辑器件（LDPLD）和高密度可编程逻辑器件（HDPLD）两大类。LDPLD 主要包括 PROM、PLA、PAL 和 GAL 共 4 种；HDPLD 主要有 CPLD 和 FPGA 共两种。

（2）按照容许的编程次数分类，可编程逻辑器件分为一次性编程器件和多次编程器件两种。

（3）按照编程方式分类，PLD 分为熔丝和反熔丝编程器件、UVEPROM 编程器件、电可擦除可编程器件和 SRAM 编程器件共 4 种。

6-11　试说明在下列工程应用场合，选用哪种类型的 PLD 芯片较为合适。

（1）小批量定型产品中的中规模逻辑电路；

（2）产品研制过程中需要不断修改的中、小规模逻辑电路；

（3）需要经常改变其逻辑功能的规模较大的逻辑电路；

（4）要求能以遥控方式改变其逻辑功能的逻辑电路。

解：根据不同的要求，可供选择的 PLD 类型有：PAL、GAL、FPGA、ISP - PLD 等。特别注意：FPGA 电路结构为若干独立的可编程模块组成；而 ISP - PLD 的特点是编程时不需用编程器，也无需从它所在系统的电路板取下，就可以利用计算机直接“在系统”编程。如果要设计中、小规模逻辑电路，则需根据产品是定型还是研制来选择 PAL 或 GAL。根据以上概念，选择 PLD 芯片如下：

（1）PAL；

（2）GAL；

（3）FPGA；

（4）ISP - PLD。

6-12　试用 PAL16L8 设计一个 3 线 - 8 线二进制译码器，并画出其熔丝图。

解：设使能端$\overline{ST}$为低电平有效，译码器的输入为 A_2、A_1、A_0，输出为$\overline{Y_7}$、$\overline{Y_6}$、$\overline{Y_5}$、$\overline{Y_4}$、$\overline{Y_3}$、$\overline{Y_2}$、$\overline{Y_1}$、$\overline{Y_0}$（低电平有效），则可列出 3 线 - 8 线二进制译码器的真值表，见表 6-1。由表可得该译码器的 8 个输出逻辑表达式：

$$\overline{Y_7}=\overline{A_2A_1A_0},\ \overline{Y_6}=\overline{A_2A_1\overline{A_0}},\ \overline{Y_5}=\overline{A_2\overline{A_1}A_0},\ \overline{Y_4}=\overline{A_2\overline{A_1}\,\overline{A_0}}$$

$$\overline{Y_3}=\overline{\overline{A_2}A_1A_0},\ \overline{Y_2}=\overline{\overline{A_2}A_1\overline{A_0}},\ \overline{Y_1}=\overline{\overline{A_2}\,\overline{A_1}A_0},\ \overline{Y_0}=\overline{\overline{A_2}\,\overline{A_1}\,\overline{A_0}}$$

因为此题阵列逻辑图中有 4 个输入端（包括使能端）、8 个输出端（输出低电平有效，且具有三态功能），所以可选用 16 输入、8 输出（低电平有效）且输出带有三态缓冲器的 PAL16L8。此题经过编程后得到的熔丝图，如图 6-3 所示。

表 6-1　3 线 -8 线译码器真值表

$\overline{ST}$	A_2	A_1	A_0	$\overline{Y_7}$	$\overline{Y_6}$	$\overline{Y_5}$	$\overline{Y_4}$	$\overline{Y_3}$	$\overline{Y_2}$	$\overline{Y_1}$	$\overline{Y_0}$
1	φ	φ	φ	高阻态							
0	0	0	0	1	1	1	1	1	1	1	0
0	0	0	1	1	1	1	1	1	1	0	1
0	0	1	0	1	1	1	1	1	0	1	1
0	0	1	1	1	1	1	1	0	1	1	1
0	1	0	0	1	1	1	0	1	1	1	1
0	1	0	1	1	1	0	1	1	1	1	1
0	1	1	0	1	0	1	1	1	1	1	1
0	1	1	1	0	1	1	1	1	1	1	1

6-13　简述 GAL 的结构特点。

答：GAL 是在 PAL 器件的基础上发展起来的新一代增强型器件，它直接继承了 PAL 器件的**与**、**或**阵列结构，利用输出逻辑宏单元 OLMC 结构来增强输出功能，同时采用电子标签和宏单元结构字等新技术和 E^2CMOS新工艺，使 GAL 具有可擦除、可重新编程和可重新配置其结构等功能。用 GAL 器件设计数字逻辑系统，不仅灵活多样，而且能对 GAL 器件进行仿真，并能完全兼容。它的主要特点是：

（1）采用电可擦除的 CMOS（E^2CMOS）工艺制作，可以用电信号擦除；

（2）可以多次编程；

（3）通过编程可将 OLMC 设置成不同的工作状态，这样就可用一种型号的 GAL 器件实现所有型号的 PAL 器件的功能，方便地实现组合逻辑电路和时序逻辑电路的功能。

*6-14　试用 GAL16V8 设计一个 3 线 - 8 线二进制译码器。

解：设使能端为 ST，高电平有效，译码器的输入为 A_2、A_1、A_0，输出为$\overline{Y_7}$、$\overline{Y_6}$、$\overline{Y_5}$、$\overline{Y_4}$、$\overline{Y_3}$、$\overline{Y_2}$、$\overline{Y_1}$、$\overline{Y_0}$，低电平有效，则 3 线 - 8 线二进制译码器的真值表见表 6-2a。根据此真值表，写出输出逻辑表达式如下：

$$\overline{Y_7}=\overline{A_2A_1A_0},\ \overline{Y_6}=\overline{A_2A_1\overline{A_0}},\ \overline{Y_5}=\overline{A_2\overline{A_1}A_0},\ \overline{Y_4}=\overline{A_2\overline{A_1}\,\overline{A_0}}$$

$$\overline{Y_3}=\overline{\overline{A_2}A_1A_0},\ \overline{Y_2}=\overline{\overline{A_2}A_1\overline{A_0}},\ \overline{Y_1}=\overline{\overline{A_2}\,\overline{A_1}A_0},\ \overline{Y_0}=\overline{\overline{A_2}\,\overline{A_1}\,\overline{A_0}}$$

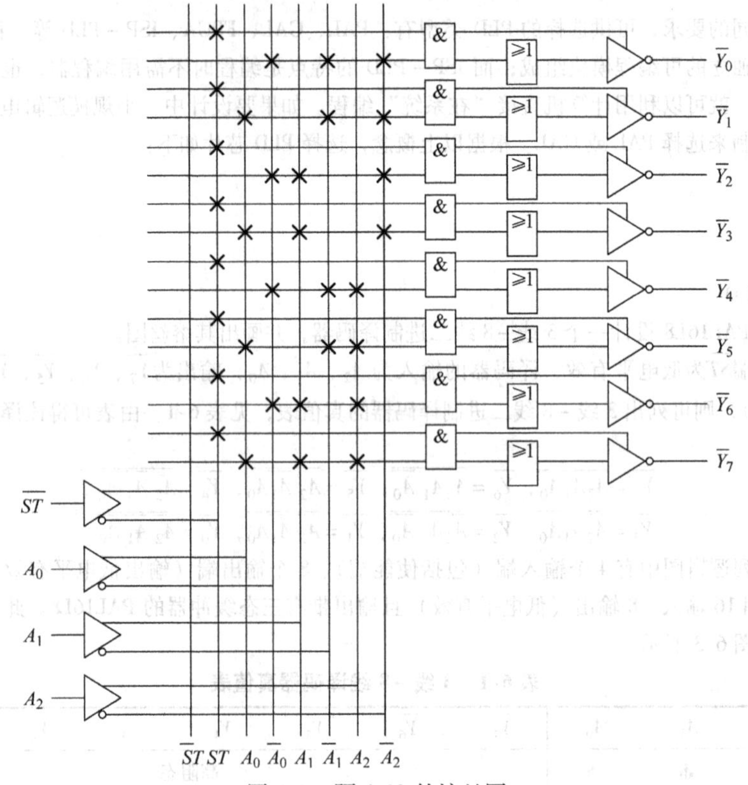

图 6-3 题 6-12 的熔丝图

表 6-2a 3 线 -8 线译码器真值表

ST	A_2	A_1	A_0	$\overline{Y_7}$	$\overline{Y_6}$	$\overline{Y_5}$	$\overline{Y_4}$	$\overline{Y_3}$	$\overline{Y_2}$	$\overline{Y_1}$	$\overline{Y_0}$
0	ф	ф	ф	高阻态							
1	0	0	0	1	1	1	1	1	1	1	0
1	0	0	1	1	1	1	1	1	1	0	1
1	0	1	0	1	1	1	1	1	0	1	1
1	0	1	1	1	1	1	1	0	1	1	1
1	1	0	0	1	1	1	0	1	1	1	1
1	1	0	1	1	1	0	1	1	1	1	1
1	1	1	0	1	0	1	1	1	1	1	1
1	1	1	1	0	1	1	1	1	1	1	1

因为输出需要三态控制，所以选择反馈组合输出模式。现取 4 个输入端分别作为 A_2、A_1、A_0 和使能信号 ST（高电平有效），输出为 $\overline{Y_7}$、$\overline{Y_6}$、$\overline{Y_5}$、$\overline{Y_4}$、$\overline{Y_3}$、$\overline{Y_2}$、$\overline{Y_1}$、$\overline{Y_0}$（低电平有效），这样就可用 8 个 OLMC，此题选取 OLMC（12）~OLMC（19），由相应的开发软件为 GAL 配置结构控制字的存储单元。表 6-2b 列出了具体的配置情况。

表 6-2b GAL16V8 结构控制字的配置情况

OLMC(n)	乘积项数	SYN	AC_0	$AC_1(n)$	$XOR(n)$	输出极性	配置模式
19	1	1	1	1	0	低电平	反馈组合输出
18	1	1	1	1	0	低电平	反馈组合输出
17	1	1	1	1	0	低电平	反馈组合输出
16	1	1	1	1	0	低电平	反馈组合输出
15	1	1	1	1	0	低电平	反馈组合输出
14	1	1	1	1	0	低电平	反馈组合输出
13	1	1	1	1	0	低电平	反馈组合输出
12	1	1	1	1	0	低电平	反馈组合输出

6-15　简述 FPGA 的结构特点。

答：复杂的可编程门阵列（FPGA）的结构特点主要有：

（1）FPGA 采用了阵列结构；

（2）FPGA 运用了 CMOS SRAM 的编程技术；

（3）在结构上 FPGA 由 3 种可编程单元和一个用于存放编程数据的静态随机读/写存储器（SRAM）组成。这 3 种可编程单元是输入/输出（I/O）模块 IOB、可编程逻辑模块 CLB 和互连单元 ICR，它们的工作状态完全由编程数据存储器（即 SRAM）中的数据来设定。

*6-16　简述 ISP 技术及其特点。

答：ISP 技术是一项不需要编程器，只需 PC 和编程电缆即可对 PLD 器件直接编程的技术。在此项技术中，将编程器件所需要的写入/擦除控制电路和高压脉冲发生电路，直接制作在欲编程的芯片之中，利用 PC，通过编程电缆，将编译后的程序直接写入器件中。ISP 技术的特点在于：

（1）不需用编程器，可对 PLD 器件直接编程；

（2）当研制产品时，可以先将芯片焊接在印制线路板（PCB）上，然后再通过一个专用的接口，利用计算机对器件编程，如此做加快了研发产品的速度；

（3）对于用 ISP 技术生产的产品，可以方便地修改程序或对程序升级。

6-17　单项选择题（请将下列各小题正确选项前的字母填在题中的括号内）：

（1）RAM 是由存储矩阵、地址（　　）和读/写控制电路三部分所组成的。

A. 译码器　　B. 锁存器　　C. 分配器　　D. 比较器

（2）用户可根据使用要求，选择 PAL 阵列结构的大小，并选择 PAL（　　），以实现各种组合逻辑和时序逻辑功能。

A. 输入变量的数目　　B. 输入、输出变量的数目

C. 输入、输出的数目和方式　　D. 输出的数目和方式

（3）由于通用阵列逻辑 GAL 的输出采用了（　　），所以其芯片类型少、功能全。

A. 输出逻辑宏单元　　B. 扩展的宏单元

C. 可编程的**或**阵列　　D. 灵活多样的输出方式

（4）只能读出不能改写，但信息可永久保存的半导体存储器是（　　）。

A. 固定 ROM　　B. PROM　　C. EPROM　　D. E^2PROM

（5）利用双稳态触发器存储信息的 RAM 称为（　　）。

A. 动态 RAM　　B. 静态 RAM　　C. LSI 存储器　　D. 快闪式存储器

（6）某 16K×4 RAM 芯片，它的起始十六进制数地址全 **0**，试问其最高十六进制数地址为（　　$)_{16}$？它有（　　）根地址线？

A. 3FF/13　　B. 7FFF/13　　C. 3FFF/14　　D. 7FFF/16

（7）信息既能读出又能写入，但信息非永久性保存的半导体存储器是（　　）。

A. 固定 ROM　　B. EPROM　　C. E^2PROM　　D. 静态 RAM

（8）利用 MOS 管栅极电容存储电荷效应的半导体存储器是（　　）RAM。

A. 静态　　B. 动态

C. 大规模集成电路　　D. 数字信号处理器（DSP）的

（9）ROM 中地址译码器的作用是将输入地址代码转换成相应的控制信号，利用这一控制信号从存储矩阵中寻找出指定的单元，并将这些单元的数据送入（　　）。

A. 输出缓冲器　　B. 另一地址译码器

C. 负载数字部件　　D. 数据总线

（10）快闪式存储器（闪存）不但具有 EPROM 结构简单、编程可靠的优点，而且具有 E^2PROM

(　　)的特性。

A. 集成度高　　B. 速度快　　C. 功耗低　　D. 隧道效应、快速擦除

(11) 用(　　)片 256×4 位 RAM 芯片扩展成 512×8 位的 RAM 存储系统。

A. 8　　B. 2　　C. 4　　D. 16

(12) 用若干 RAM 实现位扩展而组成多位 RAM 存储系统时，其方法是将下列选项中除了(　　)以外的功能端，相应地并联在一起。

A. 地址线　　B. 片选信号线　　C. 数据线　　D. 读/写控制线

(13) 以下 PLD 芯片中，与阵列、或阵列均为可编程的是(　　)器件。

A. PROM　　B. PAL　　C. FPLA　　D. GAL

参考答案：(1) A；(2) C；(3) A；(4) A；(5) B；(6) C；(7) D；(8) B；(9) A；(10) D；(11) C；(12) C；(13) C。

第7章　数－模与模－数转换器

7.1　学习指导

1. D－A 转换器

数模转换就是将离散的数字量转换为连接变化的模拟量的过程。D－A 转换器通常由电阻网络、模拟开关、求和运算放大器和基准电压源等几部分组成。根据电阻网络的不同，可以构成多种 D－A 转换电路，例如权电阻网络型、T 形电阻网络型、倒 T 形电阻网络型和权电流型 D－A 转换器。

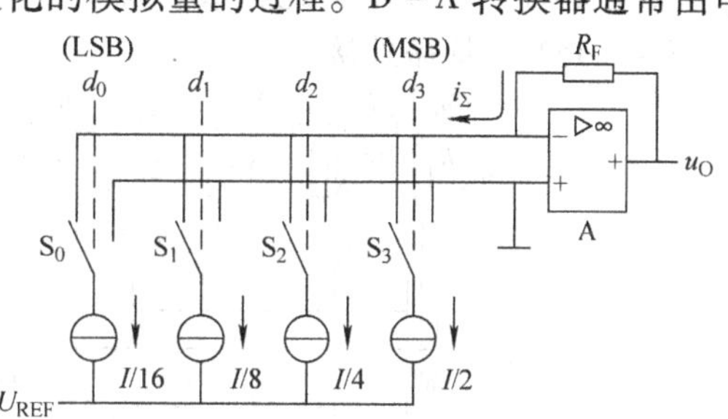

图 7-1　4 位权电流型 D－A 转换电路

（1）权电流型 D－A 转换器

图 7-1 所示为权电流型 D－A 转换电路。图中 d_3、d_2、d_1、d_0 分别控制开关 S_3、S_2、S_1、S_0，将 4 位二进制数 $D = d_3d_2d_1d_0$转换成相应的模拟电压 u_O。根据此电路图可知：

$$u_O \approx R_F i_\Sigma = R_F\left(\frac{I}{2}d_3 + \frac{I}{2^2}d_2 + \frac{I}{2^3}d_1 + \frac{I}{2^4}d_0\right)$$

$$= \frac{R_F I}{2^4}\ (d_3 \times 2^3 + d_2 \times 2^2 + d_1 \times 2^1 + d_0 \times 2^0) = \frac{R_F I}{2^4}\ (D)_{10}$$

由上式可见，输出电压 u_O与输入数字量成正比，比例系数为（R_FI）$/2^4$。推广之，对于 n 位二进制数（D）$_2$，权电流型 D－A 转换电路按下式将 n 位输入数字量转换成相应的模拟量输出：

$$u_O \approx \frac{R_F I}{2^n}(D)_{10}$$

（2）倒 T 形电阻网络 D－A 转换器

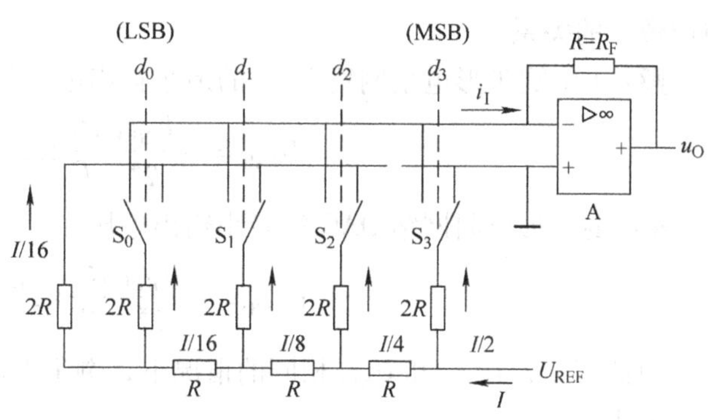

图 7-2　倒 T 形电阻网络 D－A 转换器的原理电路

图 7-2 是 4 位倒 T 形电阻网络 D－A转换器电路原理图，它由 $R-2R$ 倒 T 形电阻网络、模拟开关、求和运算放大电路及基准电压源 U_{REF}组成。

不难推导出输出电压为：

$$u_O \approx -i_I R = -\ \frac{U_{REF}}{2^4}(d_3 \times 2^3 + d_2 \times 2^2 + d_1 \times 2^1 + d_0 \times 2^0)$$

推广之，n 位倒 T 形电阻网络 D－A 转换器的 u_O表达式为：

$$u_O = -\frac{U_{REF}}{2^n}(d_{n-1}\times 2^{n-1} + d_{n-2}\times 2^{n-2} + \cdots + d_1\times 2^1 + d_0\times 2^0)$$

倒T形电阻网络D－A转换器的特点是：①模拟开关在地与虚地之间转换，不论开关状态如何变化，各支路的电流始终不变，因此，不需要电流建立时间；②各支路电流直接流入运算放大器的输入端，不存在传输时间差，因而提高了转换速度，并减小了动态过程中输出电压的尖峰脉冲。

（3）集成D－A转换器

AD7520是一种国产采用10位倒T形电阻网络和CMOS模拟开关组成的集成D－A转换器，图7-3a是它的原理电路图，图7-3b为其引脚功能图；图中反馈电阻R_F（$=R=10\text{k}\Omega$）已集成在芯片内，而求和运算放大器A、基准电压源（－10～＋10V）及模拟开关的电源（＋5～＋15V）均需外接。

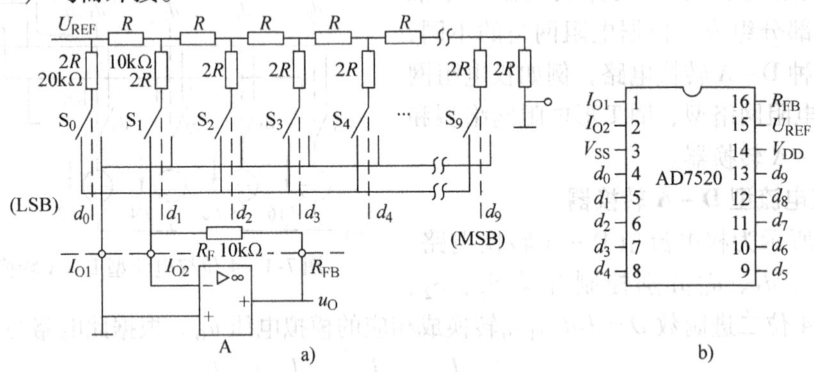

图7-3　D－A转换器AD7520
a）原理电路　b）引脚功能图

例7-1　已知n位倒T形电阻网络D－A转换器（DAC）中的$R_F=R$，$U_{REF}=-12\text{V}$，试分别求出4位和8位倒T形电阻网络DAC的最小输出电压U_{LSB}，并说明这种DAC的U_{LSB}与位数n的关系。

解：4位倒T形电阻网络DAC的最小输出电压为：

$$U_{LSB} = -\frac{U_{REF}}{2^4}\frac{R_F}{R}\times 2^0 = 0.75\text{V}$$

8位倒T形电阻网络DAC的最小输出电压为：

$$U_{LSB} = -\frac{U_{REF}}{2^8}\frac{R_F}{R}\times 2^0 \approx 0.047\text{V}$$

由此可见，在R_F和U_{REF}相同的情况下，倒T形电阻网络DAC的位数越多，最小输出电压就越小。

例7-2　8位D－A的满刻度输出为：－8V，求输入为**11100000**时，输出模拟电压为多少？

解：无论哪种类型的D－A，若给出满度输出电压u_{Omax}，则可以依据基本输出关系式导出：

$$u_O = \frac{u_{Omax}}{2^n-1}\sum_{i=0}^{n-1} a_i 2^i$$

代入题设条件，得：$u_O = \frac{-8}{2^8-1} \times 224\text{V} \approx -7.03\text{V}$。

2. A - D 转换器

A - D 转换是将时间连续、幅值也连续的模拟量转换为时间离散、幅值也离散的数字信号，一般要经过取样、保持、量化和编码 4 个过程。按工作原理不同分为直接 A - D 和间接 A - D 转换器两类。其中直接 A - D 转换器将模拟信号直接转换为数字信号，具有较快的转换速度，其典型电路有并行比较型 A - D、逐次逼近型 A - D。而间接 A - D 转换器则是先将模拟信号转换成某一中间电量（时间或频率），然后再将中间电量转换为数字量输出，该类 A - D 转换器的速度较慢，典型电路是双积分型 ADC。

取样是将随时间连续变化的模拟量转换为时间离散的模拟量，即获得某些时间点（离散时间）的模拟量。因为，进行 A - D 转换需要一定的时间，在这段时间内输入值需要保持稳定，通常取样和保持是通过取样 - 保持电路得以同时完成的。图 7-4 为取样 - 保持电路。

取样 - 保持电路由输入放大器 A_1、输出放大器 A_2、保持电容 C_H 和开关驱动电路组成，$A_{u1}A_{u2}=1$。图 7-4a 中具有很高输入阻抗的运放 A_1 和 A_2，分别可减小对输入信号源的影响并使保持阶段 C_H 上所存电荷不易泄放，同时 A_2 的输出阻抗有利于提高电路的带负载能力。

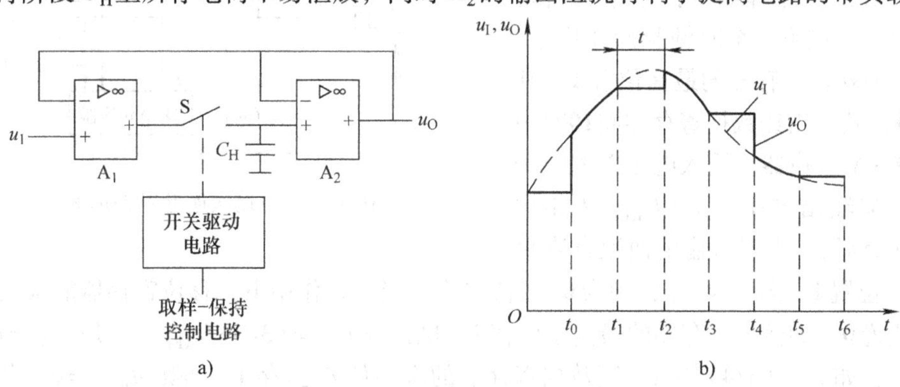

图 7-4　取样 - 保持电路

a）原理电路图　b）波形图

为使采样后的信号能够还原模拟信号，根据取样定理，采样频率 f_S 必须大于或等于 2 倍输入模拟信号的最高频率 f_{imax}，即 $f_S \geqslant 2f_{imax}$。

量化是将取样、保持电路的输出电压按某种近似方式化为与之相应的离散电平，量化后的数值最后还需通过编码过程。而经编码后得到的代码就是 A - D 转换器输出的数字量。

量化过程中所取的最小数量单位称为量化单位，用 Δ 表示，是数字信号最低位为 **1** 时所对应的模拟量，即 1LSB。由于取样电压不一定能被 Δ 整除，所以量化前后不可避免地存在着量化误差。此量化误差属于原理误差，故其无法消除。

为了减小量化误差，通常采用四舍五入量化方式，其量化误差 $|\varepsilon_{max}|$ 只有 1LSB/2，是采只舍不入量化方式的的一半。

（1）并行比较型 A - D 转换器

n 位并行比较型 A - D 由电阻分压器、电压比较器、寄存器和编码器组成。图 7-5 中的电阻网络将参考电压 U_{REF} 分成 2^n 个等级，其中 2^n-1 个等级的电压分别作为 2^n-1 个比较器的参考电压，输入电压为 u_I 的大小决定各比较器的输出状态，根据各比较器的参考电压值，可以确定输入模拟电压值与各比较器输出状态的关系。比较器输出状态由寄存器存储，经优先编码器编码，得到数字量输出。

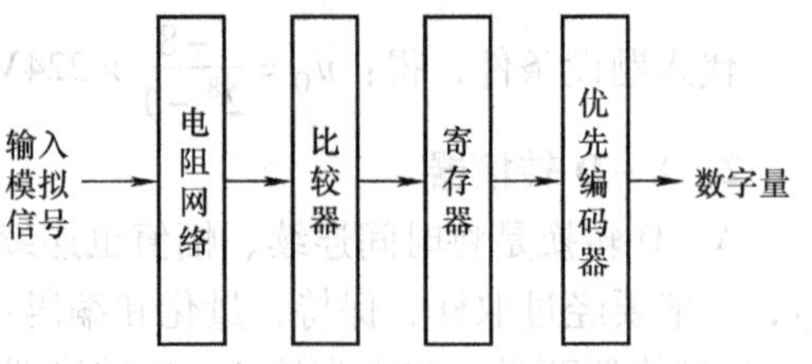

图 7-5　3 位并行比较型 ADC

并行比较型 A－D 转换时间只受电压比较器、触发器和编码电路延迟时间的限制，因此转换速度在各种 ADC 中最快。但随着分辨率的提高，其元器件数目要按几何级数增加。由于位数越多，电路越复杂，因此制成分辨率较高的集成并行 ADC 比较困难。

(2) 逐次逼近型 A－D 转换器

在直接 A－D 转换器中，逐次逼近型 ADC 是目前应用最多的一种。

n 位逐次逼近型 A－D 框图如图 7-6 所示。它由控制逻辑电路、数据寄存器、移位寄存器、D－A 转换器及电压比较器等组成。其工作原理如下：电路由启动脉冲启动后，在第一个时钟脉冲作用下，控制电路使移位寄存器的最高位置 **1**，其他位置 **0**，其输出经数据寄存器将 **1000…0** 送入 D－A 转换器。输入电压首先与 D－A 转换器输出电压 $u'_O = U_{REF}/2$ 相比较，如 $u_I \geqslant u'_O$，比较器输出使数据寄存器的 d_{n-1} 位置 **1**，若 $u_I < u'_O$，则为 **0**。然后在第二个 *CP* 作用下，移位寄存器的次高位置 **1**，其他低位置 **0**。如数据寄存器的最高位已存 **1**，则此时 $u'_O = (3/4)U_{REF}$。于是 u_I 再与 $(3/4)U_{REF}$ 比较，如 $u_I \geqslant (3/4)U_{REF}$，则数据寄存器的次高位 d_{n-2} 存 **1**，否则 $d_{n-2} = \mathbf{0}$；如最高位为 **0**，则 $u'_O = U_{REF}/4$，u_I 与 u'_O 比较，如 $u_I \geqslant U_{REF}/4$，则 d_{n-2} 位存 **1**，否则存 **0**，…。依此类推，逐次比较后便可得到输出的数字量。

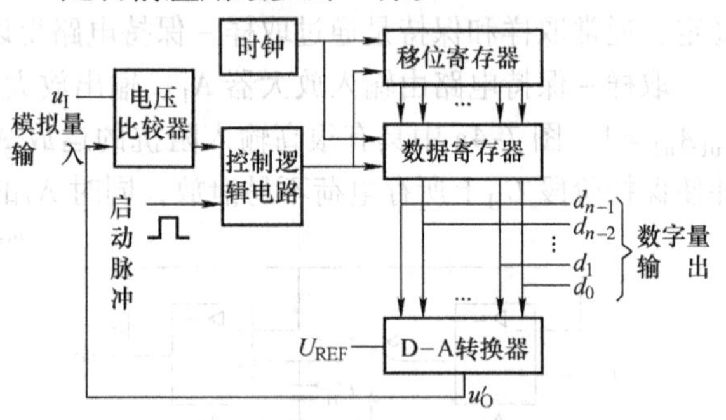

图 7-6　n 位逐次逼近型 ADC 框图

n 位逐次逼近型 ADC 的完成一次转换需要时间 $(3+2)T_{CP} = (n+2)T_{CP}$，式中 T_{CP} 为 *CP* 脉冲的周期。逐次逼近型 ADC 完成一次转换所需时间与其位数和时钟脉冲频率有关，位数越少，时钟脉冲频率越高，完成一次转换所需的时间就越短。因此，这种 ADC 具有构思精巧、转换速度较快、精度高的优点。

例 7-3　在 10 位逐次逼近型 ADC 中，若已知其中 D－A 转换器最大输出电压为 14.322V，时钟脉冲频率为 1MHz，输入电压 9.45V。试问：(1) 此时电路的数字量输出为多少？(2) 该 ADC 完成 1 次转换的时间？

解：(1) 10 位 ADC 仅最低位输出为 **1** 时的输出电压为：

$$u_O = \frac{u_{Omax}}{2^n - 1} = \frac{14.322\text{V}}{2^{10} - 1} = 0.014\text{V}$$

当输入电压为 9.45V 时，输出数字量为 $\frac{9.45\text{V}}{0.014\text{V}} = (675)_{10} = (1010100011)_2$

(2) n 位逐次逼近型 ADC 完成 1 次转换需时：

$$t=(n+2)T_{CP}$$

根据题意，已知 $n=10$，$T_{CP}=1\mu s$，代入上式，得：

$$t=12\mu s。$$

3. D－A 与 A－D 转换器的主要参数

D－A 与 A－D 转换器的主要技术指标见表7-1。

表7-1　D－A 与 A－D 转换器的主要技术指标

器件	主要技术指标	含　义
D－A 转换器	分辨率 $=\frac{U_{LSB}}{U_m}=\frac{1}{2^n-1}$	电路所能分辨的最小输出电压 U_{LSB}（输入的数字代码最低有效位为**1**，其余各位均为**0**）与满刻度输出电压 U_m（输入的数字代码的各位均为**1**）之比
	绝对误差	绝对误差是指输入端加对应满刻度的数字量时，D－A 转换器输出的理论值与实际值之差
	转换时间	从数码输入到模拟电压或电流稳定输出之间的响应时间称为转换速度
A－D 转换器	分辨率	n 位输出的 A－D 转换器能区分 2^n 个不同等级的输入模拟电压，能区分输入电压的最小值为满量程输入的 $1/2^n$
	转换误差	表示 A－D 转换器实际输出的数字量和理论上输出数字量之间的差别。常用最低有效位的倍数表示
	转换时间	转换时间是指 A－D 转换器从转换控制信号到来开始，到输出端得到稳定的数字信号所经历的时间

7.2　习题7解答

7-1　在图7-7所示的4位权电流 D－A 转换器中，已知 $I=0.2mA$，当输入数字信号 $(D)_2=d_3d_2d_1d_0=$ **1100** 时，输出电压 $u_O=1.5V$，试求电阻 R_F 之值。

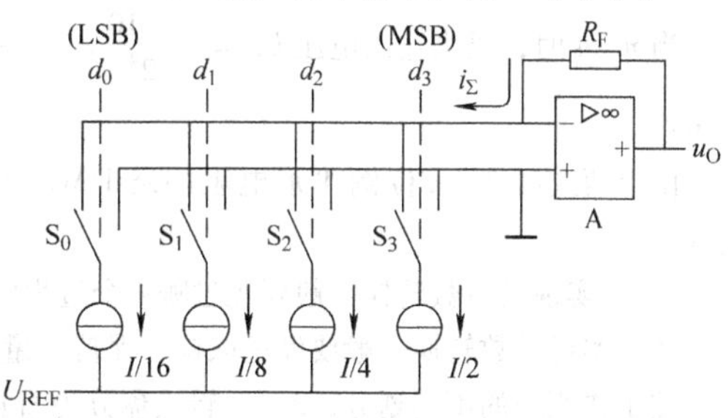

图7-7　4位权电流型 D－A 转换电路

解：根据教材式（7-7），4位权电流 D－A 转换器的输出电压为：

$$u_O\approx\frac{R_FI}{2^n}(D)_{10}$$

代入参数，得 $1.5V=\frac{R_F\times0.2mA}{2^4}\times12$

由此式解得运放电路的反馈电阻 $R_F=10k\Omega$。

7-2　图7-8是4位权电阻网络 D－A 转换器的电路图。

（1）试分析其工作原理，求出输出电压 u_O 的表达式，并由此写出 n 位权电阻网络 DAC 的 u_O 表达式；

（2）在 $n=8$ 位的权电阻网络 D－A 转换器中，已知 $U_{REF}=-10V$，$R_F=R/91$，输入数字信号 $(D)_2=$ **11010100**，求输出电压 $u_O=$?

解：（1）在图7-8的电路中，运放电路引入了负反馈，同相端与反相端之间“虚短”，即同相端和反相端之电位近似相等。无论开关打到哪个位置，每个电阻上电压都等于 U_{REF}。因为各电阻存在 2^n 的倍数关系，所以各电阻上电流也相应地存在着 2^n 的倍数关系。因此，流过 S_n 开关上的电流为：

$$I_n = 2^n \frac{U_{REF}}{R}$$

每位数字信号控制一把单刀双掷开关 S_n。当输入为**1**时，开关接运放反相端，相应的开关上的电流流过反馈电阻，产生输出电压；而当输入为**0**时，开关接地，此时开关上的电流流入地端，不产生输出电压。所以输出电压 u_O 为各开关上的电流分别产生的输出电压之和，即：

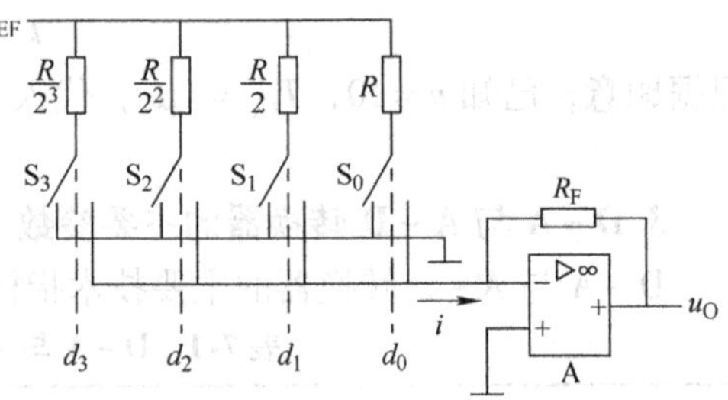

图 7-8　权电阻网络 D－A 转换电路

$$u_O \approx -R_F i = -\frac{U_{REF}}{R}R_F(2^n d_n + \cdots + 2^2 d_2 + 2^1 d_1 + 2^0 d_0) = -\frac{U_{REF}R_F}{R}(D)_2$$

此式即为 n 位权电阻网络 DAC 的 u_O 表达式；

（2）当 $U_{REF} = -10V$，$R_F = R/91$，输入数字信号 $(D)_2 = \mathbf{11010100}$，$u_O = -\frac{(-10V)\times R/91}{R}\times(\mathbf{11010100})_2 \approx$ 23.3V。

7-3　在倒 T 形电阻网络 D－A 转换器中，若 $n = 10$，$U_{REF} = -10V$，$R_F = R$，输入数字信号 $(D)_2 =$ **0110111001**，求输出电压 u_O 之值。

解：根据教材式（7-10），有

$$u_O = -\frac{U_{REF}}{2^n}(d_{n-1}\times 2^{n-1} + d_{n-2}\times 2^{n-2} + \cdots + d_1\times 2^1 + d_0\times 2^0)$$

$$= -\frac{-10V}{2^{10}}\times(\mathbf{0110111001})_2 \approx 4.31V$$

7-4　已知倒 T 形电阻网络 DAC 的 $R_F = R$，$U_{REF} = -10V$，试分别求出 4 位和 8 位倒 T 形电阻网络 DAC 的最大输出电压 U_m（即满刻度输出电压），并说明这种 DAC 的 U_m 与位数 n 的关系。

解：根据教材式（7-10），有输出电压：

$$u_O = -\frac{U_{REF}}{2^n}(d_{n-1}\times 2^{n-1} + d_{n-2}\times 2^{n-2} + \cdots + d_1\times 2^1 + d_0\times 2^0)$$

当 $n = 4$ 时，最大输出电压 $U_m = -\frac{-10}{2^4}\times(2^4-1)V = 9.375V$；当 $n = 8$ 时，$U_m = -\frac{-10}{2^8}\times(2^8-1)V =$ 9.96V。

由上两式可见，n 位倒 T 形电阻网络 DAC 的 U_m 与 U_{REF} 之差为 U_{LSB}，且位数 n 越高，U_m 越接近于 U_{REF}。

7-5　实现模－数转换一般要经过哪 4 个过程？按工作原理不同划分，A－D 转换器可分为哪两种类型？

解：实现模数转换一般要经过取样、保持、量化和编码 4 个过程。

按工作原理的不同划分，A－D 转换器分为直接 ADC 和间接 ADC 两类。其中直接 ADC 将模拟信号直接转换为数字信号，此类 ADC 具有较快的转换速度，典型的电路有并行比较型 ADC、逐次逼近型 ADC。而间接 ADC 先将模拟信号转换成某一中间电量（时间或频率），然后再将中间电量转换为数字量输出。此类 ADC 的转换速度较慢，它的典型电路是双积分型 ADC。

7-6　不经过取样、保持可以直接进行 A－D 转换吗？为什么？在取样保持电路中，选择保持电容 C_H 时，应考虑哪两个因素？

解：将取样电路每次取得的模拟信号转换为数字信号，需要一定的时间。为了给后续的量化、编码过程提供一个稳定值，每次取得的模拟信号须经保持电路保留一段时间。不经过取样和保持环节将输入直接进行 A－D 转换，无法保证被转换信号在转换期间的稳定，最终会导致转换结果不准确。对于模拟输入电压变化缓慢的系统，如果不使用取样－保持电路，能使模拟输入电压变化不超过（1/2）LSB 时，也可以不用。

若保持电容 C_H 过大，可能电容电压来不及跟上输入信号的变化，影响对信号的采样；过小则会使被保持的采样信号衰减变快，因此要综合考虑。

7-7　已知图 7-9 所示的 3 位并行 A－D 转换器中，$U_{REF}=10V$，$u_I=9V$，试问输出数字信号 $d_2d_1d_0=?$

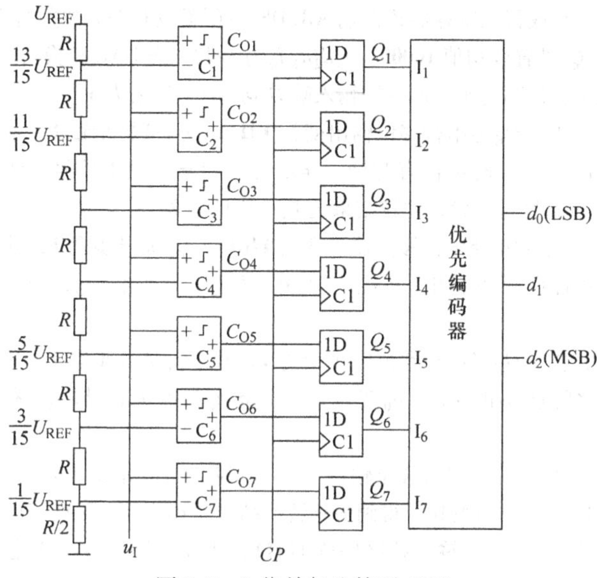

图 7-9　3 位并行比较型 ADC

解：在图 7-9 的电路中，输入电压 u_I 和各电压比较器输入端的电位（也就是各阈值电位）进行比较，C_{O1}、C_{O2}、…、C_{O7} 的输出为 **1111111**，在 CP 脉冲作用下，被送到 D 锁存器输出端，优先编码器对权值最高的 I_7 端进行编码，输出 $d_2d_1d_0=$ **111**。

*7-8　4 位逐次逼近型 A－D 转换器的逻辑电路如图 7-10 所示。图中右下角 5 位移位寄存器可以进行并行输入/并行输出或串行输入/串行输出操作，其 F 端为并行置数端，高电平有效，S 为高位串行输入端。数据寄存器由边沿 D 触发器组成，数字信号从 $Q_4\sim Q_1$ 输出，试分析电路的工作过程。

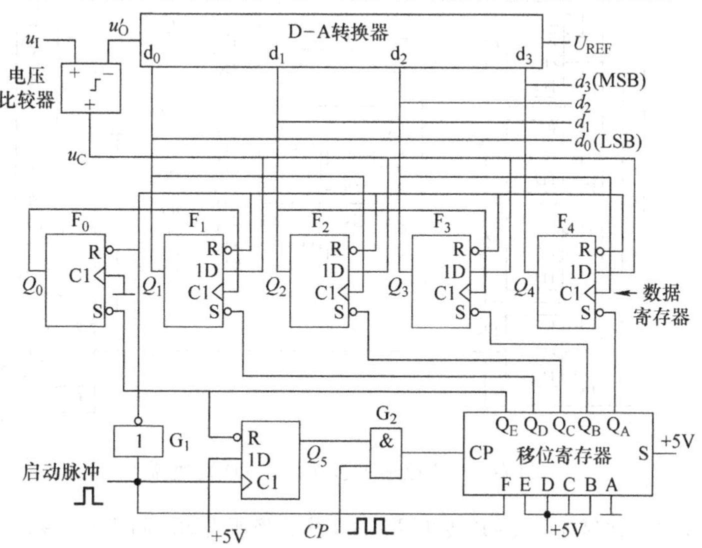

图 7-10　4 位逐次逼近型 A－D 转换器的逻辑电路

解：在图 7-8 的电路中，门 G_1、G_2和 D 端接 5V 电压的 D 触发器组成移位寄存器的时钟电路，而 F_0 ~ F_4这 5 个 D 触发器构成移位寄存器。现分析该 A – D 转换器电路的工作过程如下：

启动脉冲的作用按作用时间顺序排列有三：其一，启动脉冲为上升沿，Q_5同步置为高电平，允许 CP 通过 G_2给集成移位寄存器提供时钟信号；其二，当启动脉冲为高电平时，F_0 ~ F_4被启动信号异步置零。其三，启动脉冲为高电平，集成移位寄存器并行置数端 F 有效。

在第 1 个 CP 作用下，集成移位寄存器数据端 ABCDE 的预置数 **01111** 被并行送入输出端 Q_A ~ Q_E，将 Q_4异步置为 **1**，此时 Q_4 ~ Q_0被置以初值 **10000**，$d_3d_2d_1d_0$为 **1000**，送 DAC 转换后产生 u'_O，与 u_I进行比较。若 u_I大于 u'_O，电压比较器输出高电平，F_4 ~ F_1输入端 D 均为 **1**，反之为 **0**。

在第 2 个 CP 作用下，Q_A ~ Q_E经串行移位输出变为 **10111**，Q_3被异步置 **1**，并产生一个上升沿，将 F_4 的 D 端数据锁存到 Q_4，此后由于 F_4不再有时钟、异步置 **0** 和异步置 **1** 信号，Q_4不再变化。$d_2d_1d_0$变为 **100**，$d_3d_2d_1d_0$产生 u'_O，与 u_I进行比较，比较结果送 F_4 ~ F_1的 D 端。

在第 3 个 CP 作用下，Q_A ~ Q_E经串行移位输出变为 **11011**，Q_2被异步置 **1**，并产生一个上升沿，将 F_3 的 D 端数据锁存到 Q_3，此后 Q_3不再变化。d_1d_0变为 **10**，$d_3d_2d_1d_0$产生 u'_O，与 u_I进行比较，比较结果送 F_4 ~ F_1的 D 端。

在第 4 个 CP 作用下，Q_A ~ Q_E经串行移位输出变为 **11101**，Q_1被异步置 **1**，并产生一个上升沿，将 F_2 的 D 端数据锁存到 Q_2，此后 Q_2不再变化。d_0变为 **1**，$d_3d_2d_1d_0$产生 u'_O，与 u_I进行比较，比较结果送 F_4 ~ F_1的 D 端。

在第 5 个 CP 作用下，Q_A ~ Q_E经串行移位输出变为 **11110**，Q_0被异步置 **1**，并产生一个上升沿，将 F_1 的 D 端数据锁存到 Q_1，此后 Q_1不再变化，得到最终转换结果 $d_3d_2d_1d_0$，转换完成。

由于此后在 CP 的作用下 Q_A ~ Q_E输出始终保持 **11111**，比较结果不会有变化，因此不需要再考虑 CP 的作用。

7-9　在图 7-11（主教材图 7-16）所示结构的 CMOS 逐次逼近型 A – D 转换器中，若 $n=10$，已知时钟频率 f_{CP}为 1MHz，则完成一次 A – D 转换所需的时间为多少？如要求完成一次 A – D 转换时间小于 100μs，试问时钟频率 f_{CP}应选多大？

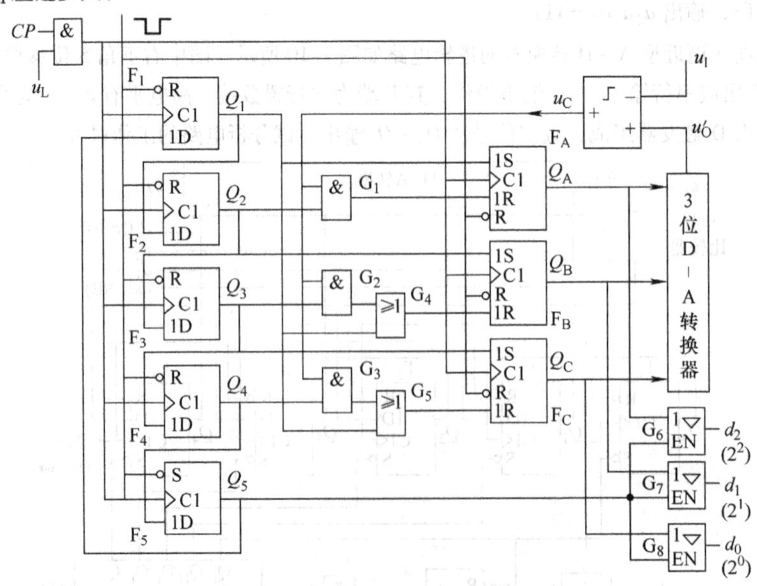

图 7-11　3 位逐次逼近型 A – D 转换器

解：(1) 因为 n 位逐次逼近型 A – D 转换器完成 1 次转换所需的时间 $T=(n+2)T_{CP}$（式中 T_{CP}为 CP 的周期），所以根据已知条件得：$T=12\times T_{CP}=12\mu s$。

（2）若要使 $T=(n+2)T_{CP}<100\mu s$，则 $T_{CP}<8.33\mu s$，即 $f_{CP}>120kHz$。

7-10　一个10位CMOS逐次逼近型A－D转换器，若时钟频率为100kHz，试计算完成一次转换所需的时间。

解：同题7-9，只要是逐次逼近型结构的A－D转换器，它完成1次转换所需要的时间 $T=(n+2)T_{CP}$。现时钟频率为100kHz，则 $T_{CP}=10\mu s$，$T=120\mu s$。

7-11　已知双积分型A－D转换器中，$U_{REF}=8V$，计数器是8位二进制计数器，时钟脉冲频率 $f_{CP}=1MHz$，试求输入电压 $u_I=2V$ 时，此ADC输出的数字信号 $(D)_2=?$

解：顾名思义，双积分型A－D转换器在进行转换时共作两次积分：第一次积分是对 u_I 积分，电容 C 充电，直至 u_C 达到最大值 U_P；第二次积分A－D转换器电路对 U_{REF} 积分，电容 C 放电，直至 $u_C=0V$。

根据主教材式（7-14），第一次积分 u_C 从0V充电到 U_P，$U_P=-\dfrac{2^nT_{CP}}{\tau}u_I=-\dfrac{256\times1\mu s\times2V}{\tau}$。

与此类似，第二次积分 u_C 从 U_P 放电至0V，$U_P=-\dfrac{(D)_2T_{CP}}{\tau}U_{REF}=-\dfrac{(D)_2\times1\mu s\times8V}{\tau}$。

因此，联列上述两个 U_P 的等式，解得 $(D)_2=64$。若用二进制数码显示器，则 $(D)_2=(\mathbf{01000000})_2$。

*7-12　某双积分型A－D转换器中，计数器为模10计数电路，其最大计数容量为 $(3000)_{10}$。已知计数时钟脉冲频率 $f_{CP}=30kHz$，积分器中 $R=100k\Omega$，$C=1\mu F$，输入电压 u_I 的变化范围为0～5V，试求：

（1）第1次积分时间 $T_1=?$

（2）积分器的最大输出电压 $|U_{Om}|=?$

（3）若 $U_{REF}=10V$，第二次积分计数器计数值 $\lambda=(1500)_{10}$ 时，求输入电压 u_I 为多少？

解：（1）第1次积分时间 $T_1=$ 计数器容量 $\times T_{CP}=0.1s$；

（2）$|U_{Om}|=\dfrac{MT_{CP}}{RC}u_I=\dfrac{3000\times(1/30000)\times5V}{100k\Omega\times1\mu F}=5V$，式中 M 为最大计数容量；

（3）由 $|U_{Om}|=\dfrac{\lambda T_{CP}}{\tau}U_{REF}=\dfrac{MT_{CP}}{\tau}u_I$ 解得：$u_I=\dfrac{1}{2}U_{REF}=5V$。

*7-13　在双积分型A－D转换器中，输入电压 u_I 和参考电压 U_{REF} 在极性和数值上应满足什么关系？如 $|u_I|>|U_{REF}|$，电路能完成A－D转换吗？为什么？

解：输入电压 u_I 和参考电压 U_{REF} 必须反相，才能完成第二次积分。从数值上说，要保证 $|u_I|<|U_{REF}|$。

由教材式（7-18）可知，$\lambda=\dfrac{T_2}{T_{CP}}=\dfrac{M}{U_{REF}}U_I$，其中，$\lambda$ 为第二次积分计数器计数值，M 为计数器容量。如果 $|u_I|>|U_{REF}|$，则 $\lambda>M$，将会导致计数器计数值超出计数容量，计数器的计数结果不等于计数值，从而使转换结果无法正确反映输入电压大小。

*7-14　已知双积分型A－D转换器中，采用8位二进制计数器，时钟频率 f_{CP} 为10kHz，求完成一次转换最长需要多少时间？

解：完成一次转换时间为两次积分时间之和。第一次积分时间 $T_1=MT_{CP}$，第2次积分时间 $T_2=\lambda T_{CP}$，λ 最大值为 $M-1$。所以，完成一次转换最长需要时间 $(2M-1)T_{CP}=51.1ms$。

7-15　在使用A－D转换器的过程中应注意哪些主要问题？如某同学用满刻度值为10V的8位A－D转换器对输入信号幅值为0.5V的电压进行A－D转换，你认为如此使用正确吗？为什么？

解：主要考虑分辨率，亦即位数，此外还要考虑转换时间。

用A－D转换器对模拟电压进行A－D转换时，模拟电压幅值最好尽量接近满刻度值，从而使 U_{LSB} 更小，转换结果更精确。

满刻度值为10V的8位ADC，$U_{LSB}=10V/255=39mV$。题7-15中的8位A－D转换器，其输入信号幅值为0.5V，远小于10V，没有能充分利用A－D转换器的位数，所以如此使用并不合适。

7-16 单项选择题（请将下列各小题正确选项前的字母填在题中的括号内）：

（1）4 位倒 T 形电阻网络 DAC 满刻度输出电压为：−5V，当输入数据“**0101**”时，其输出电压为（ ）V。

A. −1/4 B. −4/5 C. −5/3 D. −3/5

（2）n 位逐次逼近型 ADC 完成一次转换所需要的时间可表示为 $T=$（ ），下列诸式中 T_{CP} 为 CP 脉冲的周期。

A. $(n+2)\ T_{CP}$ B. $(n+1)\ T_{CP}$ C. nT_{CP} D. T_{CP}

（3）n 位的全并行结构 A−D 转换器需要（ ）个电压比较器。

A. $2n$ B. n^2 C. 2^n-1 D. 2^n

（4）要求 10 位逐次逼近型 A−D 转换器完成一次转换的时间小于 120μs，则其工作时钟频率至少应有（ ）。

A. 1kHz B. 1MHz C. 0.1MHz D. 0.1kHz

（5）4 位倒 T 形电阻网络 DAC 中的电阻网络的电阻取值有（ ）种。

A. 1 B. 2 C. 4 D. 8

（6）4 位 DAC 和 8 位 DAC 的输出最小电压一样大，那么它们的最大输出电压（ ）。

A. 一样大 B. 前者大于后者 C. 后者大于前者 D. 不确定

（7）双积分式 ADC 转换过程中的中间变量是（ ）。

A. 电压 B. 电流 C. 时间 D. 频率

（8）某工业过程自动控制系统中微机与执行元件之间的接口电路应选用（ ）。

A. A−D 转换器 B. D−A 转换器 C. 三态缓冲驱动器 D. 施密特触发器

（9）在 A−D 转换器、D−A 转换器中，衡量转换器的转换精度常用的参数是（ ）。

A. 分辨率 B. 分辨率和转换误差

C. 转换误差 D. 参考电压

（10）将一个时间上连续变化的模拟量转换为时间上断续（离散）的模拟量的过程称为（ ）。

A. 采样 B. 量化 C. 保持 D. 编码

（11）以下 4 种转换器中，（ ）是 A−D 转换器且转换速度最快。

A. 双积分型 B. 并行比较型 C. 逐次逼近型 D. 施密特触发器

（12）（ ）A−D 转换器的转换精度高、抗干扰能力较强，因而常用于数字式测量仪表中。

A. 计数型 B. 并行比较型 C. 逐次逼近型 D. 双积分型

参考答案：（1）C；（2）A；（3）C；（4）C；（5）B；（6）C；（7）C；（8）B；（9）B；（10）A；（11）B；（12）D。

第 8 章　脉冲波形的产生与变换

8.1　学习指导

1. 集成 555 定时器概述

利用集成 555 定时器可构成多谐振荡器、单稳态触发器和施密特触发器等基本单元电路。由于集成 555 定时器性能优良、可靠性强、使用灵活方便，因而在波形产生与变换、检测与控制等领域都得到了广泛应用。

555 集成定时器的逻辑符号如图 8-1 所示。其功能表见表 8-1。

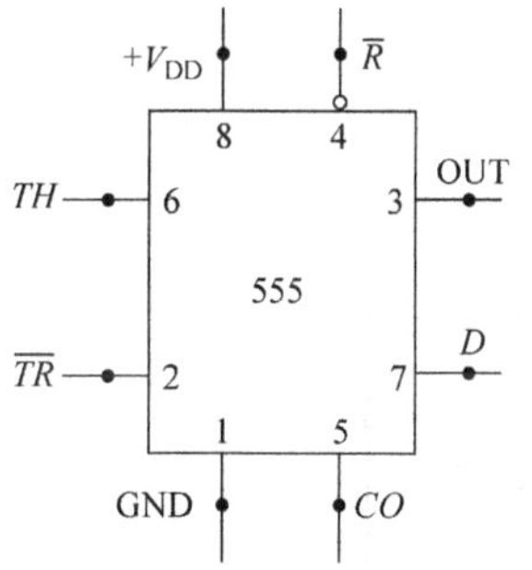

图 8-1　集成 555 定时器的逻辑符号

表 8-1　集成 555 定时器的功能表

阈值输入(U_{TH})	触发输入($U_{\overline{TR}}$)	复位($\overline{R}$)	输出(OUT)	开关管(V)
Φ	Φ	L（低电平）	L（低电平）	导通
$>2V_{DD}/3$	$>V_{DD}/3$	H（高电平）	L（低电平）	导通
$<2V_{DD}/3$	$>V_{DD}/3$	H（高电平）	原状态	原状态
Φ	$<V_{DD}/3$	H（高电平）	H（高电平）	截止

由表 8-1 显然可见，集成 555 定时器具有**复位**、**置 0**、**保持**和**置 1** 共 4 种逻辑功能。

2. 用 555 构成施密特触发器

施密特触发器有两个阈值电压：上限阈值电压 U_{T+} 和下限阈值电压 U_{T-}，且 $U_{T+}>U_{T-}$。当输入电压大于上限阈值电压 U_{T+} 时，输出低电平；当输入电压低于下限阈值电压 U_{T-} 时，输出高电平，两个阈值电压之差 $\Delta U_T=U_{T+}-U_{T-}$ 被称为回差电压。由于施密特触发器的抗干扰能力强，因此可用于脉冲波形的变换、缓慢变化信号的整形或脉冲幅度鉴别等场合。

如图 8-2 所示，将集成定时器 CC7555 的阈值输入端 TH（6 脚）和触发输入端 $\overline{TR}$（2 脚）接在一起作为输入端输入信号 u_I，即构成了施密特触发器，图 8-2 中在 D 端（7 脚）外接上拉电阻 R_1 和另一电源 $+V_{DD1}$，以便获得另一种电压等级的 u_{O1}。

图 8-2 中当 u_I 为正弦波时，施密特触发器将输出矩形波电压 u_O，其波形图如图 8-3 所示。从波形图上可以看出，当输入电压 u_I 上升到 $U_{T+}=2V_{DD}/3$ 时，输出电压 u_O 由高电平翻转到低电平；当输入电压 u_I 继续上升到最大值后开始下降，输出电压 u_O 保持低电平不变，只有当 u_I 下降到 $U_{T-}=V_{DD}/3$ 时，输出电压 u_O 才由低电平翻转到高电平，显然，由此图得

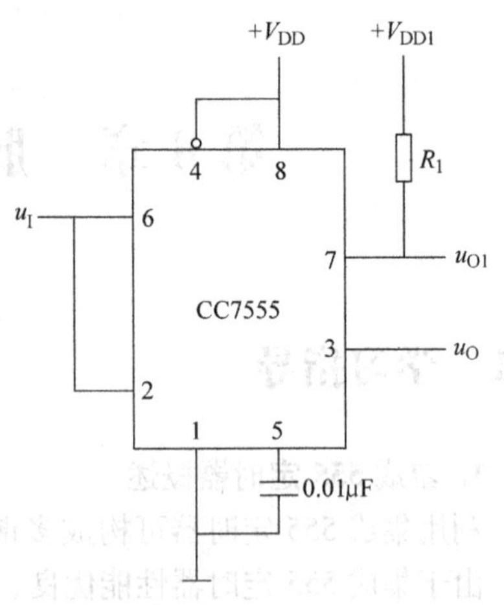

图 8-2　用 CC7555 定时器组成施密特触发器

到施密特触发器的回差电压为：

$$\Delta U_T = U_{T+} - U_{T-} = 2V_{DD}/3 - V_{DD}/3 = V_{DD}/3$$

例 8-1　在图 8-3 所示的施密特触发器中，设电源电压：$+V_{DD} = +6V$，试问：

（1）电路的上、下限阈值电压 U_{T+}、U_{T-} 及回差电压 ΔU_T 各是多少？

（2）设另一电源电压：$+V_{DD1} = +10V$，$R_1 = 6.2k\Omega$，则由放电端（7 脚）输出电压 u_{O1} 的高、低电压值各约为多少？

解：（1）上、下限阈值电压分别为 $U_{T+} = 2V_{DD}/3 = 4V$，$U_{T-} = V_{DD}/3 = 2V$，由教材式（8-1），回差电压 $\Delta U_T = U_{T+} - U_{T-} = 2V$；

（2）因为施密特触发器的输出电压 u_O 为低电平时，对应的 CC7555 定时器内部 V 管导通，所以输出电压 u_{O1} 亦为低电平，u_{O1} 的低电压值约为 0V，同理可得 u_{O1} 的高电压值约为 10V。

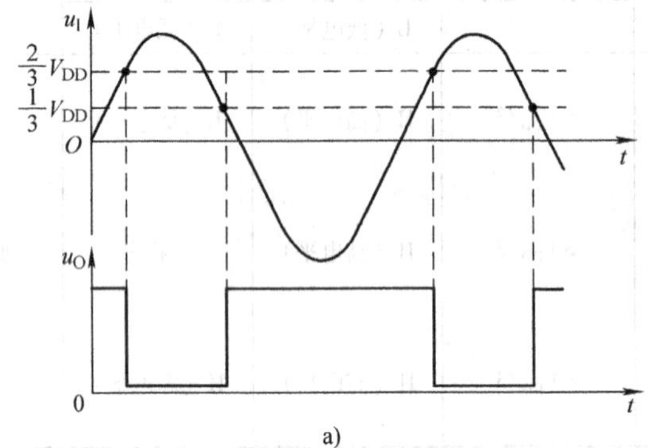

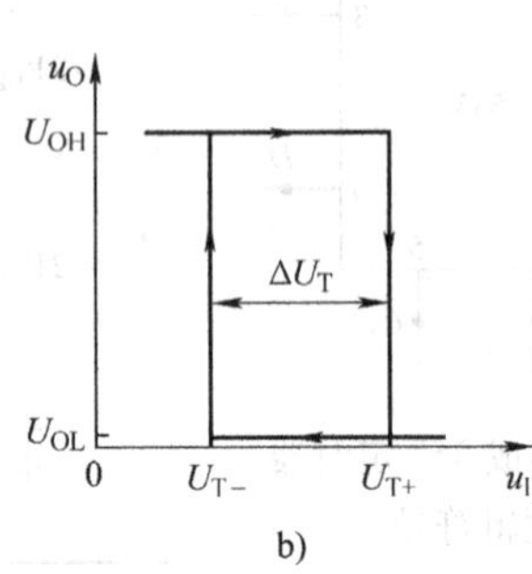

图 8-3　施密特触发器将正弦波转换为矩形波

a）波形图　b）电压传输特性（回差特性）

3. 用 555 定时器构成单稳态触发器

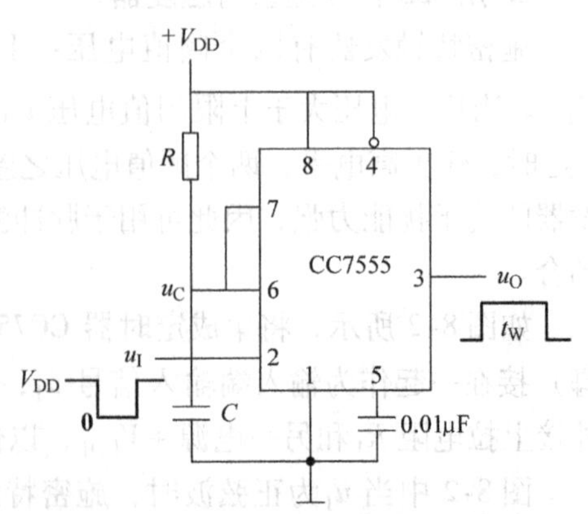

图 8-4　CC7555 定时器构成的单稳态触发器电路图

图 8-4 是 CC7555 构成的单稳态触发器电路图，NMOS 开关管 V 的漏极 D（即放电端，7 脚）与 TH 端（6 脚）连接后，再与外接在电源电压（$+V_{DD}$）与地之间的定时元件 R 和 C 相连。负触发脉冲 u_I 加在 $\overline{TR}$ 端（2 脚），CO 端（5 脚）仍接 0.01μF 电容，以稳定电压 U_{R1} 和 U_{R2}，输出信号 u_O 由 OUT 端（3 脚）输出。

单稳态触发器在外加一个触发脉冲的作用下，其输出端产生了一个脉宽 t_W 的定时脉冲，其 u_I、u_O 和 u_C 的波形如图 8-5 所示。用计算一阶 RC 电路过渡过程的 3 要素公式，即可导出计算 t_W 的公式：

$$t_{W}=\tau\ln\frac{u_{C}(\infty)-u_{C}(0)}{u_{C}(\infty)-u_{C}(t_{W})}=RC\ln\frac{V_{DD}}{V_{DD}-2V_{DD}/3}=RC\ln3\approx1.1RC$$

式中，$u_{C}(\infty)$为电容 C 充电电压的终了值，$u_{C}(\infty)=V_{DD}$；$u_{C}(0)$为充电电压的起始值，$u_{C}(0)=0V$；τ 为充电时间常数，$\tau=RC$。

当充电到 $t=t_{W}$时，$u_{C}(t_{W})=2V_{DD}/3$，此为暂稳态结束时的电容电压值。

例 8-2　在图 8-4 的单稳态电路中，$R=330\Omega$，$C=0.1\mu F$，输入图 8-6 所示的两种波形。试问：(1) 图中哪一个波形适合做触发信号；(2) 该电路的稳态持续时间是多少？

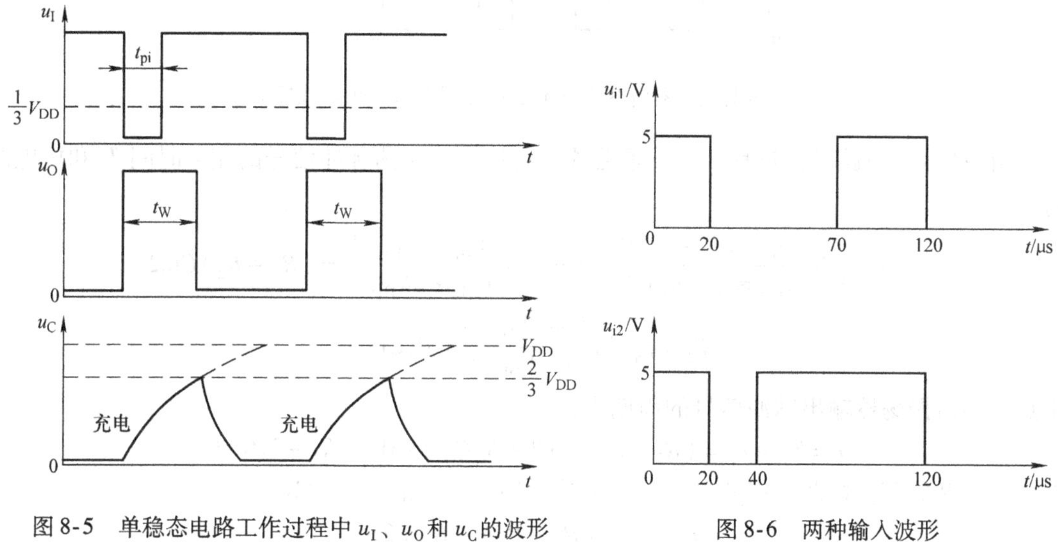

图 8-5　单稳态电路工作过程中 u_I、u_O和 u_C的波形　　图 8-6　两种输入波形

解：(1) 根据单稳态触发器工作过程可知，输入负脉冲的持续时间要小于输出脉冲宽度 t_W，因此先计算出 $t_W\approx1.1RC=1.1\times330\times0.1\times10^{-6}s=36.3\mu s$。可知图 8-6 下方波形 u_{i2}适合做触发波形；

(2) 由图 8-6 可知，此波形的周期是 100μs，故电路的稳态时间为 $100\mu s-36.3\mu s=63.7\mu s$。

4. 用 555 定时器构成多谐振荡器

多谐振荡器是一种脉冲信号发生器工作时无须外加触发信号，它能在此两暂稳态之间连续、自动地切换，产生一定频率和一定脉宽的矩形脉冲信号。

用集成 CC555 定时器构成的多谐振荡器电路如图 8-7 所示，内部开关管 V 的漏极（7 脚）接于电阻 R_1与 R_2的连接处，TH 端和$\overline{TR}$端（6 脚和 2 脚）短接后与定时电容 C 和电阻 R_2连接。

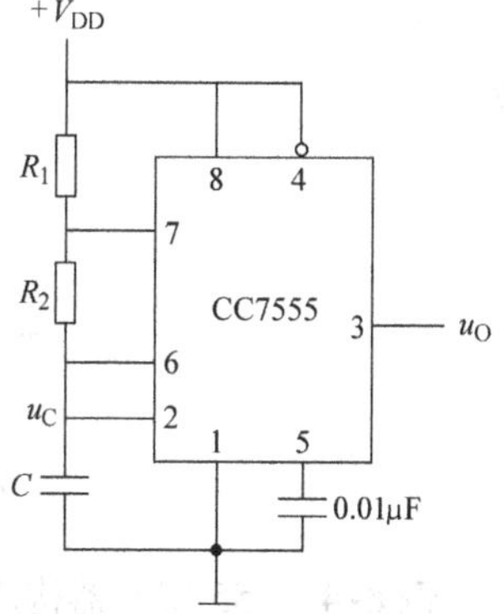

图 8-7　用 555 集成定时器构成的多谐振荡器电路

电路没有稳定状态。设接通电源前，电容电压 $u_C=0V$，电源接通后，随着 u_C按指数规律被充电或放电，555 定时器的输出电压在两个暂稳态之间有规律的相互切换，在输出端得到持续不断的周期性矩形波振荡信号。图 8-8 给出了电容 C 的充放电曲线 u_C及产生的矩形波振荡信号 u_O的波形。

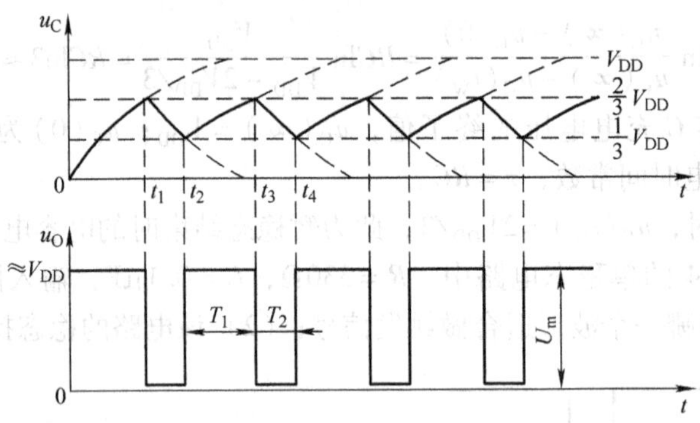

图 8-8　多谐振荡器电容 C 的充放电曲线及输出矩形波振荡信号

用一阶 RC 电路过渡过程的三要素公式，可以计算振荡脉冲信号的充电时间 T_1 和放电时间 T_2：

$$T_1 = \tau_{充} \ln \frac{u_C(\infty) - u_C(0)}{u_C(\infty) - u_C(T_1)} = \tau_{充} \ln \frac{V_{DD} - V_{DD}/3}{V_{DD} - 2V_{DD}/3} = (R_1 + R_2)C\ln 2,$$

$$T_2 = \tau_{放} \ln \frac{0 - 2V_{DD}/3}{0 - V_{DD}/3} = R_2 C\ln 2$$

于是，多谐振荡器输出脉冲信号的周期为：

$$T = T_1 + T_2 = (R_1 + R_2)C\ln 2 + R_2 C\ln 2 \approx 0.7(R_1 + 2R_2)C$$

因此，多谐振荡器振荡频率 $f = 1/T$。它的输出矩形脉冲的占空比为：

$$q = T_1/T = (R_1 + R_2)/(R_1 + 2R_2)$$

例 8-3　在图 8-7 所示的多谐振荡器中，$V_{DD} = 12\text{V}$，$R_1 = 10\text{k}\Omega$，要求输出电压的振荡频率 25kHz，占空比 q 为 70%，试选择 R_2、C 参数。

解：由电容充电形成的输出高电平持续时间为：

$$T_1 = (R_1 + R_2)C\ln 2$$

由电容放电形成的输出低电平持续时间：

$$T_2 = (R_1 + 2R_2)C\ln 2$$

故

$$\frac{70}{100} = \frac{R_1 + R_2}{R_1 + 2R_2}$$

$$R_2 = \frac{3}{4}R_1 = 7.5\text{k}\Omega$$

$$T_2 = (1 - q)T = 0.3 \times \frac{1}{25 \times 10^3}\text{ms} = 0.012\text{ms}$$

$$C \approx \frac{T_2}{0.7R_2} = \frac{0.012 \times 10^{-3}}{0.7 \times 7.5 \times 10^3}\text{pF} \approx 2286\text{pF}$$

例 8-4　555 定时器构成的模拟声音发生器如图 8-9 所示，已知 $V_{DD} = 5\text{V}$。要求：(1) 说明两片 CC7555 分别接成了何种应用电路；(2) 当开关 S 接通 A 点，电路发出声音。简述电路的工作原理；(3) 定性画出 U_{O1} 及 U_{O2} 的波形图；(4) 估算 U_{O1} 及 U_{O2} 的频率，并说明声音的频率。

解：(1) 两片 CC7555 均接成了多谐振荡器；

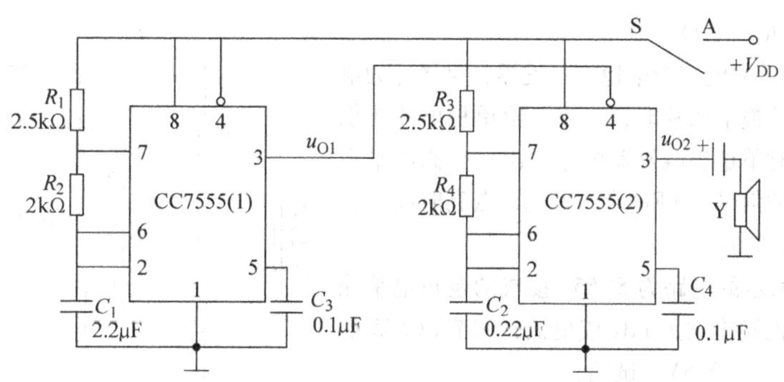

图 8-9　例 8-4 的电路图

（2）工作原理：当开关 S 打到 A 点时，电路开始工作。当 CC7555（1）振荡器输出低电平时，CC7555（2）异步复位，扬声器不响；当 CC7555（1）振荡器输出高电平时，CC7555（2）异步复位无效，开始振荡，输出端扬声器发出声响；

（3）波形图如图 8-10 所示；

（4）CC7555(1)振荡器输出电压 u_{O1} 的频率为：$f_1 \approx \dfrac{1}{0.7(R_1+2R_2)C_1} \approx$ 0.1kHz

CC7555(2)振荡器输出电压 u_{O2} 的频率为：$f_2 \approx \dfrac{1}{0.7(R_3+2R_4)C_2} \approx 1\text{kHz}$；声音的频率约为 1kHz。

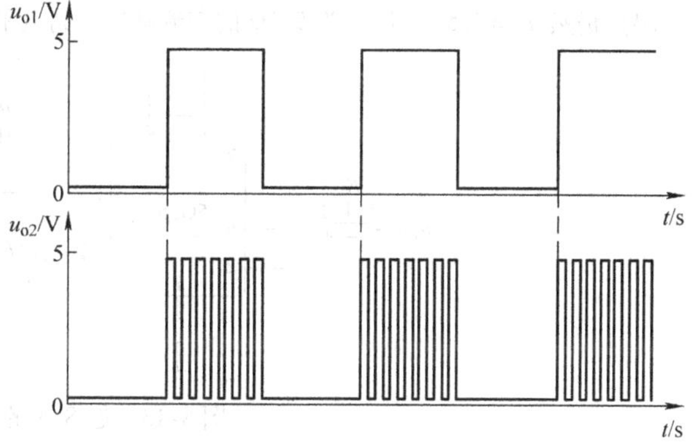

图 8-10　例 8-4 的波形图

8.2　习题 8 解答

8-1　用 CC7555 定时器构成的施密特触发器如图 8-11 所示，试求：

（1）当 $V_{DD}=15\text{V}$ 和 $V_{DD1}=5\text{V}$ 时，试计算回差电压 ΔU_T 等于多少？从 3 脚、7 脚分别输出的脉冲幅度各约为多少？

（2）仅改：$V_{DD}=12\text{V}$，并将控制端 CO（5 脚）的外接电容 $C=0.01\mu\text{F}$ 去掉，外加控制电压 $U_{CO}=6\sim12\text{V}$，求回差电压 ΔU_T 调节范围为多少？此时从 3 脚、7 脚分别输出的脉冲幅度各约为多少？

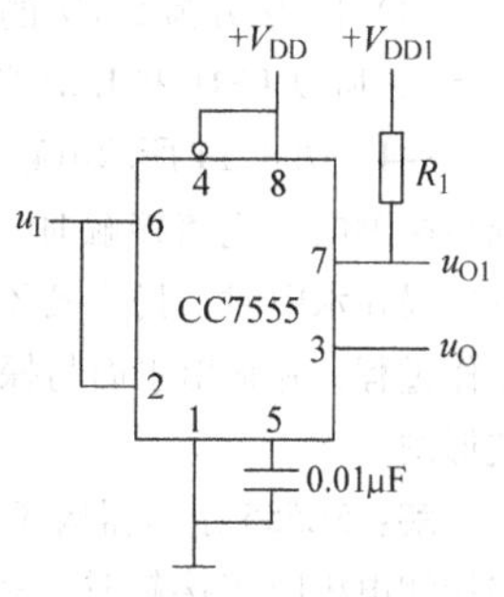

图 8-11　题 8-1 的电路图

解：（1）该电路中，CC7555 定时器控制端 CO（5 脚）未外接控制电压，所以施密特触发器的两个阈值电压分别是 $V_{DD}/3$ 和 $2V_{DD}/3$，即 5V 和 10V。回差电压为两个阈值电压之差，等于 5V；从 3 脚、7 脚分别输出的脉冲幅度各约为 15V、5V；

（2）若将控制端 CO（5 脚）的外接电容 $C=0.01\mu\text{F}$ 去掉，外加控制电压 $U_{CO}=6\sim12\text{V}$，则回差电压 ΔU_T 等于 $U_{CO}/2$，所以回差电压 ΔU_T 的调节范围为 3～6V。此时从 3 脚、7 脚输出的脉冲幅度分别约为 12V、5V。

8-2　图 8-12 是一种简易触摸开关电路，当手摸金属片（相当于加入低电平）时，发光二极管 LED 点亮，经过一定的时间后，LED 熄灭。试分析其工作原理，并问 LED 约点亮多长时间？图 8-12 中 $R=$

100kΩ，$C=50\mu F$，$R_1=1k\Omega$。

解：图 8-12 所示的电路为单稳态触发器，金属片为触发信号输入端。当手摸金属片时，相当于给单稳电路提供了负触发脉冲，此时单稳态触发器电路输出一个高电平定时脉冲信号，此脉冲信号使 LED 导通发光，点亮时间为暂态时间 $t_W \approx 1.1RC = 5.5s$。

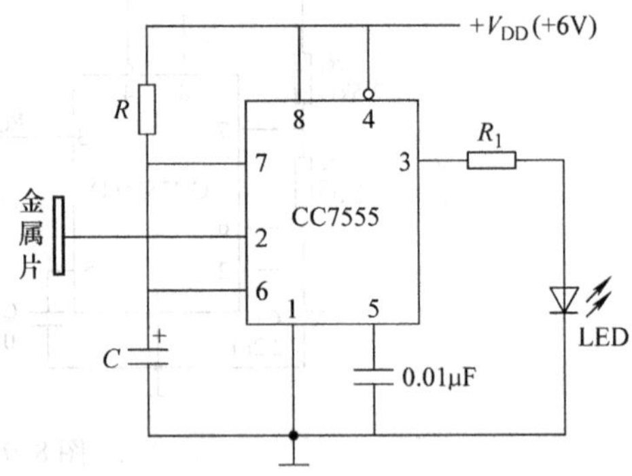

图 8-12　题 8-2 的电路图

8-3　图 8-13 所示的电路为 5G555 接成的逻辑电平测试仪，待测信号 u_I 的频率约为 1Hz 或更低，调节 5G555 的 CO 端（5 脚）电压 $u_A=2.5V$，试问：

（1）5G555 构成了哪种脉冲整形与变换单元电路？

（2）当 $u_I>2.5V$ 时，哪一个发光二极管点亮？

（3）当 u_I 小于多少伏时，该逻辑电平测试仪表示低电平输入？此时哪一个发光二极管点亮？

（4）仍然 $u_A=2.5V$，但 u_I 为 50Hz 的交流脉冲，高电平为 3V，低电平为 0V，试问将会出现什么现象？

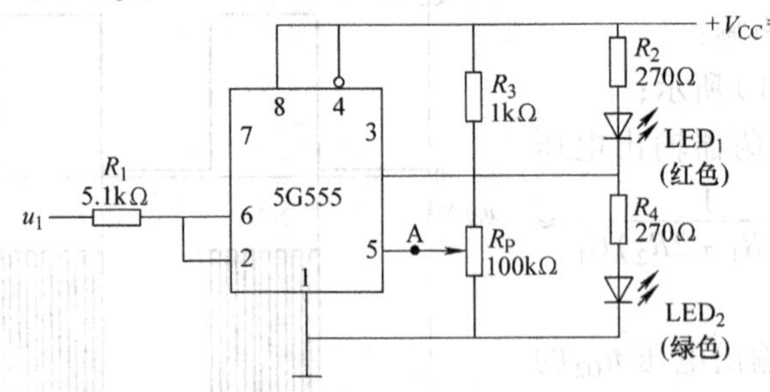

图 8-13　题 8-3 的电路图

解：（1）5G555 构成了施密特触发器（或称双稳态电路）；

（2）因为控制端 CO（5 脚）外加控制电压 $U_{CO}=2.5V$，所以该电路的两个阈值电压分别为 2.5V 和 1.25V。当 $u_I>2.5V$ 时，电路输出低电平，红色发光二极管 LED$_1$ 点亮，表示输入高电平；

（3）根据施密特触发器的滞回特性，若使输入信号为低电平，则 $u_I<1.25V$，此时输出电压为高电平，绿色发光二极管 LED$_2$ 点亮；

（4）因为 u_I 为 50Hz 的交流脉冲，高电平 3V，低电平 0V，高电平 3V 大于 2.5V，低电平 0V 小于 1.25V，所以 LED$_1$ 和 LED$_2$ 将以 50Hz 的频率交替导通。由于频率为 50Hz，所以肉眼看不出 LED 熄灭。

8-4　图 8-14 所示电路是一种水位监控器，当水位下降到与探测电极脱离接触时，扬声器发出报警声响；当探测电极浸在水中时，扬声器不报警。试分析该水位监控器的工作过程，并画出水面与探测电极脱离接触时，u_C 及 u_O 的波形图。

解：5G555 定时器构成了多谐振荡电路，当水位下降到与探测电极脱离接触时，多谐振荡电路起振，其输出信号送至扬声器，发出报警声响；

当电极浸在水中时，电容 C 被短路，2 脚、6 脚输入低电平。根据表 8-1 中输入/输出关系，输出为高电平，扬声器上没有施加交流信号，扬声器不报警。画出水面与探测电极脱离接触时 u_C 及 u_O 的波形图，如图 8-15 所示。

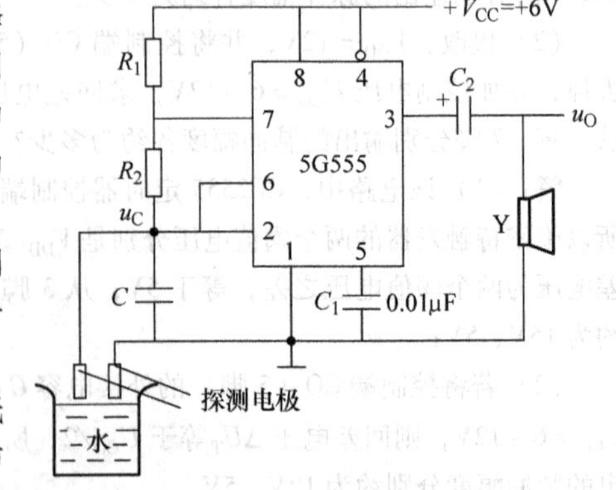

图 8-14　题 8-4 的电路图

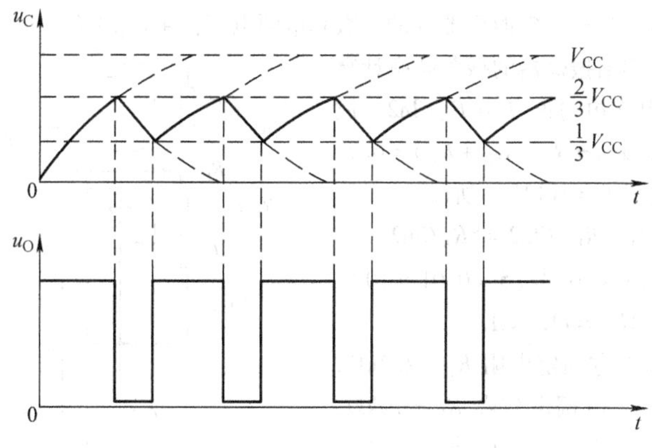

图 8-15　u_C、u_O的波形图

8-5　由 555 定时器 CC7555 和 NMOS 场效应晶体管等元器件构成的某功能电路如图 8-16 所示，电路中 NMOS 管工作在可变电阻区，其导通电阻为 R_{DS}。试问：

（1）CC7555 构成了何种脉冲产生与变换的单元电路？该电路的功能是什么？

（2）写出该电路输出电压 u_O的频率f_O的表达式。

解：（1）该电路中，电压 u_I的作用是控制 FET 的沟道电阻 R_{DS}的大小，CC7555 构成了多谐振荡电路，R_{DS}是电容充放电回路的一部分。

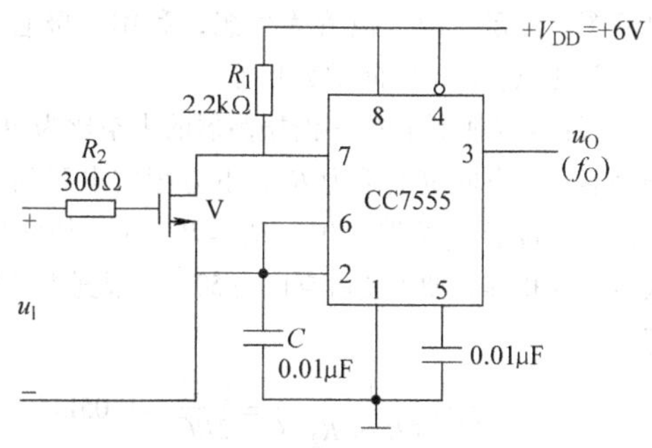

图 8-16　题 8-5 的电路图

该电路的功能是：u_I为高电平时，NMOS 场效应晶体管的沟道电阻 R_{DS}较小，多谐振荡电路产生振荡。而 u_I为低电平时，NMOS 场效应晶体管没有导电沟道，R_{DS}为无穷大，电路不振荡。此时，由于电容没有接电源，不能充电，所以 u_C为 0V，即 2 脚、6 脚输入 0V，输出保持高电平。

当 u_I变化时 R_{DS}的阻值随之改变，所以改变 u_I之值，可以改变振荡电路的振荡频率。故该电路的功能是压控多谐振荡器。

（2）输出电压 u_O的频率为：

$$f_O \approx \frac{1}{0.7 \times (R_1 + 2R_{DS}) \times C}$$

8-6　试用 CC7555 定时器设计出如图 8-17 所示的单稳态触发器，要求输出脉宽 t_W在 1～10s 的范围内可调，输出脉冲幅度 $U_{Om} \geqslant 11V$，设定时电容 $C = 100\mu F$，试选取电路其他元器件参数值（要求查主教材附录 H，选取标称电阻值，另外，V_{DD}也要选取标准等级的电源电压）。

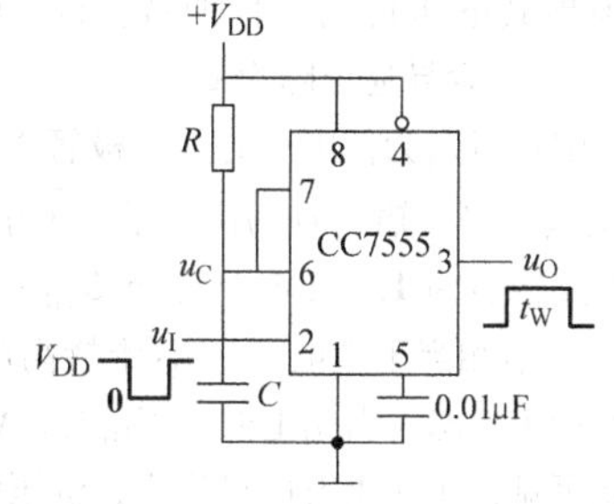

图 8-17　题 8-6 所要设计的单稳态触发器

解：已知 $C = 100\mu F$，$t_W \approx 1.1RC$，t_W在 1～10s 的范围内可调，所以 R 的范围为 9.09～90.9kΩ，电位器数值经查主教材附录 H 选取 91kΩ。

因为 CMOS 电路输出高电平约等于电源电压 V_{DD}，题目要求输出脉冲幅度 $U_{Om} \geqslant 11V$，所以选择电源电压 V_{DD}为 12V。所设计的电路图见图 8-16，只要将 R 改为可调电位器即可。

8-7　设计如图 8-18 所示的占空比可调的多谐振荡器电路，要求振荡频率 $f_0 = 10kHz$，占空比为 20%，

输出脉冲幅度 $U_{Om} \geqslant 5.6V$，试选择定时元器件的参数和电源电压：$+V_{DD}$之值。

解：由占空比可调的多谐振荡器的振荡频率计算式，即教材式（8-8），得充电时间 $T_1 \approx R_A C\ln2$，放电时间 $T_2 \approx R_B C\ln2$，占空比 $q = R_A/(R_A + R_B) = 0.2$。由 q 式解得 $4R_A = R_B$。由于 $f_0 = 10\text{kHz}$，所以

$$T = 1/f_0 = 0.1\text{ms} \approx (R_A + R_B)C\ln2 = 5R_A C\ln2$$

取 $C = 0.01\mu F$，则 $R_A \approx 0.1 \times 10^{-3}/(5 \times 0.01 \times 10^{-6} \times 0.7)\text{k}\Omega \approx 2.9\text{k}\Omega$，$R_B = 4R_A = 11.6\text{k}\Omega$。

根据以上设计，选取上方固定电阻 $R_1 = 2.2\text{k}\Omega$，下方固定电阻 $R_2 = 2.2\text{k}\Omega$，可调电位器 $R_P = 10\text{k}\Omega$，可以满足题设要求。另外，因为要求输出脉冲幅度 $U_{Om} \geqslant 5.6V$，所以选择电源电压为 6V。

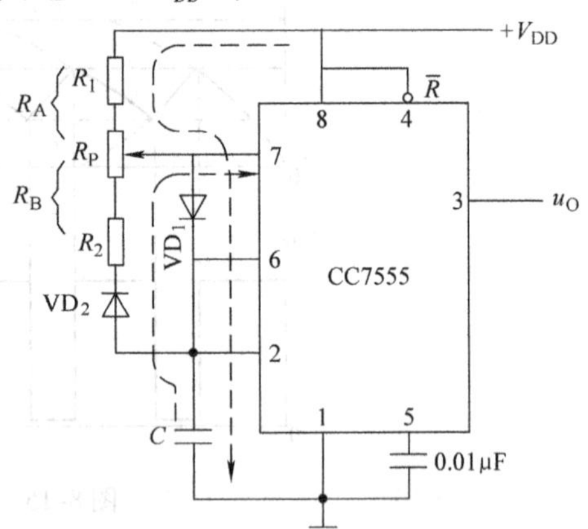

图 8-18　题 8-7 的电路图

8-8　试用 CC7555 定时器和二极管设计一种方波信号发生器（即占空比 $q = 50\%$ 的多谐振荡器），要求振荡频率 $f_0 \approx 1.05\text{kHz}$，输出脉冲幅度 $U_{Om} \geqslant 5.6V$，并设 $C = 0.1\mu F$，试选取电路其他元器件参数和 V_{DD}值，画出设计电路图。**提示**：设二极管为理想，利用二极管的单向导电性，并使充、放电时间常数相等。

解：因为所设计的多谐振荡器的占空比为50%，所以该振荡器中上方固定电阻为 R_1，下方固定电阻为 R_2，用理想二极管并接于 R_2两端，并令 $R_1 = R_2 = R$。如此连接，充电、放电时间相等，便可使占空比为50%。根据主教材式（8-5），有

$$f_0 \approx \frac{1.43}{(R_1 + R_2)C} = \frac{1.43}{2RC} \approx 1.05\text{kHz}$$

解得该多谐振荡器的 $R_1 = R_2 = R \approx 6.8\text{k}\Omega$。

由于题目要求振荡器的输出脉冲幅度 $U_{Om} \geqslant 5.6V$，所以选择电源电压为 6V。所设计的电路图如图 8-19 所示。

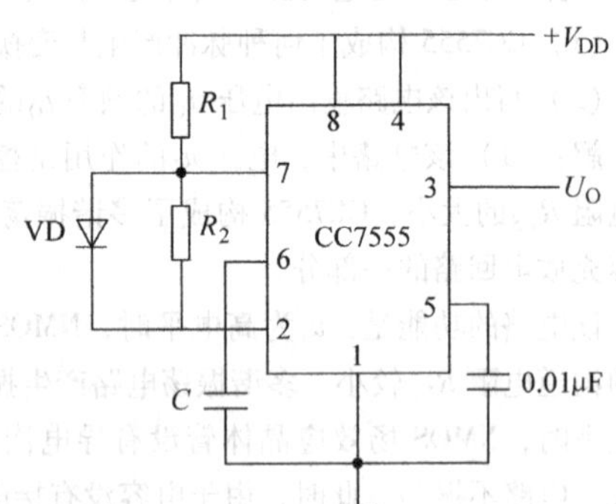

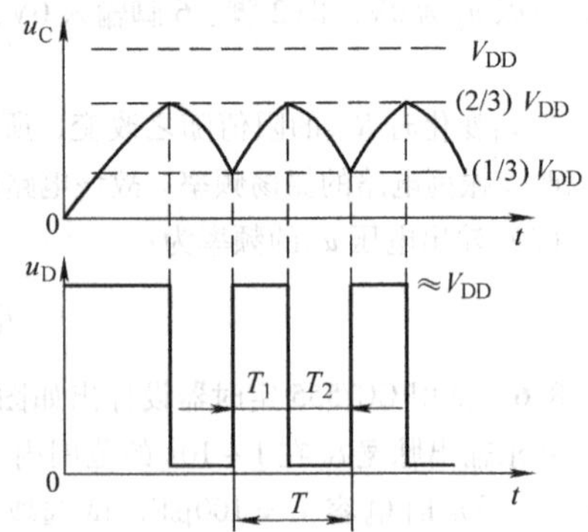

图 8-19　题 8-8 的电路图

8-9　由 TTL **与非**门和偏移二极管组成的施密特触发电路如图 8-20 所示，试分析其工作原理，求出回差电压 ΔU_T，并画出其电压传输特性曲线。设 TTL **与非**门阈值电压为 U_{TH}，二极管导通压降为 U_D。

解：当 u_I为低电平时，二极管 VD 导通，u_{I1}为低电平，u_{I2}为高电平，输出 Q 为高电平，$\overline{Q}$为低电平，该施密特触发器电路输出为 **1**。当 u_I上升至 $U_{TH} - U_D$时，VD 开始截止。此时，u_{I1}相当于高电平，u_{I2}维持高电平不变，该触发器输出保持 **1** 状态。当 u_I上升至 U_{TH}时，VD 截止，u_{I1}相当于高电平，u_{I2}变为低电平，触发器输出变为 **0** 状态。由此可见，在 u_I上升的过程中，电压阈值为 U_{TH}。

当 u_I为高电平时，二极管 VD 截止，u_{I1}相当于接有高电平，u_{I2}为低电平，触发器输出为 **0**。当 u_I下降至 U_{TH}时，VD 仍截止，u_{I1}相当于接高电平，u_{I2}变为高电平，触发器输出保持 **0** 状态。当 u_I下降至 $U_{TH} - U_D$时，VD 导通，u_{I1}变成低电平，u_{I2}变为低电平，触发器输出变成 **1** 状态。可见，在 u_I下降的过程中，电压阈值为 $U_{TH} - U_D$。

综上所述，该施密特触发电路的回差电压 $\Delta U_T = U_{TH} - (U_{TH} - U_D) = U_D$。其电压传输特性曲线如图

8-21所示。

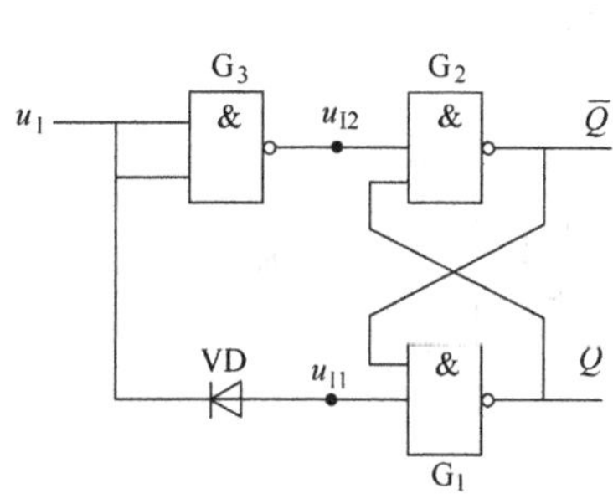

图8-20　题8-9的施密特触发电路

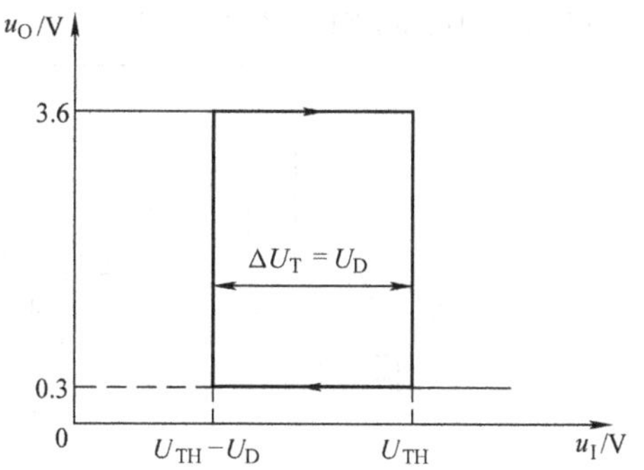

图8-21　题8-9的电压传输特性

8-10　在图8-22所示的施密特触发电路中，若G_1和G_2均为CT74LS系列的TTL与非门，它们的阈值电压$U_{TH}=1.4V$，$R_1=1k\Omega$，$R_2=2k\Omega$，二极管导通时的正向压降$U_D=0.7V$。试计算施密特电路的上限阈值电压U_{T+}、下限阈值电压U_{T-}和回差电压ΔU_T。

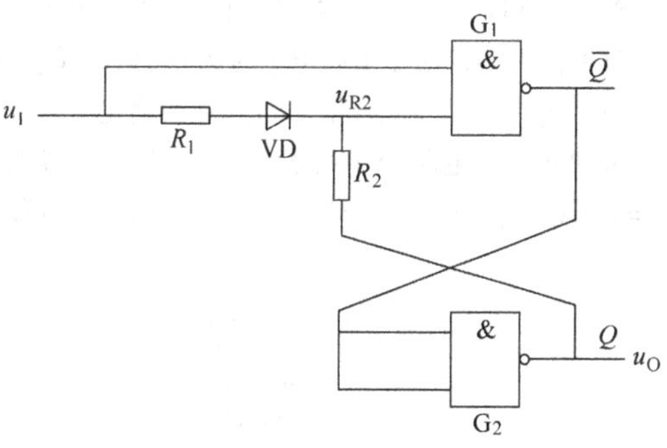

图8-22　题8-10的电路图

解：当u_I为低电平时，G_1关闭，G_2开通，$u_O=U_{OL}=0.3V$，即$Q=\mathbf{0}$，$\overline{Q}=\mathbf{1}$；当u_I上升，使$u_{R2}=U_{TH}=1.4V$时，G_1开通，G_2关闭，$u_O=U_{OH}=3.6V$，即$Q=\mathbf{1}$，$\overline{Q}=\mathbf{0}$，此刻Q端状态翻转，$u_{R2}=(u_I-U_D-0.3V)R_2/(R_1+R_2)+0.3V=U_{TH}=1.4V=(U_{T+}-1V)2/3+0.3V$，故解得$U_{T+}=u_I=2.65V$。当$u_I$下降时，只要$u_I\leqslant U_{TH}=1.4V$，该触发电路就翻转，所以$U_{T-}=U_{TH}=1.4V$，回差电压$\Delta U_T=U_{T+}-U_{T-}=2.65V-1.4V=1.25V$。

*8-11　用两个CT74系列TTL与非门G_1、G_2和RC电路组成的积分型单稳态触发器，如图8-23所示。已知G_1输出低电平时的输出电阻$R_O=100\Omega$，电容$C=0.01\mu F$，现欲产生10μs的定时脉冲，求定时电阻$R=$？并求出输出脉冲幅度$U_{Om}=$？

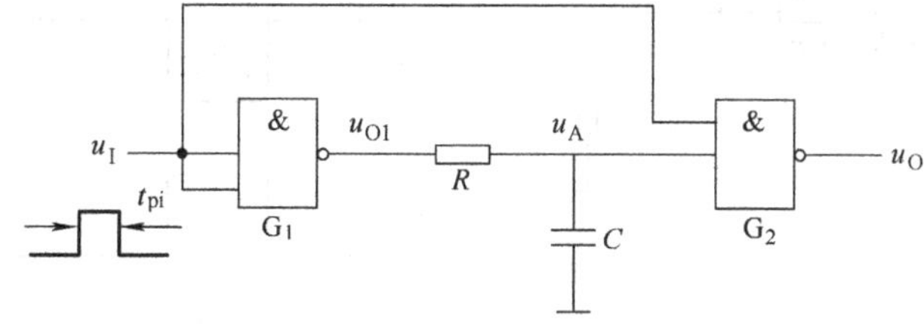

图8-23　积分型单稳态触发器电路

解：根据主教材式（8-3），有，$t_W\approx(R+R_O)C\ln3$，已知$t_W=10\mu s$，$R_O=100\Omega$，电容$C=0.01\mu F$，则由t_W式求得定时电阻$R\approx810\Omega$。

因为G_2是TTL门，其输出高电平为3.6V，低电平为0.3V，所以该单稳态电路的输出脉冲幅度$U_{Om}=3.3V$。

*8-12　用3个CT74系列TTL与非门G_1、G_2和G_3组成的微分型单稳电路如图8-24所示。图8-24中输入触发脉冲宽度$t_{pi}=3\mu s$，$C_d=50pF$，$R_d=10k\Omega$，$C=5000pF$，$R=200\Omega$，试对应地画出u_I、u_D、u_{O1}、

u_R、u_{O2}、u_O的波形图，并求出输出脉冲宽度 t_W 之值。提示：CT74 系列 TTL 与非门的阈值电压 U_{TH} = 1.4V，当门 G_1 开通时，u_D被钳制在 1.4V 上。

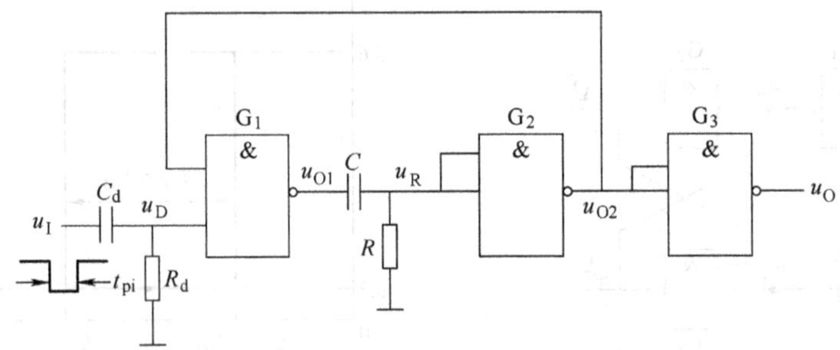

图 8-24　题 8-12 的电路图

解：设 TTL 与非门的输入电阻在输入高电平时为无穷大，输入低电平时为 3kΩ，输出电阻 R_o 在输出低电平时近似为零，而输出高电平时为 0.1kΩ，U_{TH} = 1.4V。

（1）u_D、u_{O1}、u_R、u_{O2}、u_O波形的确定

未加 u_I时，电路处于稳态。此时 G_2输入端经电阻 R 接地，故 G_2输出高电平，G_1、G_3输出低电平，u_{O2} = 3.6V，u_{O1} = u_O = 0.3V，u_R由 G_2的输入级可求出（见图 8-25a），即

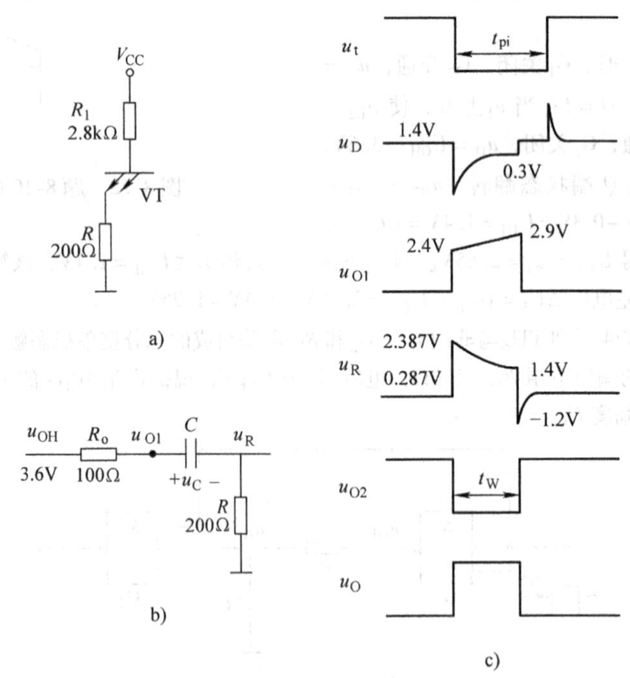

图 8-25　题 8-12 用图

a）门 G_2输入级等效电路　b）门 G_1输出端到 u_R之间的等效电路　c）u_I、u_{O1}、u_R、u_{O2}、u_O的波形图

$$u_R = \frac{V_{CC} - U_{BE}}{R_1 + R}R = \left(\frac{5 - 0.7}{2.8 + 0.2} \times 0.2\right)\text{V} \approx 0.287\text{V}$$

电容 C 两端电压 $u_C = u_{O1} - u_R$ = 0.3V − 0.287V = 0.013V

图 8-24 中，当 u_I加入后，电路翻转至暂稳态。此时 G_1、G_3输出高电平，G_2输出低电平。G_1输出到 u_R之间的等效电路如图 8-25b 所示，由此可求得 G_1关闭瞬间电压如下：

$$u_{O1}=U_{OH}-\frac{U_{OH}-u_C}{R_o+R}R_o=(3.6-\frac{3.6-0.013}{0.1+0.2}\times 0.1)\text{V}\approx 2.4\text{V}$$

而
$$u_R=u_{O1}-u_C=2.4\text{V}-0.013\text{V}=2.387\text{V}$$

此后，电容C被充电，u_R按指数规律下降，当$u_R\geqslant 1.4\text{V}$之前，u_{O2}输出低电平0.3V时就被钳制在此电位上，直到u_{O2}跳变至高电平。

由于$u_{O2}=0.3\text{V}$，u_D上升至0.3V。

当u_R下降至1.4V时暂稳态结束。此时$u_{O1}=u_{OH}-u_R R_o/R=[3.6-(1.4/0.2)\times 0.1]\text{V}=2.9\text{V}$。之后，单稳电路进入恢复阶段。此时$u_{O2}$为高电平，$u_{O1}$由2.9V下跳至0.3V，经C耦合，$u_R$也产生下跳，下跳值为2.6V。然后，$u_R$再按指数规律恢复至稳态值0.287V。

根据上述工作过程分析，可画出u_I、u_D、u_{O1}、u_R、u_{O2}及u_O的波形，如图8-25c所示。

（2）输出脉宽t_W的计算

$u_R(0)=2.387\text{V}$，$u_R(\infty)=0\text{V}$，$u_R(t_W)=1.4\text{V}$，$\tau=(R_0+R)C$

$$t_W=(R_0+R)C\ln\frac{u_R(\infty)-u_R(0)}{u_R(\infty)-u_R(t_W)}=(0.3\times 10^3\times 5000\times 10^{-12}\ln 1.7)\text{s}\approx 0.8\mu\text{s}。$$

8-13　在图8-26a所示的单稳态触发电路中，G是CMOS集成施密特触发器CC40106。设：$+V_{DD}=+10\text{V}$时，$U_{T+}=6\text{V}$，$U_{T-}=3\text{V}$，电容$C=0.01\mu\text{F}$，$R=5\text{k}\Omega$，u_I是输入信号，u_I的波形如图8-26b所示，图中$t_{pi}=0.5\text{ms}$，试求：

（1）画出u_A、u_O的波形图；

（2）推导出输出脉冲宽度t_W的估算式，并估算输出脉宽t_W之值。

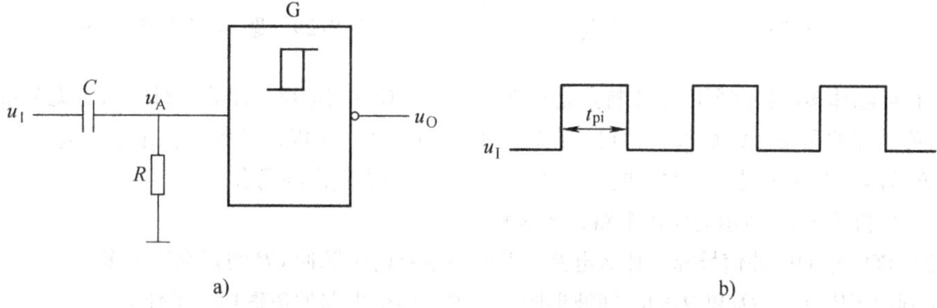

图8-26　题8-13用图

a）电路图　b）u_I的波形图

解：（1）当u_I为给定的方波信号时，由于RC只有50μs，远小于t_{pi}（=500μs），所以RC为微分电路，其输出电压u_A作为单稳态电路的触发信号，在CMOS施密特触发器CC40106的输出端产生脉宽为t_W的脉冲信号。据此u_I、u_A和u_O的波形图如图8-27所示。

（2）设t_1为计时起点，已知$u_A(0)=V_{DD}$，$u_A(\infty)=0\text{V}$，$u_A(t_W)=U_{T-}=3\text{V}$，$\tau=RC$，则由一阶$RC$电路的三要素公式得：

$$t_W=RC\ln\frac{V_{DD}}{U_{T-}}\approx 1.2RC=60\mu\text{s}。$$

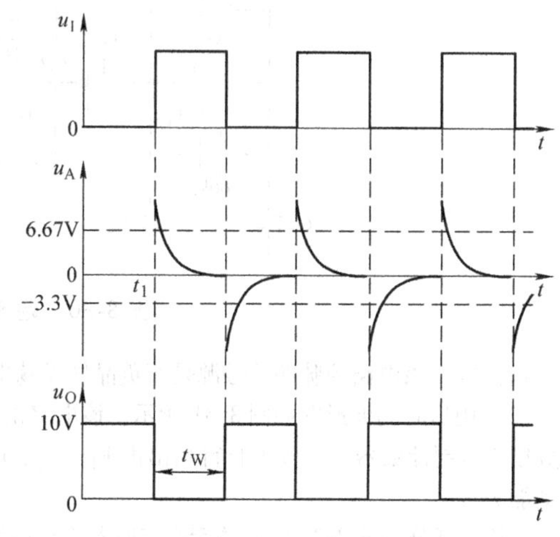

图8-27　u_I、u_A、u_O的波形图

*8-14　由CMOS集成施密特触发与非门组成的脉冲占空比可调的多谐振荡器电路如图8-28所示。设电路中R_1、R_2、C及$+V_{DD}$、U_{T+}、U_{T-}均为已知，

试分析：

（1）定性画出 u_C、u_O的波形图；

（2）写出输出信号 u_O的频率f_0的表达式。

解：（1）设当电路接通电源时，电容上初始电压为零，即 $u_C(0)=0V$，u_O输出高电平，经 R_1、VD_1向 C 充电，当电容两端电压充电到使 $u_C=U_{T+}$时，输出跳变为低电平，电容又经 VD_2、R_2放电，当放电至 $u_C=U_{T-}$时，u_O又变为高电平，电容又重新开始充电。如此周而复始，循环不已，在输出端便得到振荡波形。设 $R_1>R_2$，可得到 u_C、u_O的波形，如图 8-29 所示。

（2）$T=T_1+T_2=R_1C_1\ln\dfrac{V_{DD}-U_{T-}}{V_{DD}-U_{T+}}+R_2C_2\ln\dfrac{U_{T+}}{U_{T-}}$，$f=1/T$。

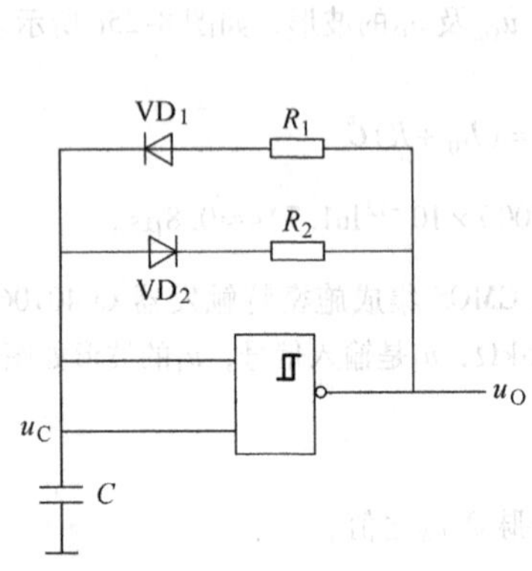

图 8-28　习题 8-14 的电路图

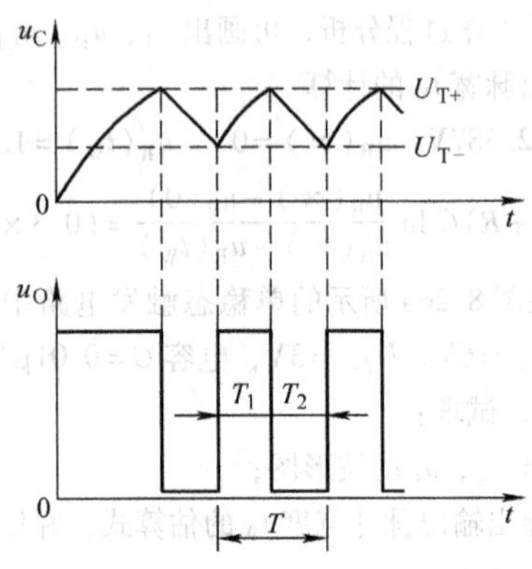

图 8-29　题 8-14 的波形图

8-15　石英晶体多谐振荡器的工作特点是什么？其振荡频率与电路中阻容元件参数有无关系？为什么？

解：石英晶体的品质因数 Q 很高，它具有较好的选频特性。所以，其频率稳定度很高，可达 10^{-10} ~ 10^{-11}。石英晶体多谐振荡器（简称晶振）适用于对频稳度要求较高的场合。

8-16　试分析图 8-30 所示的应用电路，要求解答：

（1）说出该电路的脉冲信号源是什么电路，并问该电路时钟脉冲 CP 的频率等于多少？

（2）试画出 CP、Q_1、Q_2和 Q_3的时间波形图，并说明整个电路的逻辑功能是什么。

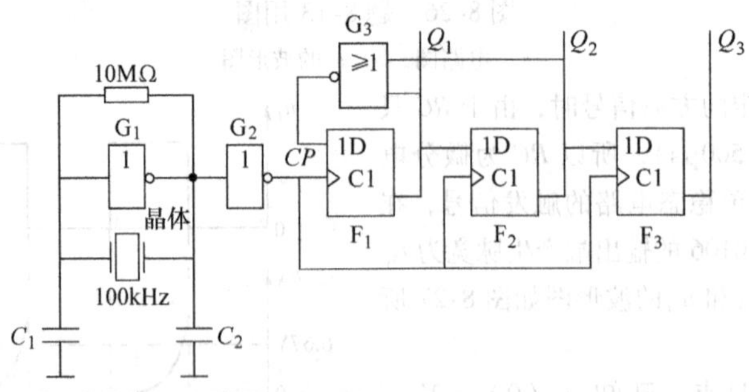

图 8-30　题 8-16 的应用电路

解：（1）该电路的脉冲信号源是石英晶体振荡电路，它的振荡频率等于石英晶体的谐振频率 100kHz。

（2）画出时间波形图如图 8-31 所示。该电路由晶体振荡电路提供时钟信号 CP，3 个 D 触发器和门 G_2构成模 3 进制计数器（请读者自行列出由 F_1、F_2、F_3等所构成的计数器的状态转换表，并分析是否具有自启动能力）。

8-17　试分析图 8-32 所示的 555 定时器应用电路，要求解答：

（1）指出 5G555（1）、5G555（2）各构成何种脉冲产生与变换单元电路？

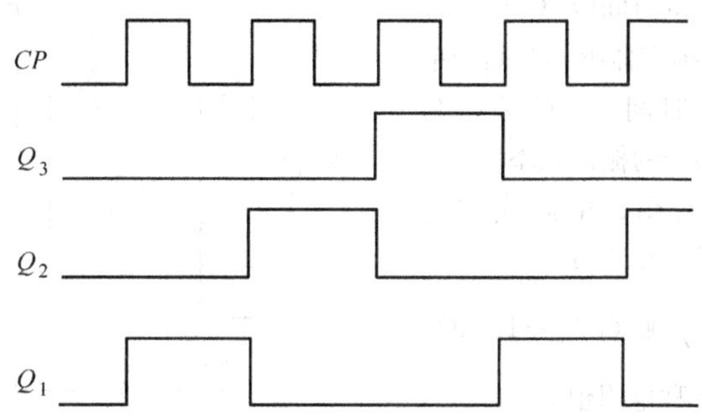

图8-31　CP、Q_1、Q_2和Q_3的时间波形图

（2）写出输出信号u_O的频率f_O的变化范围和u_O输出脉宽t_W的估算式；

（3）指出5G555（2）触发输入端（2脚）所接的两组元器件：R_4、C_3、VD的作用分别是什么，并画出u_{O1}、u_{I2}、u_O的波形图（设R_4C_3远小于输出脉冲u_{O1}的周期）。

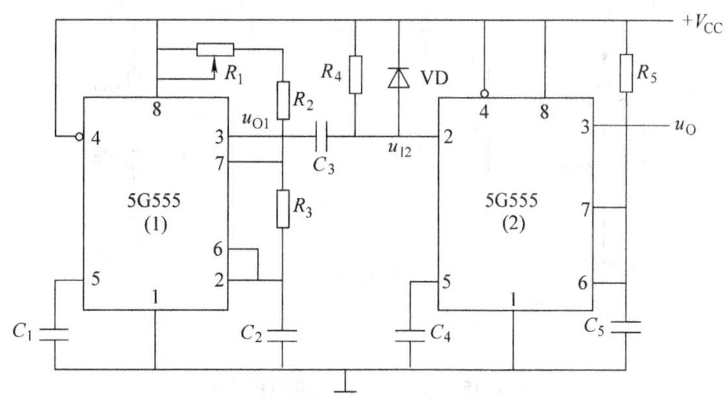

图8-32　习题8-17的555定时器应用电路

解：（1）5G555（1）构成多谐振荡器，5G555（2）构成单稳态触发器；

（2）输出信号u_O的频率f_O的变化范围为：$\dfrac{1.43}{(R_1+R_2+2R_3)C_2}\sim\dfrac{1.43}{(R_2+2R_3)C_2}$；输出脉宽$t_W\approx 1.1R_5C_5$；

（3）因为R_4C_3远小于输出脉冲u_{O1}的周期，所以R_4、C_3组成微分电路，它将u_{O1}输出的矩形波脉冲变换为尖窄脉冲，用作单稳态电路的触发信号。二极管VD的作用是将u_{I2}的正向过冲电压限幅在$V_{CC}+0.7V$上，对5G555（2）的输入端起保护作用。经过分析后，画出u_{O1}、u_{I2}、u_O的波形图，如图8-33所示。

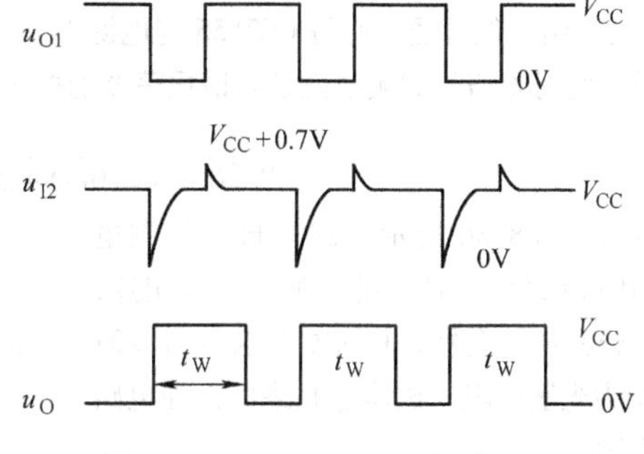

图8-33　u_{O1}、u_{I2}、u_O的波形图

8-18　分析图8-34所示的应用电路，简述电路的组成及其工作原理。若要求扬声器在开关S按下后以1.1kHz的频率持续响10s，试确定图中R_1、R_2的阻值，要求查主教材附录H，选取标称电阻值。

解：5G555（1）构成单稳态电路，5G555（2）构成多谐振荡器。开关S按下前，5G555（1）处于稳态，向5G555（2）4脚提供低电平清零信号，故扬声器不响。当开关S按下后，5G555（1）单稳态电路被触发，输出脉宽为 t_W，在 t_W 的时间内 5G555（2）振荡，扬声器鸣响。所以，扬声器鸣响时间为单稳态电路中的暂稳态持续时间，鸣响频率为 5G555（2）构成的多谐振荡器的振荡频率。

依据题意，$10s \approx 1.1R_1C_1$，由此式求得 $R_1 \approx 909M\Omega$，选取标称电阻：910MΩ。

由 $1.1kHz \approx \dfrac{1.43}{(R_2+2R_3)C_2}$ 解得 $R_2 \approx 1.1k\Omega$。查主教材附录 H 知，此为标称电阻值。

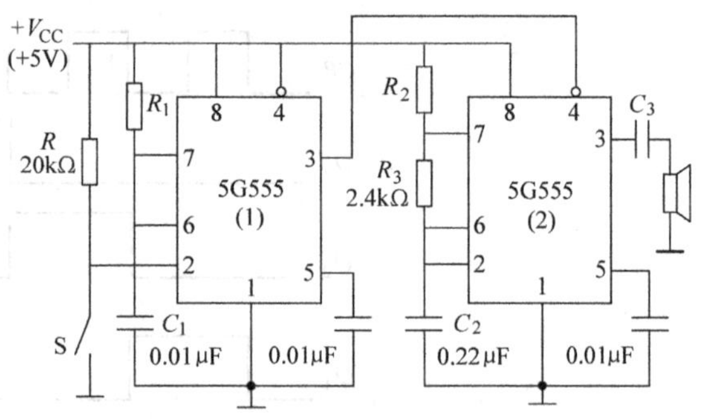

图 8-34　习题 8-18 的应用电路

8-19　某一过电压监测保护电路如图 8-35 所示，设硅稳压管的稳定电压为 U_Z，试说明当监测电压超过 U_Z 时，图中的发光二极管 LED 发出闪烁的光信号，并求出闪光信号频率 f_0 =？提示：当图中 BJT V 管饱和导通时，5G555 的 1 脚可认为处于地电位。

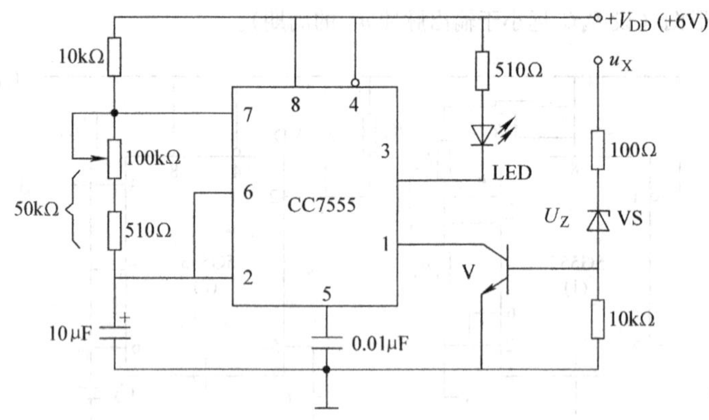

图 8-35　某过电压监测保护电路

解：CC7555 定时器通过双极型晶体管（BJT），接成了多谐振荡器电路。

当 u_x 小于 U_Z 时，VS 截止，BJT 的发射结无正偏电压，它处于截止状态。这只是 CC7555 与电源地端断开，电源 V_{DD} 无法加到 CC7555 上，3 脚输出端相当于悬空，LED 熄灭。但当 u_x 大于 U_Z 时，VS 反向击穿，BJT 的发射结正偏导通，使得 CC7555 与电源 V_{DD} 接通，电路产生振荡，3 脚输出矩形波，LED 发出闪烁的光信号。此闪光信号的频率就是多谐振荡器的振荡频率，即

$$f_0 = \frac{1}{0.7\times(10k\Omega+2\times50k\Omega)\times10\mu F} \approx 1.3Hz。$$

8-20　图 8-36 所示为路灯自动控制电路。图中 5G555 定时器的 2 脚、6 脚相连，以构成施密特触发器，其回差电压为 $V_{CC}/3$；电阻 R 为光敏电阻。试简述此路灯自控电路的工作过程。

解：根据光敏电阻 R 的特性，外界光线较强时其阻值减小，光敏电阻上的电压随之降低，当电压低于 $V_{CC}/3$ 时，5G555 定时器 2 脚、6 脚电压大于 $2V_{CC}/3$，5G555 定时器的 3 脚输出低电平，NPN 型 BJT 截止，继电器失电释放，常闭触头断开，路灯不亮；而

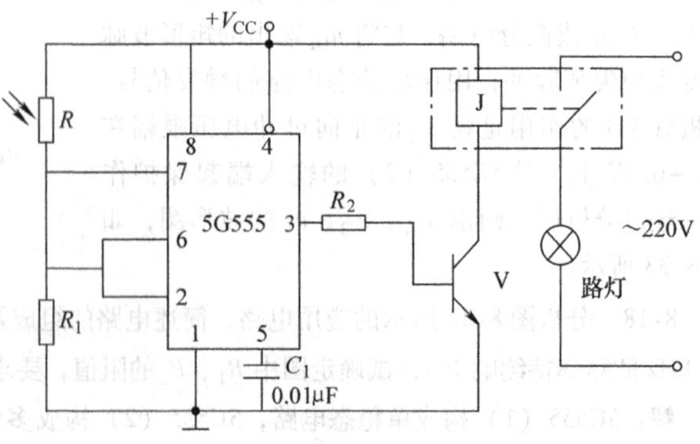

图 8-36　题 8-20 的路灯自动控制电路

当光线很暗时，光敏电阻的阻值增大，其上电压高于 $2V_{CC}/3$，5G555 定时器 2 脚、6 脚电压小于 $V_{CC}/3$，因而输出为高电平，BJT 导通，继电器线圈得电，触头吸合，路灯点亮。

8-21　家用电器、照明灯等电源插座的开或关，常常需要在不同的延迟时间后开关，这就要求用延迟开关电源插座。一种由集成 555 定时器等元器件构成的延迟开关电源插座电路如图 8-37 所示。设稳压管 VS 的稳定电压 $U_Z=12V$，此电压亦充当集成 555 定时器的电源电压。试简述此延迟开关电源插座电路的结构和工作过程。

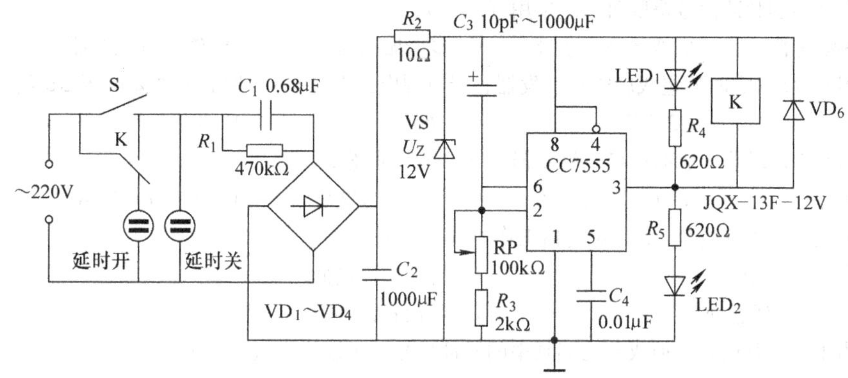

图 8-37　一种延迟开关电源插座电路

解：如图 8-37 所示，该电源插座电路由降压、整流、滤波、稳压和延时控制电路等部分组成。它的工作过程为：按下开关 S，12V 工作电压加至延迟控制电路上，此时 CC7555 的 2 脚和 6 脚均为高电平（大于 $2V_{DD}/3$），则其 3 脚输出低电平，继电器 K 的线圈得电，触头 K 向上吸合，“延时关”插座得电，而“延时开”插座断电；同时，电源电压 12V 通过 C_3、电位器 RP（阻值为 R_P）和电阻 R_3 对 C_3 充电，随着 C_3 上的电压升高，CC7555 的 2 脚、6 脚电压越来越低，当电压降低至 $V_{DD}/3$ 时，CC7555 的 3 脚输出由低电平跳变为高电平，此时继电器线圈将失电而不工作，其控制触头恢复原位，“延时关”插座失电，而“延时开”插座得电。如此工作满足了不同的需求，LED_1、LED_2 作相应的指示。该电路的延时时间 T 由 C_3 及（R_P+R_3）的值决定，$T\approx 1.1C_3(R_P+R_3)$，R_P 指实际阻值，C_3 可用 10pF 至 1000μF 的电容器，（R_P+R_3）之值可以在 2～102kΩ 的范围内调节。

8-22　单项选择题（请将下列各小题正确选项前的字母填在题中的括号内）：

（1）要设计一个波形变换器，将正弦波信号转换为同一频率的矩形波信号，应选用（　　）电路；

A. 施密特触发器　B. 单稳态触发器　C. 多谐振荡器　D. A－D 转换器

（2）要产生一个定时脉冲，用以控制某一与门打开 0.5s，应设计（　　）电路；

A. 施密特触发器　B. 单稳态触发器　C. 多谐振荡器　D. 顺序脉冲发生器

（3）5G555 构成的基本多谐振荡器的输出脉冲幅度约为（　　）；

A. 1.4V　B. 5V　C. 3.3V　D. 0.3V

（4）555 定时器构成的单稳态触发器，若电源电压为：+6V，则当暂稳态结束时，定时电容 C 上的电压 u_C 为（　　）；

A. 6V　B. 0V　C. 2V　D. 4V

（5）用 555 定时器构成了施密特触发器，当控制端 CO 外接 10V 的电压时，回差电压为（　　）；

A. 3.33V　B. 6.66V　C. 5V　D. 10V

（6）多谐振荡器与单稳态触发器的区别之一是（　　）；

A. 前者有两个稳态，后者只有一个稳态　B. 前者没有稳态，后者有两个稳态

C. 前者没有稳态，后者只有一个稳态　D. 两者均只有一个稳态

（7）CC7555 定时器电源电压为 V_{DD}，则用它构成施密特触发器的回差电压 ΔU_T 为（　　）；

A. V_{DD}　　B. $\frac{1}{2}V_{DD}$　　C. $\frac{1}{3}V_{DD}$　　D. $\frac{2}{3}V_{DD}$

(8) 通常所说的无稳态电路是指（　　）；

A. T 触发器　　B. 多谐振荡器　　C. 施密特触发器　　D. 单稳态触发器

(9) 石英晶体多谐振荡器的突出优点是（　　）；

A. 速度高　　B. 电路简单　　C. 振荡频率稳定　　D. 输出波形边沿陡峭

(10) 用来鉴别脉冲信号幅度时，应采用（　　）；

A. 稳态触发器　　B. 双稳态触发器　　C. 多谐振荡器　　D. 施密特触发器

(11) 用 CC7555 定时器组成施密特触发器，当电源电压 $V_{DD}=10V$ 时，其回差电压 ΔU 约为（　　）；

A. 5V　　B. 3.33V　　C. 6.66V　　D. 10V

(12) 由 555 定时器构成的单稳态触发器，其输出脉冲宽度 t_W 取决于（　　）；

A. 电源电压　　B. 触发信号幅度　　C. 触发信号宽度　　D. 外接 RC 参数

(13) 下列说法正确的是：555 定时器工作时（　　）；

A. 清零端应接高电平　　B. 清零端要接低电平

C. 清零端可以任意处置　　D. 不设置清零端

(14) 为了将正弦信号转换成与之同频率的脉冲信号，可以采用（　　）。

A. 移位寄存器　　B. 单稳态触发器　　C. 多谐振荡器　　D. 施密特触发器

参考答案：(1) A；(2) B；(3) C；(4) D；(5) C；(6) C；(7) C；(8) B；(9) C；(10) D；(11) B；(12) D；(13) A；(14) D。

第 9 章　数字电路虚拟实验与数字系统设计基础

9.1　学习指导

电子设计自动化 EDA（Electronic Design Automation）技术以计算机为设计平台、EDA 软件为开发环境、硬件描述语言为设计语言、可编程逻辑器件为实验载体，用软件开发的方式实现了数字系统的设计。

当前，数字系统日益复杂，传统的自下而上的设计方法已经难以适应大规模集成电路的设计要求，自顶而下的设计流程逐渐成为主流的数字系统的设计方法。上述自顶而下的设计方法是从最顶层的数字系统整体功能设计开始，按一定原则将系统分为多个子系统，再将每个子系统分成多个功能模块，然后采用逐层细化方式设计各个子系统或子功能模块，直至达到最底层的功能模块，从而完成整个系统的设计。

基于 EDA 软件进行数字系统设计的步骤包括：

（1）逻辑功能确定；

（2）设计输入与系统描述；

（3）功能仿真（即前仿真）；

（4）逻辑综合；

（5）布局布线；

（6）时序仿真（即后仿真）；

（7）编程下载。

硬件描述语言（简称 HDL）是一种用于设计硬件电子系统的计算机语言，它用软件编程的方式来描述硬件系统的逻辑功能、电路结构和连接形式。硬件描述语言与软件语言（例如 C 或 C + +）具有一些相似之处，但由于数字系统中许多操作都是并行的，所以硬件描述语言可同时执行若干条语句（而软件语言在某一时刻只执行一条语句）。硬件描述语言主要有 Verilog HDL 和 VHDL 这两种，其中 Verilog HDL 是在 C 语言的基础上发展起来的。Verilog HDL 具有简捷、高效、易学易用和功能强大等优点，可以用来进行各种级别的逻辑设计、仿真验证、时序分析或逻辑综合。

硬件描述语言仿真软件 ModelSim 具有高效易用的优点，它可以支持 VHDL 和 Verilog HDL 混合仿真。使用 ModelSim 软件进行仿真的流程有 3 种：基本仿真流程、工程仿真流程、多单元库仿真流程。其中多单元库仿真流程一般用于较大规模的仿真，且过程较为复杂，因此日常应用中多以前两种仿真流程为主。基本仿真流程包括如下 4 个步骤：①创建一个新库；②编辑、编译设计文件；③载入并运行仿真程序；④调试结果。与基本仿真流程相比，工程仿真流程需要先建立一项工程（Project），然后向工程中添加设计文件，接着进行编译、运行仿真并调试结果。此种仿真流程包括以下 5 个步骤：①创建一项工程；②向此项工程添加文件；③编译设计文件；④运行仿真；⑤调试结果。

9.2　习题 9 解答

9-1　简述基于 EDA 软件进行数字系统设计的步骤。

解：基于 EDA 软件进行数字系统设计的步骤是：以计算机和 EDA 软件为开发环境、以硬件描述语言为设计语言、以可编程逻辑器件（PLD）为实现载体，用设计软件的方法来设计数字系统，即先用硬件描述语言完成设计文件，然后由计算机自动地完成逻辑编译、化简、分割、综合、优化、布局、布线和仿真，直至对于特定目标芯片的适配编译、逻辑映射和编程下载等工作。

9-2　设计一个能够测量正弦波信号频率的数字频率计，并用 Multisim10. 0 软件模拟实现。具体要求如下：(1) 测频范围为 1 ~ 9999Hz，精度为 1Hz；

(2) 用数码管显示测频结果；

(3) 当信号频率超过规定的频段时，设有超量程显示。

测试条件为：在输入信号峰值为 0. 1V 的情况下测试。

解：此题设计思路并不唯一，下面的方法仅供参考。

测量频率应使用计数器实现。输入信号是正弦波，峰值是 0. 1V，显然必须将正弦波放大后变换为矩形波，且电压幅度要达到 TTL 电平，才能用于计数。因此可以采用运放构成的比例电路和施密特触发器来实现。

LED 要显示的是频率的数值，为减少烦琐的换算，对 1s 时间内输入的脉冲计数，计数结果就是频率值。

其实，1s 的采样时间是否准确，决定了测量精度。单稳态电路受元件精度约束，达不到规定的精度。为了得到高精度时间，采用晶振电路，经过分频得到 1Hz 矩形波，再输入到 T′触发器可得到高、低电平各为 1s 的方波，用 2Hz 方波的高电平作为 1s 采样信号，与整形电路的输出信号进行与运算，所得结果作为 10000 进制计数器的时钟信号，即计数器计数 1s 后保持 1s 的时间，交替进行。

当 2Hz 方波下降沿到来时，计数器结果并行送入寄存器并清零（思考一下，如果不采用寄存器，会出现什么问题）。计数器清零和寄存器锁存数据同时完成，所以将 2Hz 方波下降沿作为寄存器的锁存信号（时钟信号）和计数器清零信号。

当信号频率超过规定频段时，10000 进制计数器会产生进位输出信号，该信号用于选择显示内容来自计数结果寄存器还是来自另一个寄存器中预设的表示溢出的字符（如 **000**E，由于灭零的缘故，LED 只能显示 E，并不显示 **0**）。

此题的设计系统框图如图 9-1 所示。

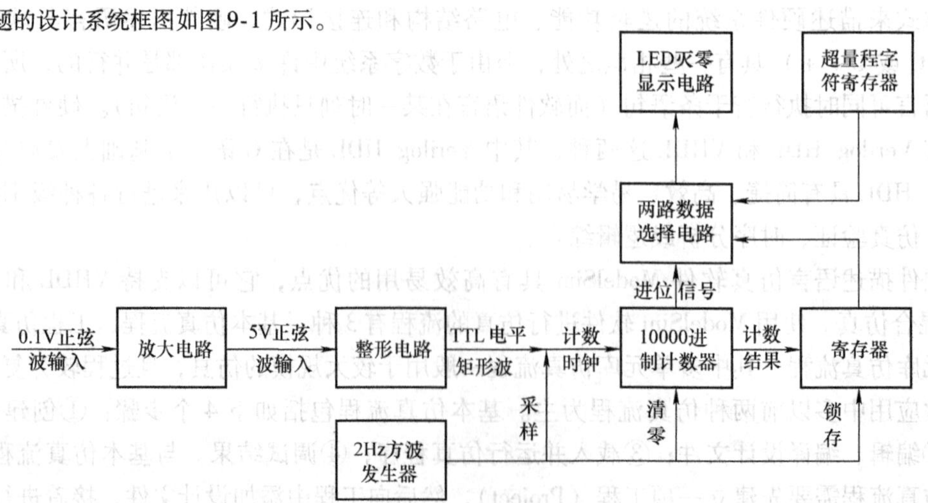

图 9-1　题 9-2 的设计系统框图

需要说明的是，由于在 Multisim 仿真软件中，受仿真步长的限制，各局部电路时间尺度相差过大时仿真过于缓慢，以致无法获得想要的结果。

当做验证性仿真时，建议对各单元电路分别进行仿真。当对整体电路进行仿真时：①不要将单元电路直接连接，进行仿真，而应该用系统提供的信号发生器直接产生想要的信号，避免使用振荡电路加分频的方式；②计数器的模数不要过大，以提高仿真速度，降低仿真难度。

9-3　设计一款 8 位全加器的 Verilog HDL 语言源程序。

解：8 位全加器的设计模块源程序如下：

```
module add8 (sum, cout, a, b, cin);    //8 位全加器设计模块名为 adder8，括号中为端口列表
output [7: 0] sum;                     //输出端口声明
output cout;                           //输出端口声明
input [7: 0] a, b;                     //输入端口声明
input cin;                             //输入端口声明
assign {cout,sum} = a + b + cin;       //功能描述
endmodule
```

8 位全加器的仿真测试模块源程序如下：

```
`timescale 1ns/1ns                    //时间单位 1ns，时间精度 100ps
module add8_ tb;                      //仿真模块无端口列表
reg [7: 0] a, b;                      //输入激励信号定义为 reg 型
reg cin;
wire [7: 0] sum;                      //输出信号定义为 wire 型
wire cout;
parameter DELY = 100;                 //设定延时为 100 个时间单位，即 100ns
add8  AD1 (sum, cout, a, b, cin);     //调用测试对象
initial
 begin                                //激励波形设定
               a = 8 'd0;     b = 8 'd0;     cin = 1 'b0;
    #DELY      a = 8 'd100;   b = 8 'd200;   cin = 1 'b1;
    #DELY      a = 8 'd200;   b = 8 'd88;
    #DELY      a = 8 'd210;   b = 8 'd18;    cin = 1 'b0;
    #DELY      a = 8 'd12;    b = 8 'd12;
    #DELY      a = 8 'd100;   b = 8 'd154;
    #DELY      a = 8 'd255;   b = 8 'd255;   cin = 1 'b1;
    #DELY      $finish;
 end
endmodule
```

9-4　设计一款 3 线 - 8 线二进制译码器电路的 Verilog HDL 语言源程序。

解：3 - 8 译码器的设计模块源程序如下：

```
module decode3 _8 (din, en, dout);
input [2: 0] din;
input en;
output [7: 0] dout;
reg [7: 0] dout;
always @ (din or en)
```

```
  begin
    if (en  = =  1)        dout  =8'b11111111;
    else
      case (din)
        3'b000: dout =8'b11111110;
        3'b001: dout =8'b11111101;
        3'b010: dout =8'b11111011;
        3'b011: dout =8'b11110111;
        3'b100: dout =8'b11101111;
        3'b101: dout =8'b11011111;
        3'b110: dout =8'b10111111;
        3'b111: dout =8'b01111111;
        default: dout =8'bxxxxxxxx;
      endcase
  end
endmodule
```

3 线－8 线译码器的仿真测试模块源程序如下：

```
`timescale 10ns/1ns
module decode3_ 8_ tb;
reg [2: 0] din_ tb;
wire [7: 0] dout_ tb;
reg  en_ tb;
decode3_ 8  dec (din_ tb, en_ tb, dout_ tb);   //调用测试对象
initial
  begin
    en_ tb =0;
    din_ tb =0;
    #20 en_ tb =1;
    #50 din_ tb  =0;
    #50 din_ tb =1;
    #50 din_ tb =2;
    #50 din_ tb =3;
    #50 din_ tb =4;
    #50 din_ tb =5;
    #50 din_ tb =6;
    #50 din_ tb =7;
    $finish ();
  end
endmodule
```

9-5　设计一款汽车尾灯控制系统的 Verilog HDL 语言源程序。要求：汽车尾部左右两侧各有 3 个指示灯，汽车正常行驶时指示灯全灭；汽车右转时，右侧的 3 个指示灯按右循环的顺序点亮；汽车左转时，左侧的 3 个指示灯按左循环的顺序点亮；汽车刹车或倒车时，6 个指示灯均随时钟脉冲同步闪烁。

解：(1) 尾灯控制要求分析：根据题意，在表 9-1 中列出了汽车尾灯点亮和汽车运行状态之间的关系

及相应的控制逻辑。其中 sw［1:0］为状态控制开关，可以实现 4 种运行状态的切换：控制开关置为 **00** 时，表示汽车处于正常行驶状态；控制开关置为 **01** 时，表示汽车处于右转状态；控制开关置为 **10** 时，表示汽车处于左转状态；控制开关置为 **11** 时，表示汽车处于刹车或倒车状态。

表 9-1　汽车尾灯运行状态关系及控制逻辑

控制开关	运行状态		尾灯工作状态			
sw［1］ sw［0］	state	含 义	L[3] L[2] L[1]	含 义	R[3] R[2] R[1]	含 义
0　0	s0 = **00**	正常行驶	**0　0　0**	左侧灯灭	**0　0　0**	右侧灯灭
0　1	s1 = **01**	右转	**0　0　0** **0　0　0** **0　0　0**	左侧灯灭	**1　0　0** **0　1　0** **0　0　1**	按 R3→R2→R1 循环
1　0	s2 = **10**	左转	**0　0　1** **0　1　0** **1　0　0**	按 L1→L2→L3 循环	**0　0　0** **0　0　0** **0　0　0**	右侧灯灭
1　1	s3 = **11**	刹车/倒车	C　C　C	随 clk 闪烁	C　C　C	随 clk 闪烁

汽车尾灯控制器的设计模块源程序如下：

```
module carLED (clk, sw, L, R, state);
input clk;              //输入时钟信号
input [1: 0] sw;        //2 位的汽车状态控制开关，用于控制汽车尾灯的状态
output [1: 0] state;    //汽车运行状态
output [2: 0] L;        //3 个汽车左尾灯
output [2: 0] R;        //3 个汽车右尾灯
reg [1: 0] state;
reg [2: 0] L;
reg [2: 0] R;
reg [31: 0] temp_r; //用于右循环的临时计数器
reg [31: 0] temp_l; //用于左循环的临时计数器
//汽车的状态（即尾灯的状态）state 有 4 种，分别对应于：正常行驶、右转、左转和刹车
parameter [1: 0] s0 = 2'b00, s1 = 2'b01, s2 = 2'b10, s3 = 2'b11;
always@ (sw)
 case (sw)                    //汽车尾灯状态 state 由汽车控制开关 sw [1: 0] 决定
   2'b00 : state = s0;        //当 sw 为 00 时，state 变为 s0 = 2'b00，汽车处于正常行驶状态
     2'b01 : state = s1;      //当 sw 为 01 时，state 变为 s1 = 2'b01，汽车处于右转状态
     2'b10 : state = s2;      //当 sw 为 10 时，state 变为 s2 = 2'b10，汽车处于左转状态
     2'b11 : state = s3;      //当 sw 为 11 时，state 变为 s3 = 2'b11，汽车处于刹车状态
  endcase
always@ (state or clk)
  case (state)
```

```
 s0:  //正常行驶状态，左右尾灯全部熄灭
        begin
        L [2: 0] =3'b000;
        R [2: 0] =3'b000;
        temp_r=0;
        temp_l=0;
     end
 s1:     //右转状态，右尾灯随时钟信号循环右移闪亮，左尾灯熄灭
     begin
        L [2: 0] =3'b000;                           //左侧尾灯全灭
        if (temp_r = =0)    R[2: 0]=3'b100;         //右侧尾灯的初始状态为最左边一个灯亮
        else R [2: 0] = {R [0], R [2: 1]};          //右侧尾灯开始右循环点亮
        temp_r=temp_r+1;                            //右循环计数器加1
     end
 s2:     //左转状态，左尾灯随时钟信号循环左移闪亮，右尾灯熄灭。
     begin
        R [2: 0] =3'b000;                           //右侧尾灯全灭
        if (temp_l = = 0)   L [2: 0] =3'b001;       //左侧尾灯的初始状态为最右边一个灯亮
        else L [2: 0] = {L [1: 0], L [2]};          //左侧尾灯开始左循环点亮
        temp_l=temp_l + 1;                          //左循环计数器加1
     end
 s3:     //刹车或倒车状态，左右尾灯全部随时钟脉冲而闪烁
     begin
        L [2: 0] =clk;
        R [2: 0] =clk;
        temp_r=0;
        temp_l=0;
     end
   endcase
 endmodule
```

汽车尾灯控制器的仿真测试模块源程序如下：

```
`timescale 1ns/100ps
module carLED_tb;
reg clk;
reg [1: 0] sw;
wire [2: 0] L;
wire [2: 0] R;
wire [1: 0] state;
carLED carLED_inst (clk, sw, L, R, state); //生成carLED模块的实例
initial
    begin
```

```
        clk = 1 'b0;              //时钟信号 clk 初始值为低电平
        forever #1 clk = ~clk;   //时钟信号 clk 每过 1ns 翻转一次
    end
initial
    begin
    sw = 2 'b00;                  //时间 T = 0 个时间单位时汽车正常行驶
    #5  sw = 2 'b01;              //时间 T = 5 个时间单位时汽车右转
    #5  sw = 2 'b11;              //时间 T = 10 个时间单位时汽车刹车
    #5  sw = 2 'b10;              //时间 T = 15 个时间单位时汽车左转
    #5  $stop;                    //时间 T = 20 个时间单位时仿真结束
  end
endmodule
```

9-6　用 ModelSim 对习题 9-5 进行工程仿真设计。

解：主教材第 9.2.6 节中以序列信号检测器为例介绍了如何使用 ModelSim 的基本仿真流程进行仿真。下面将以习题 9-5 所示的汽车尾灯控制系统为例，介绍如何使用 ModelSim 的工程仿真流程来进行仿真。

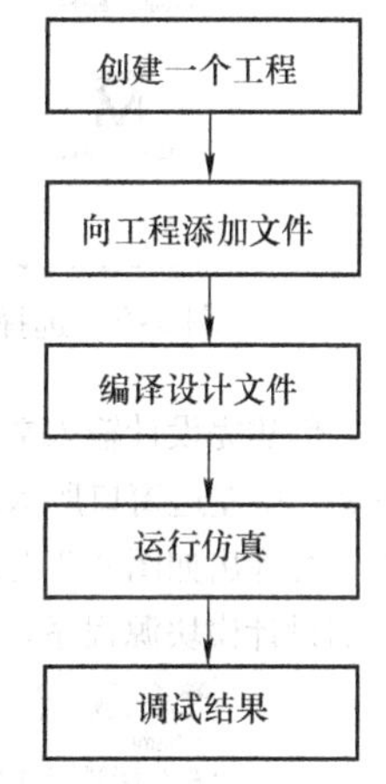

图 9-2　ModelSim 工程仿真流程

工程仿真流程与基本仿真流程的区别是需要先建立一个工程（Project），然后向工程中添加设计文件，接着进行编译、运行仿真和结果调试。工程仿真步骤包括图 9-2 所示的 5 个步骤：

在仿真之前，先将题 9-5 中的汽车尾灯控制器的设计模块源程序放入名为 “carLED. v” 的文件中，并将尾灯控制器的仿真测试模块源程序放入名为 “carLED _ tb. v” 的文件中，然后将这两个文件放入名为 “carLED” 文件夹中。ModelSim 的工程仿真流程如下：

1. 创建工程和工程库

首先要在 ModelSim 中创建一个工程以及对应的工作库，比较简单的方式是采用新建工程的方式直接创建默认的工程库，具体步骤是：

在 ModelSim 的菜单栏中单击【File】→【New】→【Project】，当弹出如图 9-3 所示的创建工程（Create Project）对话框中输入工程名（Project Name）为 “carled”，默认库名（Default Library Name）仍然为 “work”，其他设置也保持不变，然后单击 OK 按钮，一个名为 “carled” 的新工程即被创建，该工程所对应的库是默认的 work 库。此外，通过对比可以发现，创建工程前 ModelSim 的 Workspace 窗口中只有 Library 一个标签，但在创建完一个新的工程之后，Workspace 窗口中新出现了一个 Project 标签，如图 9-4 所示。

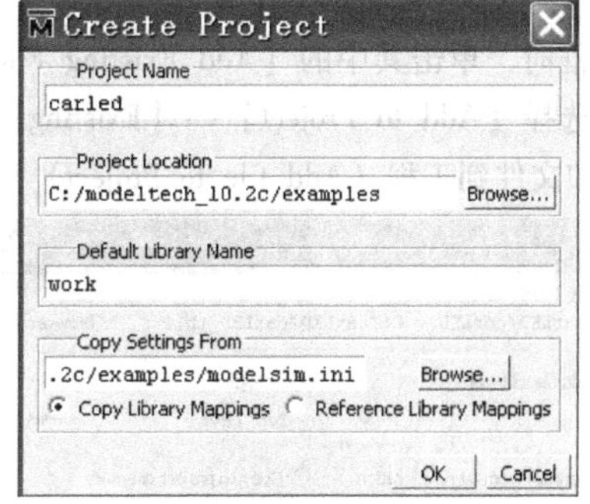

图 9-3　创建新工程

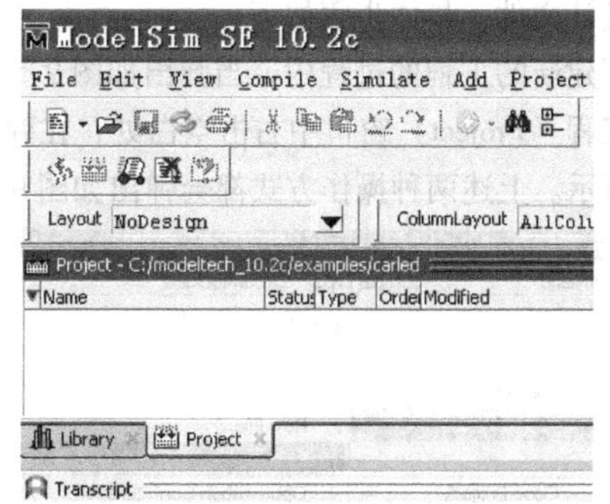

图 9-4　创建工程后新出现的 Project 标签

2. 向工程中添加设计文件

在创建完新的工程和工程库之后，就可以向工程中添加设计文件。添加设计文件的方法有两种：创建新文件和加载设计文件。

(1) 创建新文件

在创建工程后，会弹出如图9-5所示的添加项目工程（Add items to the Project）对话框，单击其中的"Create New File"选项，此时会弹出如图9-6所示的创建工程文件（Create Project File）对话框，在该对话框的文件名（File Name）栏目中输入文件名称"carLED"，同时将【Add file as type】选项中的下拉列表选为"Verilog"，表示文件类型为Verilog HDL，其他选项保持不变。最后单击OK按钮，完成新文件的创建。

图9-5　选择创建新文件

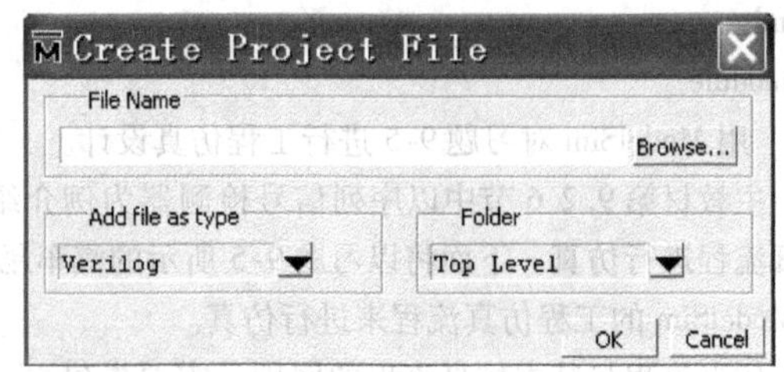

图9-6　输入新文件名

创建完设计输入文件carLED后，就可以在Project窗口中看到新加入文件的文件名为"carLED.v"，如图9-7中左边窗口所示，其中后缀名".v"表示该文件的类型是Verilog HDL。双击"carLED.v"打开该文件，会弹出如图9-7右边窗口所示的源程序编辑窗口，此时便可在编辑窗口中输入例9-6中汽车尾灯控制器的设计模块源程序。

图9-7　创建的新文件

在编辑并保存设计模块源程序之后，还可用同样的方式新建一个测试程序文件，名为carLED_tb，然后将例9-6中的仿真测试模块源程序写入该文件。

(2) 加载设计文件

除了以上述新建文件的方式向工程中添加设计文件，还可以预先编写好源程序文件，然后向工程中添加已有设计文件。具体步骤如下：

在创建新的工程的过程中，当弹出如图9-5所示的对话框时，单击其中的【Add Existing File】选项；或者在工程（Project）窗口中右击空白处，在弹出的菜单中选择【Add to Project】→【Existing File】，如图9-8所示。上述两种操作方式都会弹出如图9-9所示的添加文件到工程（Add file to Project）对话框。

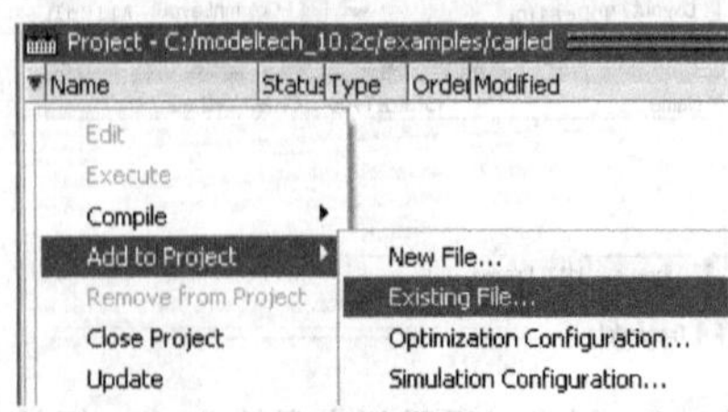

图9-8　菜单方式添加设计文件

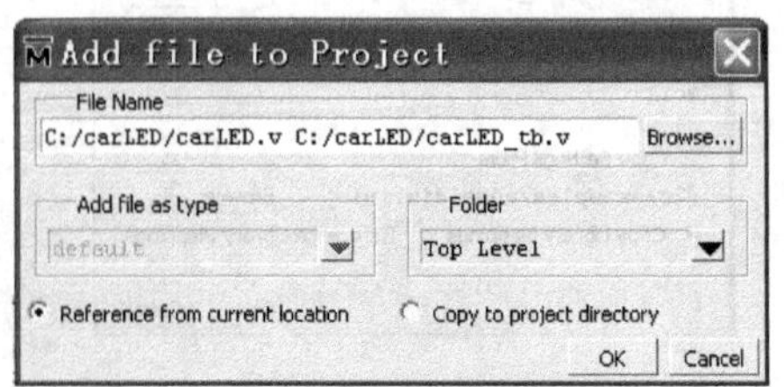

图9-9　添加已有文件

单击该对话框中的【Browse】按钮，然后将先前建立的 carLED 文件夹中的“carLED. v”和“carLED _ tb. v”这两个文件都加载到工程中，如图 9-10 所示，最后单击 OK 按钮完成加载。此时可以看到 Project 窗口中的两个文件的状态（status）栏都是蓝色的“?”，这表面这两个文件尚未被编译，接下来将对文件进行编译。

3. 编译设计文件

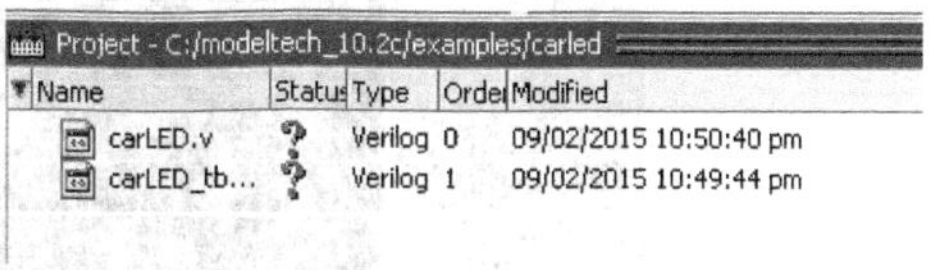

编译是 ModelSim 仿真软件检查源程序文件是否存在词法、语法错误的过程。只有通过编译之后才能进行仿真。编译的方法有如下两种：

图 9-10　成功添加已有文件

（1）使用快捷工具进行编译

在 ModelSim 的快捷工具栏中找到如图 9-11 所示的两个快捷编译工具按钮，左边的按钮【Complie】表示编译选中的文件，右边的按钮【Complie All】表示编译所有文件。本例中单击右边的按钮编译“carLED. v”和“carLED _ tb. v”这两个文件。

（2）使用菜单选项进行编译

在 Project 窗口中的两个文件中任选一个，然后在选中的文件上单击鼠标右键，在弹出的菜单中选择【Complie】→【Complie All】，即编译全部文件；当然也可以选【Complie】→【Complie Selected】来编译当前选中的文件，然后以同样的方式编译另外一个文件。若同时选中这两个文件，然后单击鼠标右键，则在弹出的菜单中选择【Complie All】与【Complie Selected】都可，如图 9-12 所示。

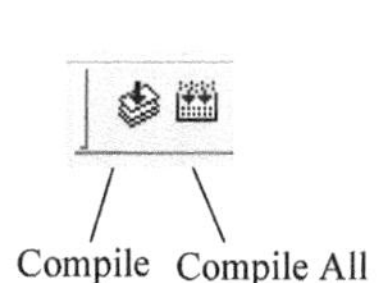

图 9-11　使用快捷工具进行编译

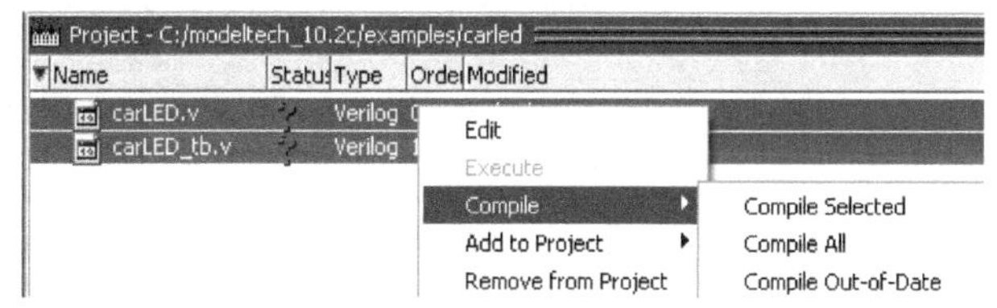

图 9-12　使用菜单选项进行编译

若编译通过，则表明源程序没有错误，此时 Project 窗口中的两个文件所对应的 Status 栏都由编译之前的“?”变为绿色的“√”，如图 9-13 所示。同时在命令窗口会出现如图 9-14 所示的提示。

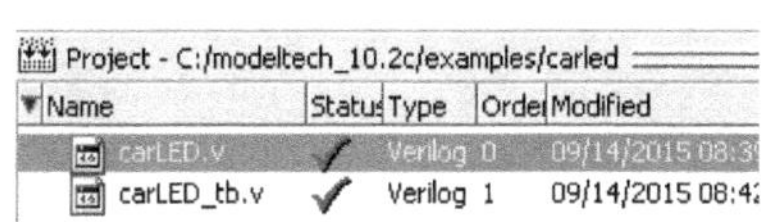

图 9-13　编译成功后的 Status 栏

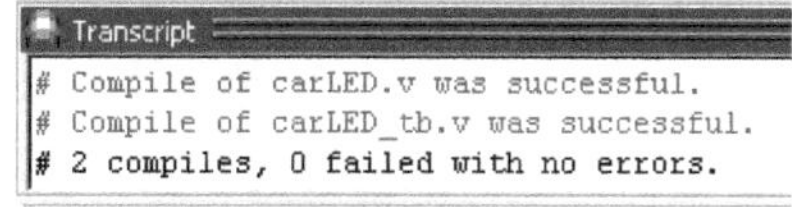

图 9-14　编译成功后的命令窗口提示

若编译不成功，则 Project 窗口中的出错文件所对应的 Status 栏为红色的“X”，此时需要对相应代码进行检查、修改，然后再重新编译，直到编译通过为止。

4. 运行仿真程序

运行仿真的步骤与主教材第 9. 3. 2 节中步骤 3 所述的运行方法相同，这里不再赘述。需要注意的是，在弹出的开始仿真（Start Simulation）窗口中仍然要选中需要的仿真测试程序“carLED _ tb. v”，同时仍要将“Enable optimization”选项前面的勾号单击取消，最后单击 OK 按钮开始仿真。

5. 查看仿真波形

开始仿真习题 9-5 中所设计的汽车尾灯控制器之后，会生成如图 9-15 所示的仿真波形图。读者可以根据波形来验证程序的正确性。

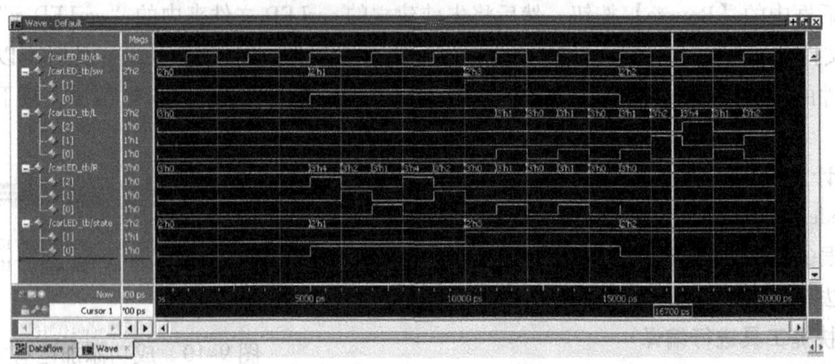

图 9-15　wave 窗口中的波形

第2部分　自测试题集

自测试题1

1. 单项选择题（共16小题，每小题1.5分，共24分）　**请将正确选项前的字母填入题中的方括号内，否则不予记分。**

（1）BJT工作在饱和导通状态的偏置条件是（　　）。

A. 发射极正偏、集电极反偏　　B. 发射极正偏、集电极正偏

C. 发射极反偏、集电极反偏　　D. 发射极反偏、集电极正偏

（2）对于CMOS **与非**门电路，下列多余输入端处理方法中**不正确**的是（　　）。

A. 悬空　　B. 直接与 V_{DD} 相连

C. 通过1kΩ电阻接 V_{DD}　　D. 与邻近输入端相连

（3）下列集成门电路中抗干扰性能最佳的是：（　　）。

A. CT7400：$U_{OH} \approx 2.4V$，$U_{OL} \approx 0.4V$，$U_{IH} \approx 2.0V$，$U_{IL} \approx 0.8V$

B. CT74LS00：$U_{OH} \approx 2.7V$，$U_{OL} \approx 0.5V$，$U_{IH} \approx 2.0V$，$U_{IL} \approx 0.8V$

C. CC4001：$U_{OH} \approx 4.9V$，$U_{OL} \approx 0.1V$，$U_{IH} \approx 3.5V$，$U_{IL} \approx 1.5V$

D. 74HC00：$U_{OH} \approx 4.9V$，$U_{OL} \approx 0.1V$，$U_{IH} \approx 3.5V$，$U_{IL} \approx 1.0V$

（4）16选1数据选择器的地址输入（选择控制）端有（　　）个。

A. 16　　B. 2　　C. 4　　D. 8

（5）3线-8线译码器74HC138处于译码状态时，输入信号 A、B、C 依次从地址输入端 A_2、A_1、A_0 接入，当 $ABC = \mathbf{001}$ 时，输出信号 $\overline{Y_7} \sim \overline{Y_0}$ =（　　）。

A. **11111101**　　B. **11110111**　　C. **00000010**　　D. **10111111**

（6）主从JK触发器可能会出现（　　）现象。

A. 一次变化　　B. 空翻　　C. 输出状态不定　　D. Q^n 等于 $\overline{Q^n}$

（7）集成D触发器中引脚 $\overline{R}$ 的作用是（　　）。

A. 同步清零　　B. 异步清零　　C. 同步置数　　D. 重新起动

（8）为了把数字系统中串行输入数据转换为并行输出的数据，可以使用（　　）。

A. 寄存器　　B. 移位寄存器　　C. 计数器　　D. 存储器

（9）把一个六进制计数器与一个四进制计数器级联可得（　　）进制计数器。

A. 6　　B. 4　　C. 10　　D. 24

（10）一个同步时序逻辑电路可用（　　）三组函数表达式描述。

A. 最小项之和、最大项之积和最简**与或**式　　B. 逻辑图、真值表和逻辑表达式

C. 输出方程、驱动方程和状态方程　　D. 输出方程、特性方程和状态方程

（11）调试程序时，不能使用（　　）存放程序。

A. 掩膜 ROM　　B. EEPROM　　C. Flash ROM　　D. RAM

（12）4 片 512×8 位 RAM 扩展成 16 位存储器，扩展后的存储器地址线有（　　）根。

A. 4　　B. 8　　C. 11　　D. 10

（13）如果采用 100kHz 信号作为 CP 信号，那么 10 位逐次逼近型 ADC 完成一次转换需要的时间为（　　）。

A. 120μs　　B. 100μs　　C. 10μs　　D. 1200μs

（14）化简函数 $F=\overline{A}\,\overline{B}CD+ACD+BC+CDE$ 的结果为（　　）。

A. $AB+CD$　　B. $BC+BD$　　C. $BC+CD$　　D. $AB+CD+CE$

（15）施密特触发器具有（　　）功能。

A. 脉冲波形变换　B. 脉冲幅度鉴别　C. 缓变信号的整形　D. A～C 所有

（16）为走廊设计一个开关电路，要求触摸之后灯亮，20s 之后熄灭。为此，应设计（　　）电路。

A. 施密特触发器　　B. 单稳态触发器

C. 多谐振荡器　　D. 顺序脉冲发生器

2. 逻辑门（均为 TTL）电路见图附测 1-1，在此电路中：$+V_{CC}=+5V$，$R_1=10k\Omega$，$R_2=1k\Omega$。试根据给定 A、B 点的电压，求出 C、D、E 点的电位，填入表附测 1-1。（12 分）

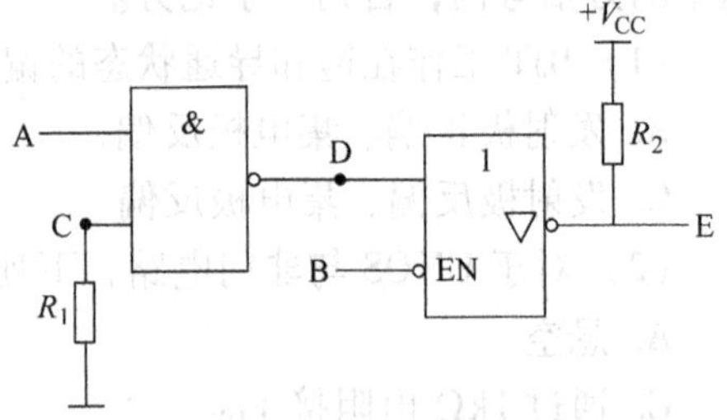

图附测 1-1　第 2 题的逻辑门电路

表附测 1-1　各点电位

V_A	V_B	V_C	V_D	V_E
0V	0V			
0V	3.6V			
3.6V	0V			
3.6V	3.6V			

3. 某组合逻辑电路的真值表见表附测 1-2，表中 A、B、C 为输入变量，D、E 为输出变量，试解答：（16 分）

（1）分析该电路实现功能以及各变量作用；

（2）用图附测 1-2a 中双 4 选 1 数据选择器 74LS153 实现该电路功能，就在原图上连线；

（3）用图附测 1-2b 中 3 线－8 线译码器 74LS138 实现该电路功能，就在原图上连线，可适当附加门电路。

表附测 1-2　真值表

输入			输出	
A	B	C	D	E
0	**0**	**0**	**0**	**0**
0	**0**	**1**	**1**	**0**

（续）

输入			输出	
A	B	C	D	E
0	**1**	**0**	**1**	**0**
0	**1**	**1**	**0**	**1**
1	**0**	**0**	**1**	**0**
1	**0**	**1**	**0**	**1**
1	**1**	**0**	**0**	**1**
1	**1**	**1**	**1**	**1**

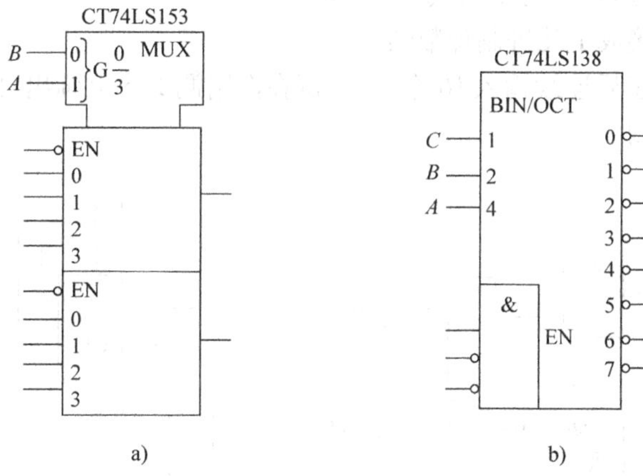

图附测 1-2　设计选用器件

4. 已知触发器如图附测 1-3a 所示，输入信号的波形如图附测 1-3b 所示，试画出 Q_1、Q_2端输出波形。设触发器的初始状态为 $Q_{初}=\mathbf{0}$。（10 分）

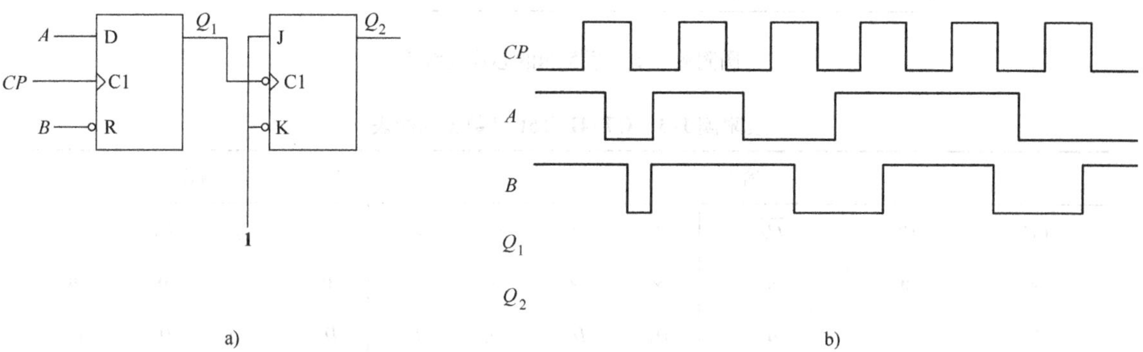

图附测 1-3　第 4 题的触发器电路及已知波形图

5. 试分析图附测 1-4 所示由 JK 触发器构成电路的逻辑功能。要求：（16 分）

（1）写出电路的时钟方程、驱动方程、状态方程；

（2）列出状态转换表，画出状态转换图；

（3）该电路是同步还是异步？实现加法还是减法运算？几进制计数器？能否自启动？

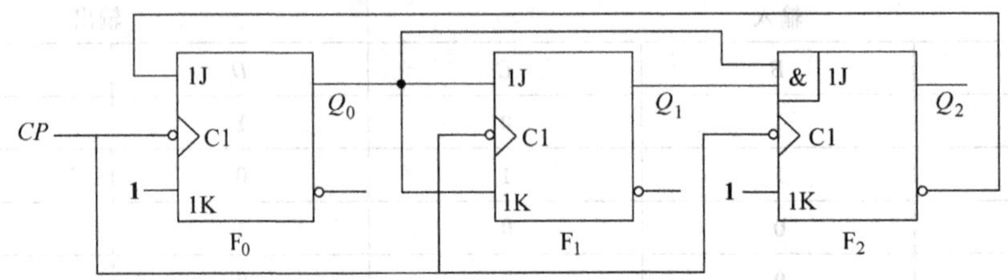

图附测 1-4　第 5 题的电路图

6. 电路如图附测 1-5 所示，设 CT74LS161 和触发器的初始状态均为 **0**，CT74LS161 的状态表以及符号如表附测 1-3 所示，试分析：（9 分）

（1）CT74LS161 接成了几进制计数器？

（2）如果初始状态后连续输入 16 个 *CP*，试在图附测 1-6 上画出触发器 *D* 端、输出端 *Q* 和 *F* 端所对应的波形图。

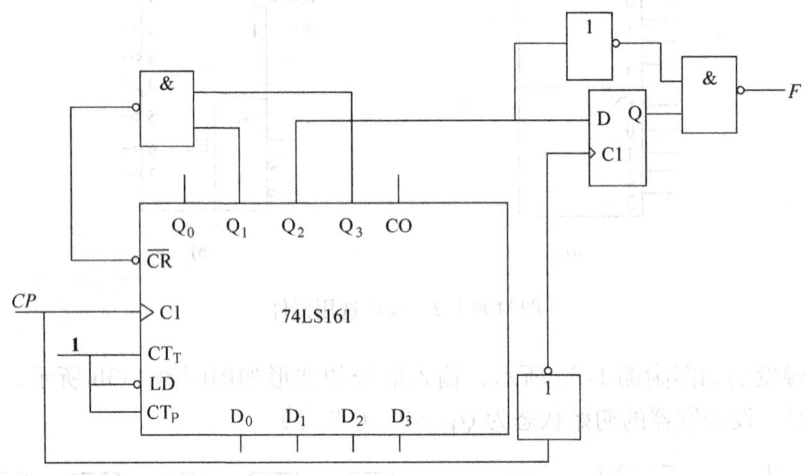

图附测 1-5　第 5 题的芯片连线图

表附测 1-3　CT74LS161 计数器功能表

输入							输出			
CP	$\overline{CR}$	$\overline{LD}$	D_3	D_2	D_1	D_0	Q_3	Q_2	Q_1	Q_0
×	**0**	×	×	×	×	×	**0**	**0**	**0**	**0**
↑	**1**	**0**	D_3	D_2	D_1	D_0	D_3	D_2	D_1	D_0
×	**1**	**1**	×	×	×	×	保　持			
↑	**1**	**1**	×	×	×	×	计　数			

CP

D

Q

F

图附测 1-6　第 6 题已知波形

7. 555 定时器构成的模拟声响发生器如图附测 1-7 所示，电源电压：$+V_{DD}=+5V$。试解答：(13 分)

(1) 说明两个 CC7555 芯片分别接成了何种基本应用电路；

(2) 当开关 S 接通 A 点，电路发出声响，简述电路的工作原理；

(3) 定性画出 u_{O1} 及 u_{O2} 的波形图；

(4) 估算 u_{O1} 及 u_{O2} 的频率，并说明声音的频率。

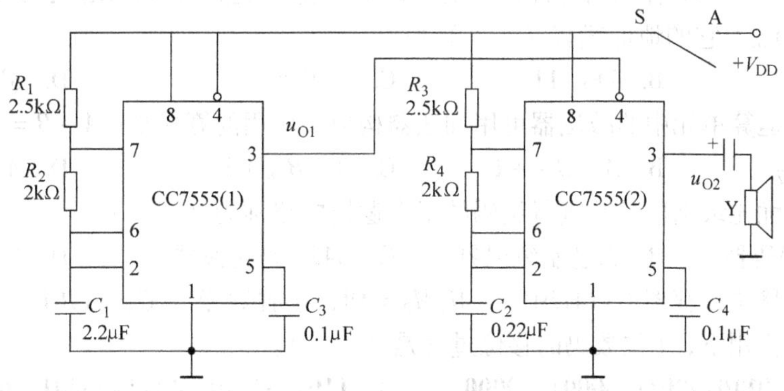

图附测 1-7　第 7 题的模拟声响发生器

自测试题2

1. 单项选择题（此题共16小题，每小题1.5分，共24分） **请将正确选项前的字母填入题中的方括号内，否则不予记分。**

（1）理想二极管工作在正向偏置状态时，它的内阻为（　　）。

A. 无穷大　　B. 1~10kΩ　　C. 100kΩ~1MΩ　　D. 零

（2）发射结正偏、集电结反偏是双极型晶体管（BJT）工作在（　　）区的外部条件。

A. 饱和　　B. 放大　　C. 截止　　D. 反向击穿

（3）与BJT组成的TTL门电路相比，CMOS门电路的主要特点是（　　）。

A. 电压控制作用大　B. 输入电阻高　　C. 带负载能力强　　D. 扇入数较大

（4）某一个2K×8存储器芯片，它的起始16进制数地址全**0**，试问：其最高16进制数地址为（　　）$_{16}$？它的地址线有（　　）位？

A. 3FF/8　　B. 7FF/11　　C. FFF/8　　D. 3FFF/11

（5）算术运算单元中的减法器可用加法器构成，所用的算式是：$A-B=$（　　）。

A. $A+B_{反}$　　B. $A+B_{反}+\mathbf{1}$　　C. $A+B_{补}+\mathbf{1}$　　D. $A_{补}+B_{反}$

（6）识别优先级别信号并进行编码的组合逻辑电路称为（　　）。

A. 优先编码器　　B. 二进制编码器　　C. 8421码转换器　　D. 二进制译码器

（7）双向移位寄存器CT74LS194，$M_1M_0=\mathbf{10}$，预置数$Q_0\sim Q_3=\mathbf{1101}$，$D_{SR}=\mathbf{1}$，$D_{SL}=\mathbf{0}$，在4个$CP$作用下，4位数码的移位过程是（　　）。

A. **1101→0110→0011→0001→0000**　　B. **1101→1110→1111→0001→0000**

C. **1101→1010→1000→0100→0000**　　D. **1101→1010→0100→1000→0000**

（8）若需要每输入2048个脉冲，分频器能输出1个脉冲，则此分频器需用（　　）T′触发器链接而成？

A. 12个　　B. 8个　　C. 10个　　D. 11个

（9）8位CMOS逐次逼近型ADC0809完成一次转换需要的时间可表示为$T=$（　　），下列选项中T_{CP}为CP脉冲的周期。

A. $8T_{CP}$　　B. $9T_{CP}$　　C. $10T_{CP}$　　D. T_{CP}

（10）快闪式存储器（闪存）不仅具有EPROM结构简单、编程可靠的优点，而且拥有E^2PROM（　　）的特性。

A. 集成度高　　B. 速度快　　C. 功耗低　　D. 隧道效应、快速擦除

（11）单片机系统中，利用（　　）片8K×8位RAM及（　　）芯片可以扩展成64K×8位的RAM存储系统。

A. 4/74LS138　　B. 2/74HC139　　C. 8/74LS138　　D. 16/74LS151

（12）利用MOS管栅极电容存储信息的RAM称为（　　）。

A. 动态RAM　　B. 静态RAM　　C. LSI存储器　　D. 闪存

（13）由于通用阵列逻辑GAL的输出采用了（　　），所以其芯片类型少、功能全。

A. OLMC　　B. 扩展的宏单元　　C. 可编程的**或**阵列　　D. 灵活多样的输出方式

(14) 以下数字部件属于组合逻辑电路的有（　　）。

A. 异步二－五－十进制计数器 CT74LS290　B. 4 位二进制计数器 CT74LS161

C. 双向移位寄存器 CT74LS194　　D. 4 位超前进位全加器 CT74LS283

(15) 目前 Altera、Lattice、Xilinx 等公司推出的 FPGA/CPLD 芯片都配有功能强大的开发软件，它们不仅支持多种电路的设计方法，如电路原理图、硬件描述语言 ABEL、VHDL 等，而且还支持（　　）等功能。

A. 开发多种集成时序逻辑器件　　B. 软件下载和硬件配置

C. 电路仿真和时序分析　　D. 研发软件的升级产品

(16) 化简 $F = f(A,B,C,D) = \sum m(0,1,2,3,4,6,12) + \sum d(8,9,10,11,14)$ 的结果为：（　　）。

A. **0**　B. $\overline{A}\,\overline{B}\,\overline{C}$　C. $\overline{BD}$　D. ABC

2. 逻辑门电路见图附测 2-1，试根据 A、B 两点的不同电压求出 C、D 两点的电压，填入表附测 2-1 中。(8 分)

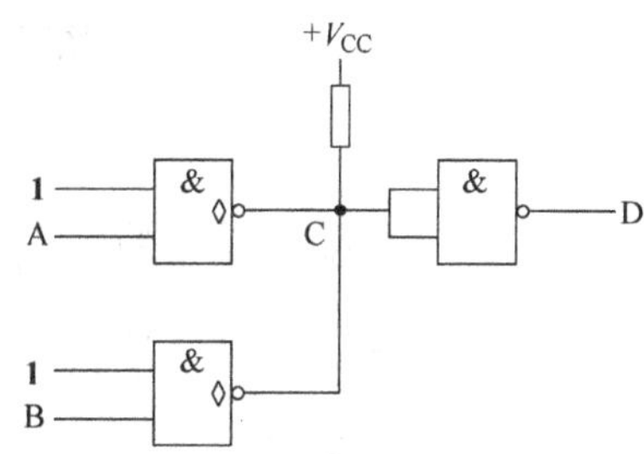

图附测 2-1　第 2 题的逻辑门电路

表附测 2-1　第 2 题的解答表

u_A	u_B	u_C	u_D
0.3V	0.3V		
0.3V	3.6V		
3.6V	0.3V		
3.6V	3.6V		

3. 图附测 2-2a 所示是一个由 3 线－8 线二进制译码器 CT74LS138 和**与**门构成的 3 输入逻辑电路，要求：

(1) 试分析该逻辑电路，列出真值表，并利用卡诺图进行化简；

(2) 用最少的 3 输入端**与非**门实现该逻辑函数 F，允许输入端有反变量出现；

(3) 现有一片 8 选 1 数据选择器 CT74LS151，其控制端 0#引脚折断，试利用此芯片设计上述逻辑电路（就在图附测 2-2b 上连线）。(16 分)

4. 已知两种结构 JK 触发器及其 J、K 和 CP、R_d 的电压波形分别如图附测 2-3a、b 所示，试画出 Q_1、Q_2 端输出波形。设两种触发器的初始状态均为 $Q_{初} = \mathbf{0}$。(10 分)

5. 分析图附测 2-4 所示电路的逻辑功能。要求：(16 分)

(1) 写出驱动方程；

(2) 写出状态方程；

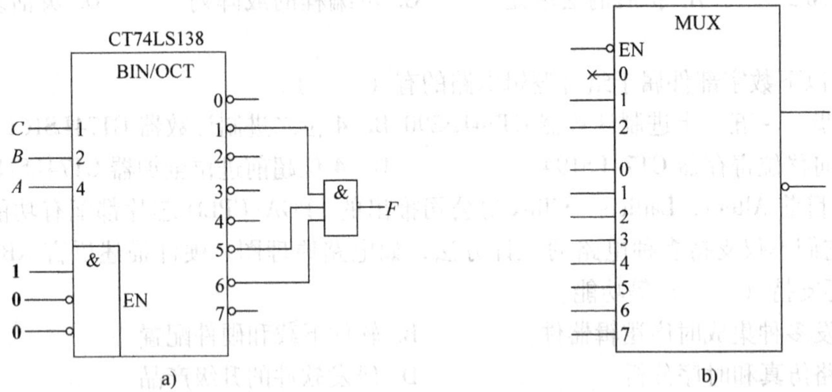

图附测 2-2　第 3 题解答用图

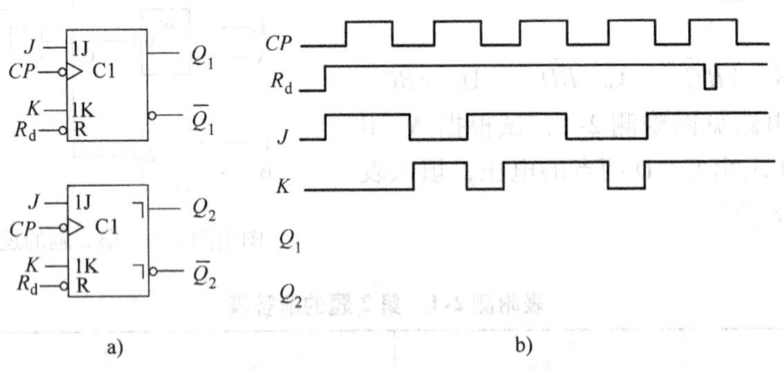

图附测 2-3　两种 JK 触发器及其 J、K、CP、R_d的波形图

（3）列写电路状态转换表，画出其状态转换图，并说明该电路的功能（同步还是异步、加法还是减法、模等于多少、能否自启动）。

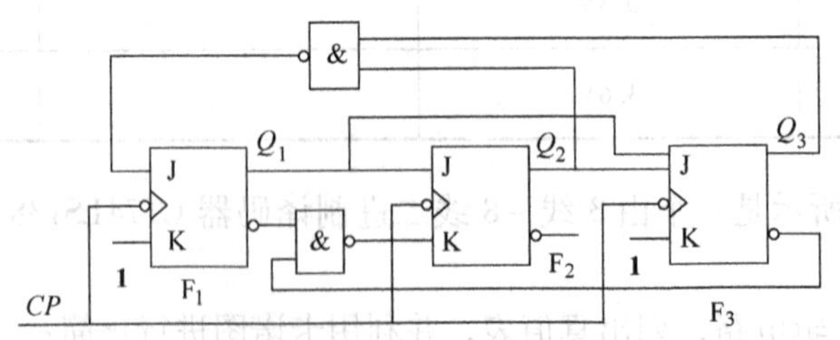

图附测 2-4　第 5 题的计数器电路

6. 用两片同步十进制加法计数器 CT74LS160（功能表见表附测 2-2）和适当的门电路，设计模 24 进制计数器，要求状态编码按照 8421BCD 码从 1 开始加法计数，在图附测 2-5 上连线。

表附测 2-2　同步十进制加法计数器 CT74LS160 的功能表

输入									输出			
$\overline{CR}$	$\overline{LD}$	CT_P	CT_T	CP	D_0	D_1	D_2	D_3	Q_0	Q_1	Q_2	Q_3
0	Φ	Φ	Φ	Φ	Φ	Φ	Φ	Φ	0	0	0	0
1	0	Φ	Φ	↑	d_0	d_1	d_2	d_3	d_0	d_1	d_2	d_3
1	1	1	1	↑	Φ	Φ	Φ	Φ	8421 码 10 进制计数			
1	1	0	Φ	Φ	Φ	Φ	Φ	Φ	保　持			
1	1	Φ	0	Φ	Φ	Φ	Φ	Φ	保　持			

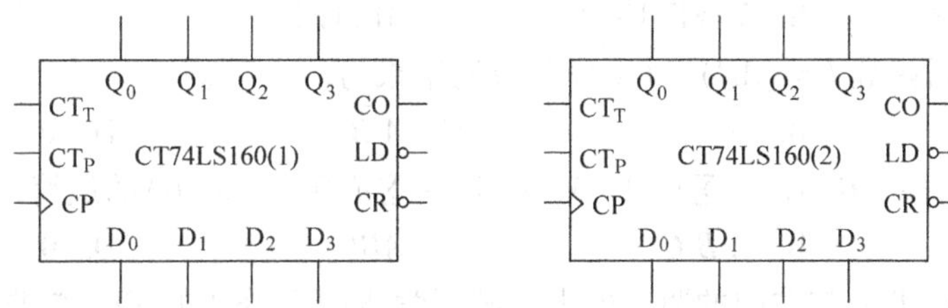

图附测 2-5　第 6 题所用 MSI 计数器芯片图

7. CC7555 定时器应用电路如图附测 2-6 所示，表附测 2-3 是 555 定时器的功能表，图附测 2-6 中 VD 为理想二极管，$+V_{DD}=+5V$。要求：(13 分)

(1) 说明两片 CC7555 分别接成了何种应用电路；

(2) 简述电路的工作原理；

(3) 估算 u_{O1} 及 u_{O2} 的频率；

(4) 定性画出 u_{O1} 及 u_{O2} 的波形图。

表附测 2-3　555 定时器的功能表

TH	$\overline{TR}$	$\overline{R}$	OUT	V
Φ	Φ	低	低	导通
$>2V_{DD}/3$	$>V_{DD}/3$	高	低	导通
$<2V_{DD}/3$	$>V_{DD}/3$	高	保持	保持
Φ	$<V_{DD}/3$	高	高	截止

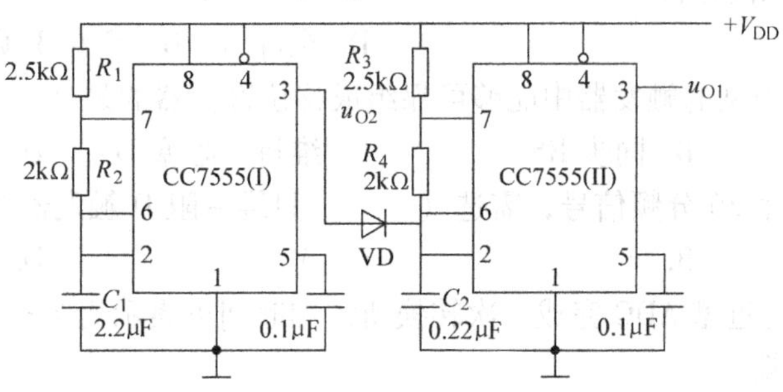

图附测 2-6　第 7 题的 555 定时器应用电路图

自测试题 3

1. 单项选择题（共 16 小题，每小题 1.5 分，共 24 分）**请将正确选项前的字母填入题中的方括号内，否则不记分。**

（1）某 16K×4RAM 芯片，它的起始 16 进制数地址全 **0**，试问其最高 16 进制数地址为（　　）$_{16}$？此 RAM 芯片有（　　）根地址线，它具有（　　）根数据线？

A. 3FF/13/16　　B. 7FFF/13/8　　C. 3FFF/14/4　　D. 7FFF/16/4

（2）化简逻辑函数 $L=(AB)\odot(\overline{A}\,\overline{A})$ 的最简结果为（　　）。

A. **1**　　B. $\overline{A}$　　C. $A\overline{B}$　　D. **0**

（3）化简 $F=f(A,B,C)=\sum m(1,3,4,7)+\sum d(0,2,5,6)$ 的最简结果为（　　）。

A. **1**　　B. $\overline{A}\,\overline{B}\,\overline{C}$　　C. ABC　　D. **0**

（4）为了增加 TTL 与非门的驱动能力，某同学将两个普通的 TTL 与非门的输出端直接并联在一起使用，你认为会出现什么情况？（　　）

A. 会出现逻辑错误，甚至于烧坏输出“**1**”的门；　B. 提高了与非门带负载能力

C. 实现了线或逻辑功能　　D. 实现了线与逻辑功能

（5）二－十进制（10 线 –4 线）优先编码器指的是（　　）。

A. 将二－十进制代码转换成 0～9 十个数字的电路

B. 将 0～9 十个数字符号转换成相应的 4 位二进制代码的电路

C. 8421 BCD 码转换电路　　D. 8 线 –3 线二进制编码电路

（6）4 位超前进位全加器 CT74LS283 是对两个（　　）做加法运算的数字集成电路。

A. 8421 码　　B. 余 3 码　　C. 8421 码　　D. 4 位二进制数

（7）若将主从 JK 触发器的 J、K 端都接到低电平，则其特性方程 $Q^{n+1}=$（　　）。

A. **1**　　B. $\overline{Q^n}$　　C. **0**　　D. Q^n

（8）两个或非门组成的基本 RS 触发器，其输入信号 R_d、S_d 须满足的约束条件是（　　）。

A. $R_d+S_d=\mathbf{0}$　　B. $R_dS_d=\mathbf{1}$　　C. $R_dS_d=\mathbf{0}$　　D. $R_d+S_d=\mathbf{1}$

（9）双向移位寄存器 CT74LS194 具有（　　）功能。

A. 并行送数、双向移位　　B. 异步清零

C. 保持　　D. 全部 A、B、C 共 3 项

（10）下列各种类型的触发器中能够可靠组成移位寄存器的是（　　）触发器。

A. 基本 RS　　B. 同步 RS　　C. 维持－阻塞 D　　D. 主从结构

（11）欲取用一个 36 分频信号，需选（　　）只维－阻 D 触发器构成分频电路。

A. 7　　B. 6　　C. 5　　D. 4

（12）n 位逐次逼近型 ADC 完成一次转换所需用时间可表示为 $T=$（　　），下式中 T_{CP} 为时钟脉冲 CP 的周期。

A. $(n+2)T_{CP}$　　B. $(n+1)T_{CP}$　　C. nT_{CP}　　D. T_{CP}

（13）信息既能读出又能写入，但信息非永久性保存的半导体存储器是（　　）。

A. 固定 ROM　　B. EPROM　　C. E^2PROM　　D. 静态 RAM

（14）利用 MOS 管栅极电容存储电荷效应的半导体存储器是（　　）RAM。

A. 静态　　B. 动态　　C. 大规模集成电路　　D. 数字信号处理器（DSP）中的

（15）用（　　）片 256×4 位 RAM 芯片扩展成 1024×8 位的 RAM 存储系统。

A. 8　　B. 2　　C. 4　　D. 16

（16）某存储系统设置有 16 根地址线，10 位并行数据输入/输出（I/O）端，试问：它的最大存储容量是（　　）?

A. 640M　　B. 640K　　C. 64K　　D. 64M

2. 逻辑门电路见图附测 3-1，b 图中 $V_{DD}=9V$，试求出图附测 3-1a、b 两小图电压表的读数，填入表附测 3-1 中。(8 分)

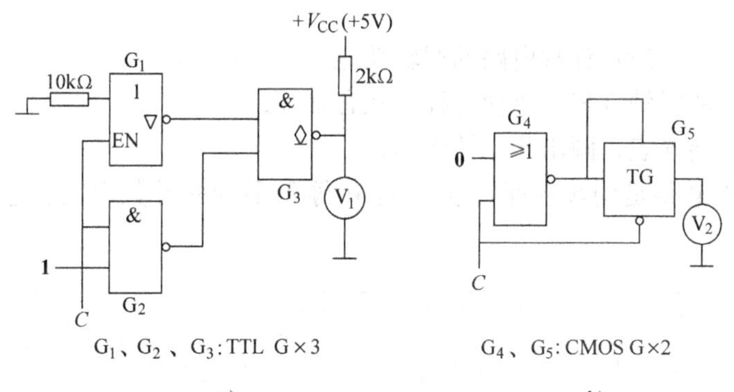

图附测 3-1　第 2 题的逻辑门电路

表附测 3-1　第 2 题的答题表

控制信号 C	V_1读数	V_2读数
1		
0		

3. 逻辑电路如图附测 3-2a 所示。要求：(16 分)

（1）分析图附测 3-2a 电路，写出 Y 的逻辑表达式；

（2）改用 8 选 1 数选器 CT74LS151 实现 Y，允许输入反变量，在图附测 3-2b 中连线。

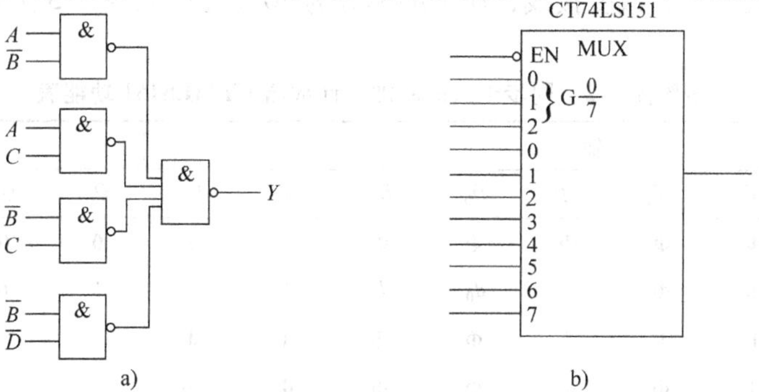

图附测 3-2　第 3 题给定的解题用图

4. JK 触发器电路及其输入信号波形分别如图附测 3-3a、b 所示。设触发器初始状态为 **0**，试画出其输出端 Q 的波形图（就在图附测 3-3b 上画出波形图）。(12 分)

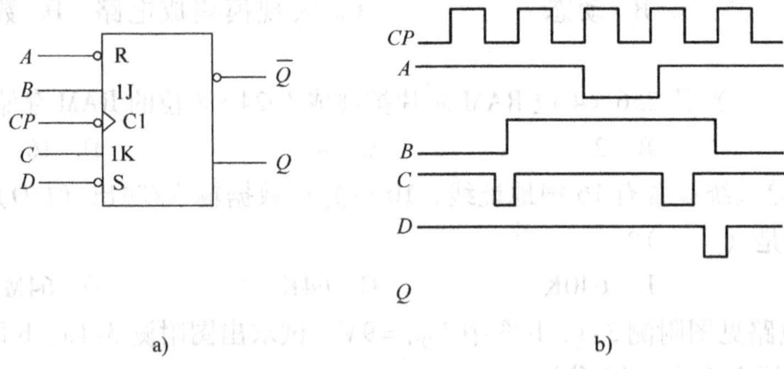

图附测 3-3　第 4 题的 JK 触发器及其输入波形

5. 分析图附测 3-4 所示计数电路的逻辑功能。要求：(16 分)

（1）写出电路的时钟方程、驱动方程、状态方程；

（2）列出状态转换表，画出状态转换图；

（3）试问：该电路是同步还是异步、模 M 等于多少的计数电路，它是否具有自启动能力？

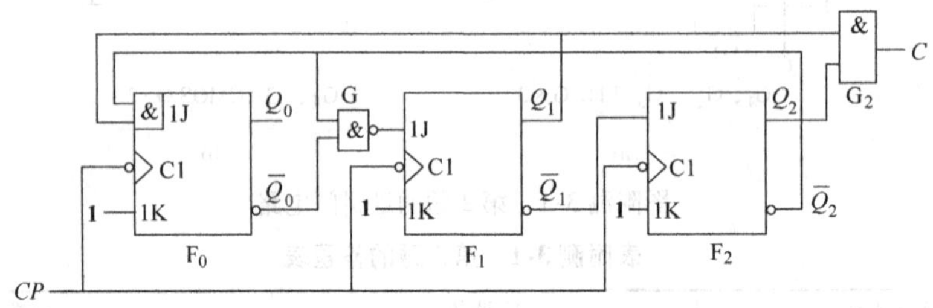

图附测 3-4　第 5 题的计数器电路

6. 表附测 3-2 是同步 16 进制加法计数器 CT74LS161 的功能表，接线图见图附测 3-5。(12 分)

（1）试分析两片 CT74LS161 连成了多少进制计数器？图中 Z 端输出信号的频率 f_Z 与 CP 频率 f_{CP} 之比为多少？

（2）不增加元器件，改变接线，使 Y 端模数为 70（在图附测 3-5 上连线，删除部分打“×”）。

表附测 3-2　同步十六进制加法计数器 CT74LS161 功能表

输入									输出			
$\overline{CR}$	$\overline{LD}$	CT_P	CT_T	CP	D_0	D_1	D_2	D_3	Q_0	Q_1	Q_2	Q_3
0	Φ	Φ	Φ	Φ	Φ	Φ	Φ	Φ	**0**	**0**	**0**	**0**
1	**0**	Φ	Φ	↑	d_0	d_1	d_2	d_3	d_0	d_1	d_2	d_3
1	**1**	**1**	**1**	↑	Φ	Φ	Φ	Φ	模 16 计数			
1	**1**	**0**	Φ	Φ	Φ	Φ	Φ	Φ	保　持			
1	**1**	Φ	**0**	Φ	Φ	Φ	Φ	Φ	保　持			

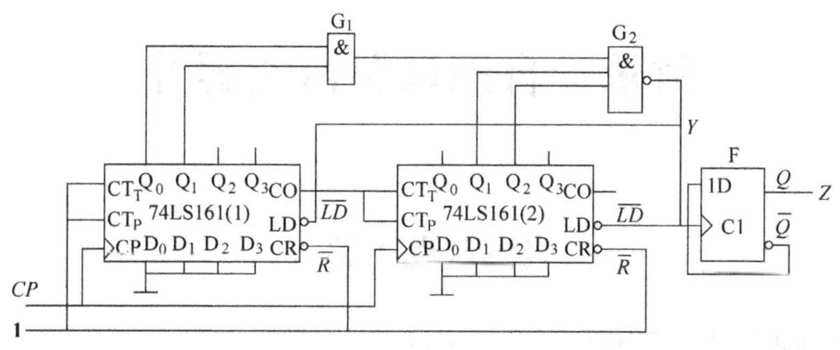

图附测 3-5 第 6 题的计数器电路

7. 图附测 3-6 为两片 CC7555 定时器组成的电子门铃电路，表附测 3-3 是 555 定时器的功能表。试分析：（12 分）

（1）两片 CC7555 定时器片 1、片 2 分别接成何种基本应用电路？并说明按钮 SB 按下前后整个电路的工作情况。

（2）若 $R_1 = 100\text{k}\Omega$，$R_2 = 4.7\text{k}\Omega$，$R_3 = 3.3\text{k}\Omega$，$R_4 = 27\text{k}\Omega$，$C_1 = 50\mu\text{F}$，$C_2 = C_4 = 0.01\mu\text{F}$，$C_3 = 0.082\mu\text{F}$，估算门铃鸣响持续多长时间？

（3）调节何参数可以改变门铃音调高低？

（4）对应地画出两片 CC7555 定时器各自的输出波形图。

表附测 3-3 555 定时器的功能表

TH	$\overline{TR}$	$\overline{R}$	OUT	V
Φ	Φ	低	低	导通
$>2V_{DD}/3$	$>V_{DD}/3$	高	低	导通
$<2V_{DD}/3$	$>V_{DD}/3$	高	保持	保持
Φ	$<V_{DD}/3$	高	高	截止

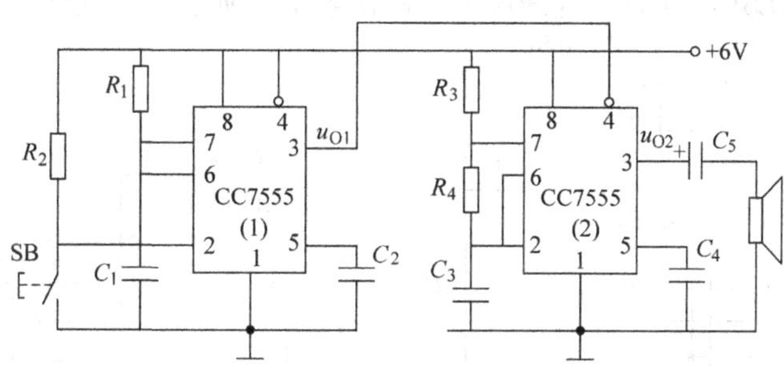

图附测 3-6 第 7 题的电子门铃电路

附录　自测试题简要解答

自测试题1解答

1. 单项选择题答案（每小题1.5分，共24分）

（1）B；（2）A；（3）C；（4）C；（5）A；（6）A；（7）B；（8）B；（9）D；（10）C；（11）A；（12）B；（13）A；（14）C；（15）D；（16）B。

2. 解：此电路相应的C、D、E各点的电压如表附测解1-1所示。（每空1分，共12分）

表附测解1-1　第2题各点的电压值

u_A/V	u_B/V	u_C/V	u_D/V	u_E/V
0	0	0	3.6	0.3
0	3.6	0	3.6	5
3.6	0	1.4	0.3	3.6
3.6	3.6	1.4	0.3	5

3.（共16分）

解：（1）此图附测1-1所给电路能够实现1位二进制数全加功能，其中A、B分别为加数和被加数，C为低位传来的进位信号，D为本位和，E为向高位发出的进位信号；（4分）

（2）根据上述分析，可以画出用CT74LS153实现的连线图如图附测解1-1所示。（6分）

（3）改用CT74LS138实现的连线图如图附测解1-2所示。（6分）

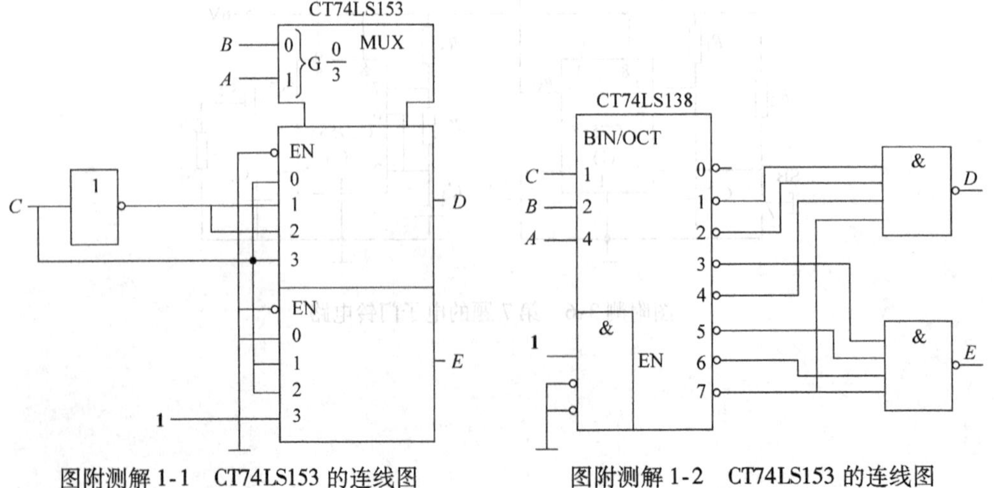

图附测解1-1　CT74LS153的连线图　　图附测解1-2　CT74LS153的连线图

4. **解**：根据触发器电路和已知波形，可以画出图附测解 1-3 的 Q_1、Q_2的波形图。（共 10 分）

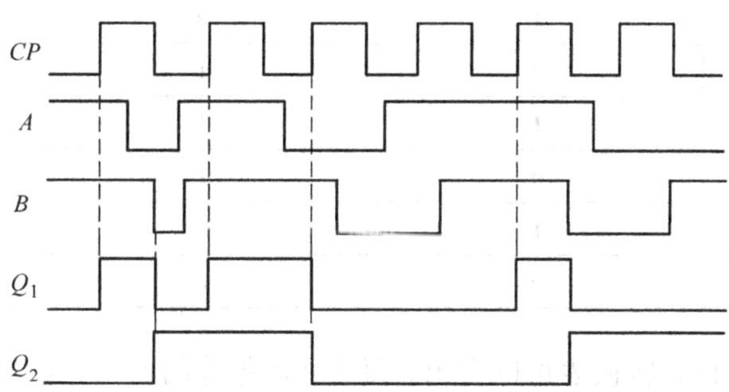

图附测解 1-3　第 4 题的波形图

5. **解**：（共 16 分）

（1）时钟方程：$CP_0 = CP_1 = CP_2 = CP$

驱动方程：$J_0 = \overline{Q_2^n}$，$K_0 = 1$；$J_1 = Q_0^n$，$K_1 = Q_0^n$；$J_2 = Q_1^n Q_0^n$，$K_2 = 1$

状态方程：$Q_0^{n+1} = \overline{Q_2^n}\ \overline{Q_0^n}$；$Q_1^{n+1} = Q_0^n\ \overline{Q_1^n} + \overline{Q_0^n}Q_1^n$；$Q_2^{n+1} = Q_1^n Q_0^n\ \overline{Q_2^n}$（6 分）

（2）列写状态转换表如表附测解 1-2 所示。

表附测解 1-2　状态转换真值表

CP	Q_2	Q_1	Q_0
0	**0**	**0**	**0**
1	**0**	**0**	**1**
2	**0**	**1**	**0**
3	**0**	**1**	**1**
4	**1**	**0**	**0**
5	**0**	**0**	**0**

状态转换图如图附测解 1-4 所示。

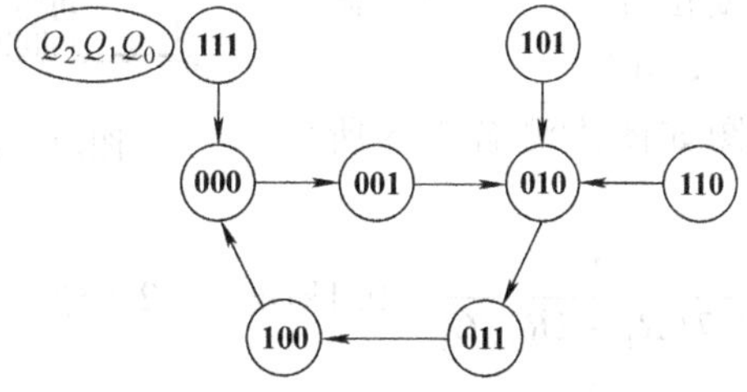

图附测解 1-4　第 5 题的状态转换图

自启动检查表见表附测解 1-3。（8 分）

表附测解 1-3　自启动检查表

CP	Q_2	Q_1	Q_0
0	1	0	1
1	0	1	0
0	1	1	0
1	0	1	0
0	1	1	1
1	0	0	0

（3）从以上两张状态转换表可以看出，随着 CP 脉冲的递增，触发器的输出信号是递增的，且经过 5 个 CP 脉冲后完成一个周期的循环，所以此电路是同步、加法、模 5 计数器，并具有自启动能力。（2 分）

6. **解**：（共 9 分）

（1）经过分析，得知题图所给的电路为模 10 计数器；（3 分）

（2）画出 D 端、Q 端和 F 端所对应的波形图附测解 1-5。（6 分）

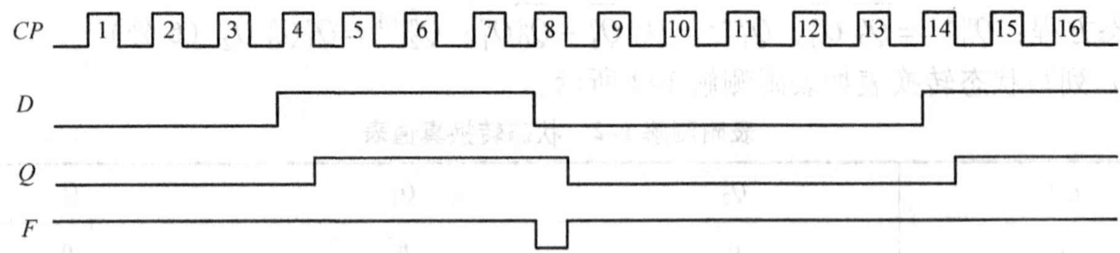

图附测解 1-5　第 6 题的波形图

7. **解**：（13 分）

（1）图附测 1-7 CC7555 均接成了多谐振荡器；（3 分，1.5 分/片）

（2）工作原理：当开关 S 接通 A 点，电路开始工作。当片 1 振荡器输出低电平时，片 2 异步复位，扬声器不响；（2 分）而当片 1 振荡器输出高电平时，片 2 异步复位无效，它开始振荡，因此扬声器发出声响；（2 分）

（3）u_{O1}、u_{O2} 的波形图如图附测解 1-6 所示。（u_{O1}、u_{O2} 各 1 分）

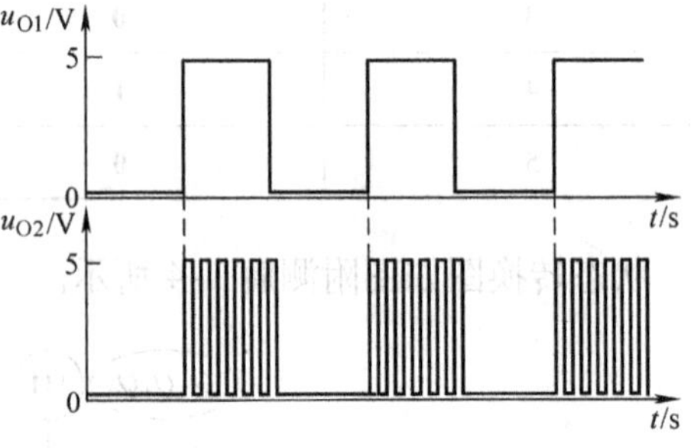

图附测解 1-6　输出波形图

（4）u_{O1} 频率为：$f_1 \approx \dfrac{1}{0.7(R_1+2R_2)C_1} \approx 0.1\text{kHz}$　（2 分）

u_{O2} 频率为：$f_2 \approx \dfrac{1}{0.7(R_3+2R_4)C_2} \approx 1\text{kHz}$　声音频率约为 1kHz（2 分）

自测试题2解答

1.（共16小题，每小题1.5分，共24分）

（1）D；（2）B；（3）B；（4）B；（5）B；（6）A；（7）D；（8）D；（9）C；（10）D；（11）C；（12）A；（13）A；（14）D；（15）C；（16）C。

2. **解**：经过分析，得出C、D两点的电压数值如表附测解2-1所示。（8分，每空1分）

表附测解2-1　各点电压值

u_A/V	u_B/V	u_C/V	u_D/V
0.3	0.3	5	0.3
0.3	3.6	0.3	3.6
3.6	0.3	0.3	3.6
3.6	3.6	0.3	3.6

3. **解**：（本题16分）

（1）真值表见表附测解2-2。（4分）

表附测解2-2　真值表

A	B	C	F
0	0	0	1
0	0	1	0
0	1	0	1
0	1	1	1
1	0	0	1
1	0	1	0
1	1	0	0
1	1	1	1

卡诺图见图附测解2-1。（4分）

最简逻辑表达式：$F=\overline{B}\,\overline{C}+BC+\overline{A}B=\overline{B}\,\overline{C}+BC+\overline{A}\,\overline{C}$

（2）**与非-与非**表达式：（4分）

$F=\overline{\overline{\overline{B}\,\overline{C}}\cdot\overline{BC}\cdot\overline{\overline{A}B}}=\overline{\overline{\overline{B}\,\overline{C}}\cdot\overline{BC}\cdot\overline{\overline{A}\,\overline{C}}}$

全**与非**门逻辑图见图附测解2-2a、b。

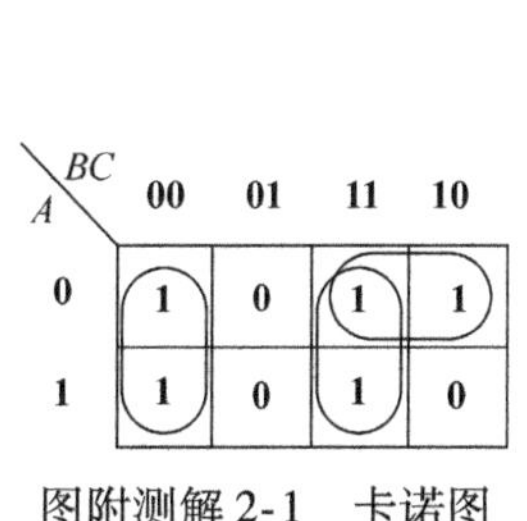

图附测解2-1　卡诺图

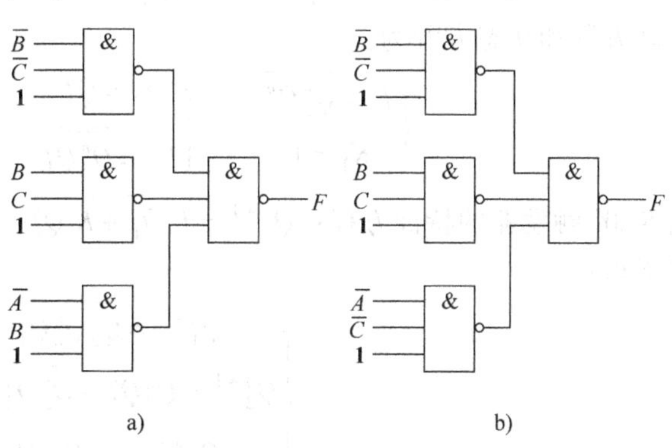

图附测解2-2　全与非门逻辑图

（3）CT74LS151 解决方案之一见图附测解 2-3。（4 分）

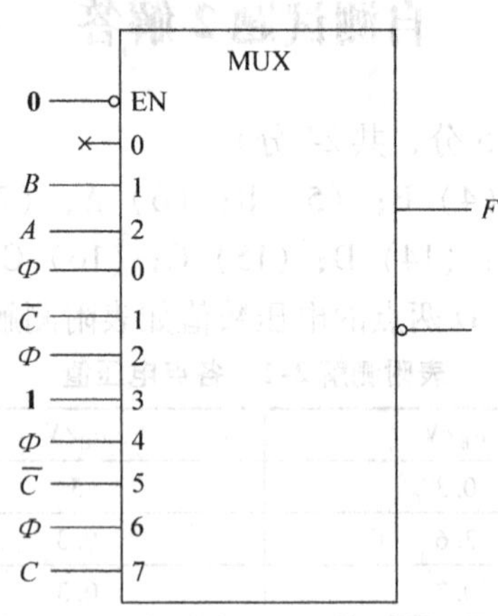

图附测解 2-3　CT74LS151 的解决连线方案

4. **解**：（10 分）根据题目所给波形图画出 Q_1、Q_2的波形如图附测解 2-4 所示。（Q_1、Q_2各 5 分）

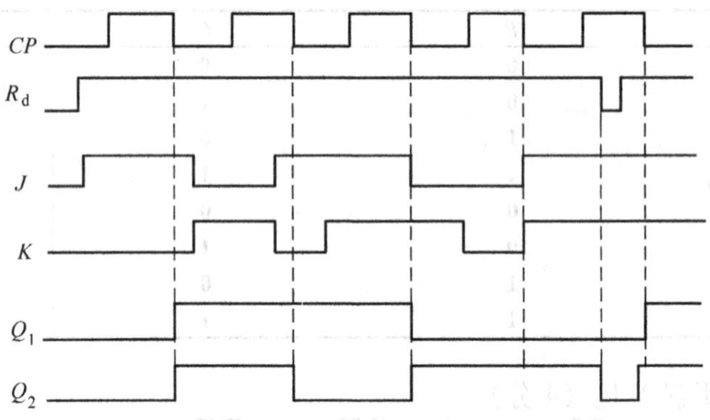

图附测解 2-4　第 4 题的波形图

5. **解**：（共 16 分）

（1）（7 分）时钟方程：$CP_1 = CP_2 = CP_3 = CP$

驱动方程和状态方程为：

$$\begin{cases} J_1 = \overline{Q_3^n Q_2^n} \\ K_1 = 1 \end{cases} \quad \begin{cases} J_2 = Q_1^n \\ K_2 = \overline{\overline{Q_3^n Q_1^n}} \end{cases} \quad \begin{cases} J_3 = Q_2^n Q_1^n \\ K_3 = 1 \end{cases}$$

对照 JK 触发器的特性方程：$Q_i^{n+1} = J_i \overline{Q_i^n} + \overline{K_i} Q_i^n$

从而得：

$$\begin{cases} Q_1^{n+1} = \overline{Q_3^n Q_2^n Q_1^n} \\ Q_2^{n+1} = \overline{Q_2^n} Q_1^n + \overline{Q_3^n} Q_2^n \overline{Q_1^n}; \\ Q_3^{n+1} = \overline{Q_3^n} Q_2^n Q_1^n \end{cases}$$

（2）列出状态转换表见表附测解 2-3。（3 分）

表附测解 2-3　第 5 题的状态转换表

Q_3^n	Q_2^n	Q_1^n	Q_3^{n+1}	Q_2^{n+1}	Q_1^{n+1}
0	0	0	0	0	1
0	0	1	0	1	0
0	1	0	0	1	1
0	1	1	1	0	0
1	0	0	0	0	1
1	1	1	0	0	0
1	1	0	0	0	0
1	0	1	0	1	0

画出状态转换图如图附测解 2-5 所示。（2 分）

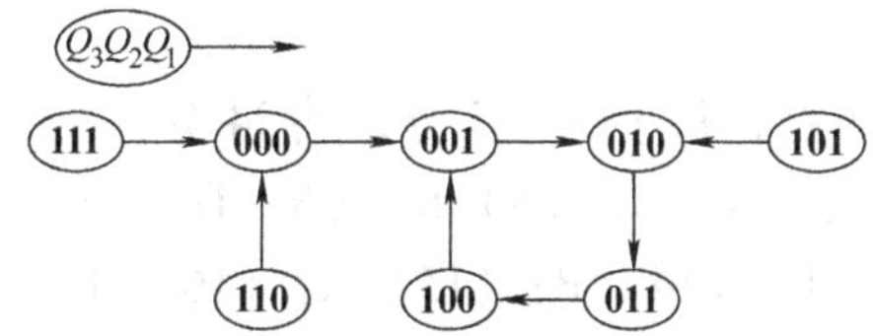

图附测解 2-5　第 5 题的状态转换图

（3）因此，该电路为同步 4 进制加法计数器，能够自启动。（4 分）

6. **解：**（共 13 分）　根据题意，画出连线图如图附测解 2-6 所示。

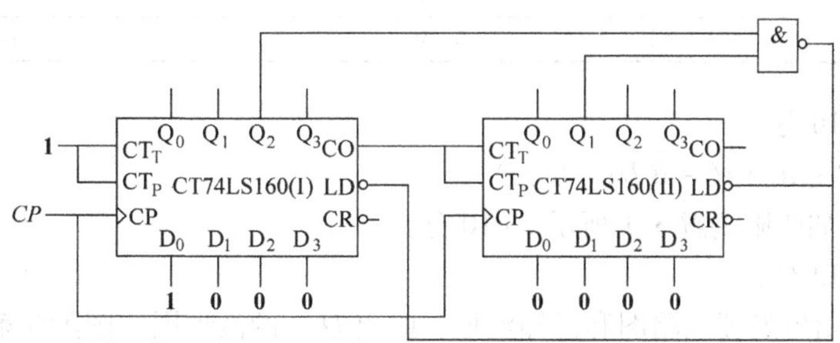

图附测解 2-6　第 6 题的连线图

7. **解：**（共 13 分）

（1）两片 CC7555 均接成了多谐振荡器；（2 分）

（2）工作原理：当片 1 输出低电平时，二极管 VD 截止，片 2 开始振荡；当片 1 输出高电平时，VD 导通，片 2 停振，u_{O2}输出低电平；（5 分）

（3）u_{O1}频率为$f_1 \approx \dfrac{1}{0.7(R_1+2R_2)\times C_1} \approx 0.1\text{kHz}$（2 分）

u_{O2}频率为$f_2 \approx \dfrac{1}{0.7(R_3+2R_4)\times C_2} \approx 1\text{kHz}$　（2 分）

（4）u_{O1}、u_{O2}的波形见图附测解 2-7。（2 分）

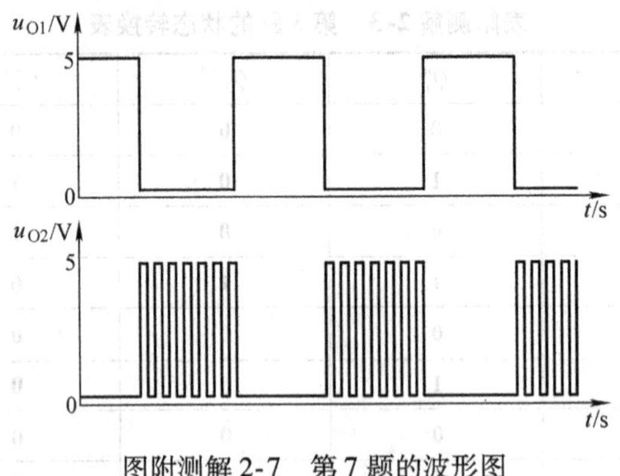

图附测解 2-7　第 7 题的波形图

自测试题 3 解答

1. 单项选择题（共 16 小题，每小题 1.5 分，共 24 分）

（1）C；（2）C；（3）A；（4）A；（5）B；（6）D；（7）D；（8）C；（9）D；（10）C；（11）B；（12）A；（13）D；（14）B；（15）A；（16）B。

2. **解**：对照电路图分析，可知两个电压表 V_1、V_2的读数分别如表附测解 3-1 所列。（8 分，2 分/空）

表附测解 3-1　第 2 题电压表的读数

C	V_1读数	V_2读数
1	≈5V	0V
0	0.3V	≈9V

3. **解**：（共 16 分）

（1）$Y=A\overline{B}+AC+\overline{B}C+\overline{B}\,\overline{D}$；（6 分）

（2）接线图如图附测解 3-1 所示。（10 分）

4. **解**：（共 12 分）

根据题目所给触发器电路图和已知波形，画出 Q 端的波形图如图附测解 3-2 所示。

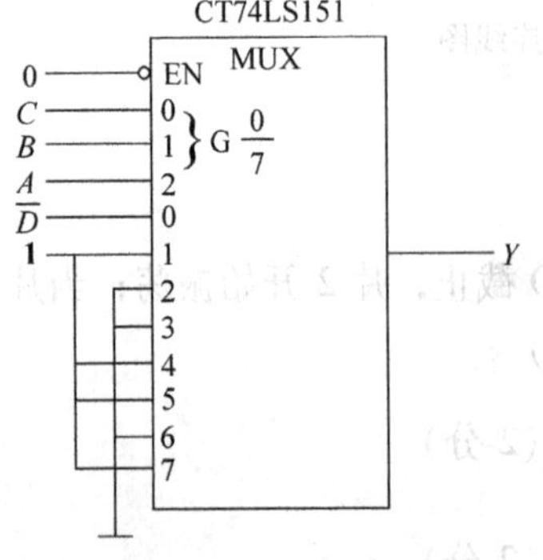

图附测解 3-1　第 3 题的接线图

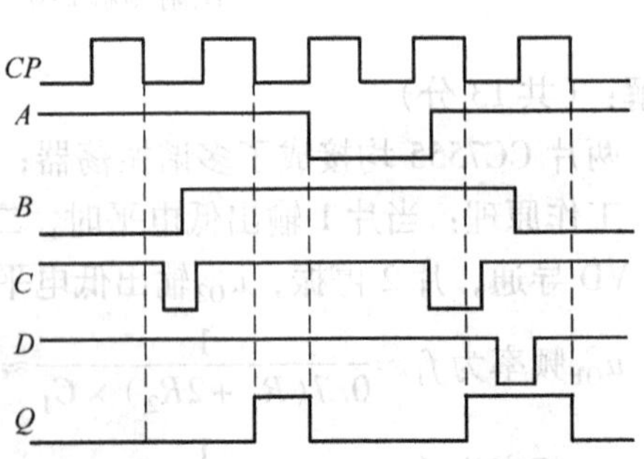

图附测解 3-2　第 4 题的波形图

5. **解**：（共 16 分）

（1）时钟方程：$CP_0 = CP_1 = CP_2 = CP$

驱动方程：$J_0 = \overline{Q_2^n}Q_1^n$，$K_0 = 1$；$J_1 = \overline{\overline{Q_2^n}\ \overline{Q_0^n}}$，$K_1 = 1$；$J_2 = \overline{Q_1^n}$，$K_2 = 1$

输出方程：$C = Q_2^n Q_1^n$

将驱动方程代入 JK 触发器的特性方程，得出如下的状态方程：

$$Q_0^{n+1} = \overline{Q_2^n}Q_1^n\ \overline{Q_0^n}，Q_1^{n+1} = \overline{\overline{Q_2^n}\ \overline{Q_0^n}}\ \overline{Q_1^n}，Q_2^{n+1} = \overline{Q_1^n}\ \overline{Q_2^n}；（8 分）$$

（2）列出状态转换表如表附测解 3-2 所示。（2 分）

表附测解 3-2　状态转换表

Q_2^n	Q_1^n	Q_0^n	Q_2^{n+1}	Q_1^{n+1}	Q_0^{n+1}	C
0	0	0	1	0	0	0
1	0	0	0	1	0	0
0	1	0	0	0	1	0
0	0	1	1	1	0	0
1	1	0	0	0	0	1
0	1	1	0	0	0	0
1	0	1	0	1	0	0
1	1	1	0	0	0	1

画出状态转换图如图附测解 3-3 所示。（4 分）

（3）此电路为能自启动的同步五进制计数器。（2 分）

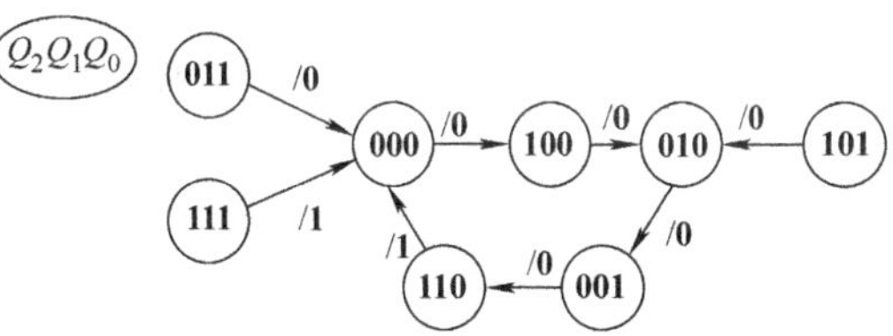

图附测解 3-3　第 5 题的状态转换图

6. **解**：（共 12 分）

（1）在题目所给连线图中，两片 CT74LS161 完成了 100 进制计数功能；

经过 D 触发器 2 分频，Z 端输出频率 f_Z 与 f_{CP} 之比为 1/200；（6 分）

（2）不增加元器件，仅改变接线，使 Y 端输出信号的计数器模数为 70 的连线图如图附测解 3-4 所示。（6 分）

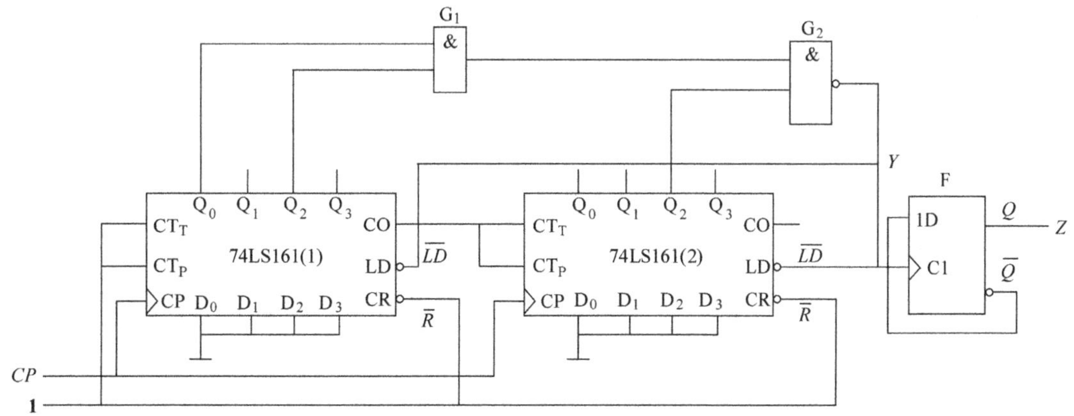

图附测解 3-4　第 6 题的连线图

7. **解**：（共 13 分）

（1）CC7555（1）构成单稳态触发器，CC7555（2）构成多谐振荡器。

此电路的工作情况为：当图附测 3-6 中门铃按钮 SB 未按下时，CC7555（1）的 2 脚为高电平，电路处于稳态，输出端 3 脚输出低电平，此时 CC7555（2）的 4 脚为低电平，电路不振荡，3 脚输出低电平，因而扬声器不响。（5 分）

当门铃按钮 SB 按下时，CC7555（1）的 2 脚由 **1→0**，产生负跳变脉冲，CC7555（1）进入暂稳态，输出端 3 脚输出高电平，这时 CC7555（2）的 4 脚为高电平，CC7555（2）开始振荡工作，3 脚输出矩波脉冲，扬声器鸣响。同时 +6V 电源经 R_1 对 C_1 充电，当充至 $2/3V_{CC}$ 时，CC7555（1）返回到稳态，3 脚输出低电平，扬声器停止鸣响。

（2）门铃持续鸣响的时间 $t \approx 1.1R_1C_1 = 5.5\text{s}$。（3 分）

（3）改变 R_3 或 R_4 或 C_3 可以改变响铃音调高低，一般将 R_3 或 R_4 设置为可调电位器。（2 分）

（4）u_{O1}、u_{O2} 的波形图如图附测解 3-5 所示。（2 分）

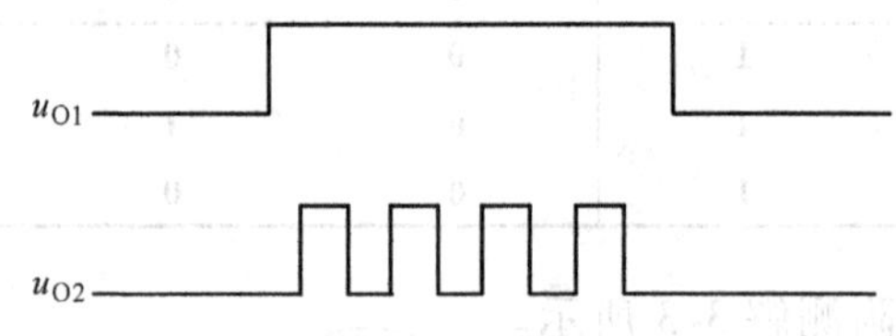

图附测解 3-5　波形图